机械工程创新人才培养规划丛书

工程导论

主编 胡绳荪

参编 （按姓氏笔画排序）

毕 彦 郭院波

主审 陈思忠

机械工业出版社

本书系统地介绍了工程与科学技术、工程与社会、工程安全、工程法律法规、工程师职业素养与能力、工程设计、工程项目管理等基本概念与基础知识。通过学习，学生，特别是机械类专业的学生，能够理解科学、技术、工程的概念，清楚地认识工程对社会发展、环境保护与可持续发展的影响，知晓工程文化、工程伦理的概念，明确工程安全对社会、人类生命财产的影响，理解工程师的社会责任，明确工程师的职业素养和能力，了解工程设计中需要考虑的技术问题和非技术约束，以及工程实施过程中的项目管理概况。

本书可作为普通高等教育机械类专业学生"工程导论"课程的教材，也可作为其他工科类专业学生以及工程类专业的研究生"工程导论"课程的参考教材。

图书在版编目（CIP）数据

工程导论/胡绳荪主编. —北京：机械工业出版社，2022.5
机械工程创新人才培养系列教材
ISBN 978-7-111-70467-6

Ⅰ. ①工… Ⅱ. ①胡… Ⅲ. ①工程技术–高等学校–教材 Ⅳ. ①TB

中国版本图书馆 CIP 数据核字（2022）第 051691 号

机械工业出版社（北京市百万庄大街 22 号　邮政编码 100037）
策划编辑：冯春生　　　　　责任编辑：冯春生
责任校对：张　征　王　延　封面设计：王　旭
责任印制：常天培
天津嘉恒印务有限公司印刷
2022 年 7 月第 1 版第 1 次印刷
184mm×260mm·15.75 印张·390 千字
标准书号：ISBN 978-7-111-70467-6
定价：49.80 元

电话服务　　　　　　　　　网络服务
客服电话：010-88361066　　机　工　官　网：www.cmpbook.com
　　　　　010-88379833　　机　工　官　博：weibo.com/cmp1952
　　　　　010-68326294　　金　书　网：www.golden-book.com
封底无防伪标均为盗版　机工教育服务网：www.cmpedu.com

忆往昔，谈及中国古代工程的辉煌，谈及茅以升、李四光、钱学森等工程大师和工程教育家，人们引以为荣。看今朝，展现在世人面前的一个又一个中国超级工程，人们为中国当代工程师而自豪。为实现中华民族伟大复兴的中国梦，需要有更多的"超级工程"，需要更多献身事业的工程技术人员。目前我国高等学校的专业中工科类专业占1/3，肩负着国家工程建设人才培养的重任。近年来，中国工程教育在"回归工程"思想的指引下，与国际工程教育接轨，开展了一系列的改革与实践，高等学校的工科类专业先后开设了"工程导论"课程。为了让学生能够全面地了解工程的概念，我们编写了《工程导论》教材。

本书是普通高等教育机械类专业的教材，立足通俗易懂，既考虑了内容的广度与科学性，也注意了内容的通俗性、科普性以及先进性，力求满足不同专业读者的需求。

本书从工程应用案例讲起，主要讲述了以下内容：首先从感性上认识"工程"，然后给出了工程的概念，分析了科学、技术、工程概念之间的差异和相互关系；通过实际案例，介绍了工程对社会发展、环境保护与可持续发展的影响；介绍了工程文化、工程伦理的概念与工程应用案例；通过工程中的安全问题，讲述了工程安全对社会、人类生命财产的影响，从而明确了工程师的社会责任；以机械工程为例介绍了有关法律法规的概念，使读者了解工程必须要考虑法律法规的约束；讲述了工程师的职业素养和能力，介绍了工程师的职业道德、工程能力与工程思维；通过实际工程产品案例，讲述了工程设计中需要考虑的技术问题和非技术约束，读者能够明确工程设计中不仅要考虑技术问题，还要考虑社会、安全、健康、文化、经济等因素；最后结合实际工程案例，介绍了工程项目管理的概念、工程项目管理的基本内容。

希望学生通过对本书的学习，能够对"工程"有比较完整、系统和清晰的认识，能够激发对工科类专业学习的兴趣，明确今后的学习方向和职业规划。

本书共有7章内容。作为本书主编的天津大学胡绳荪教授负责第1~3章、第6章的编写以及全书的统稿；天津中德应用技术大学的毕彦讲师负责第4章、第5章的编写；一汽-大众汽车有限公司的郭院波高级工程师负责第7章的编写。北京理工大学的陈思忠教授担任本书的主审。

在本书的第1章编写过程中，天津大学的车建明教授、夏淑倩教授、刘艳丽副教授、刘丽萍副教授提出了很好的建议；在第6章的编写过程中，上海汇众汽车制造有限公司的马立高级工程师、广州汽车集团股份有限公司汽车工程研究院的伍文勇工程师、一汽-大众汽车有限公司的符卫工程师和左迪工程师等提出了很好的建议和意见。在此一并表示衷心的感谢。

在本书的编写过程中，编者参考了大量的资料并应用到本书中，但是由于作者不详，没能给予标注，在此表示歉意，并对这些作者表示衷心的感谢。

由于编者的水平有限，本书难免有错误和不当之处，敬请读者批评指正。

编　者

目录
CONTENTS

第 **1** 章　工程与科学技术

导读

　　什么是工程？工程与科学、技术有什么区别和联系？工程在人类生活的作用等问题是人们所关心的。

　　本章通过一些工程实例的介绍，使人们理解工程在人类生活中的作用。在此基础上给出工程概念，并结合科学、技术以及工程的概念，讲述工程与科学、技术的区别与联系。

1.1　工程的实例

　　在人类发展的历史中，为了更好地生活而要利用自然资源。人们通过兴修水利，挖掘运河，修建道路、桥梁等，使人们生活得更美好、更便利。而这些活动往往不是一个人能够完成的，而是需要一群人有组织、有目的的活动，这就是工程活动。

1.1.1　我国古代工程

1. 都江堰水利工程

　　我国自古以来就有很多伟大的工程，图 1-1 所示的都江堰水利工程是战国时期（约为公元前 256—公元前 251 年），由秦国蜀郡太守李冰率众修建的。都江堰位于现在的四川省成都市都江堰市城西，坐落在成都平原西部的岷江上。都江堰水利工程主要由鱼嘴分水堤、飞沙堰溢洪道、宝瓶口进水口三大部分和百丈堤、人字堤等附属工程构成。该水利工程充分利用当地西北高、东南低的地理条件，根据江河出山口处特殊的地形、水脉、水势，乘势利导，科学地解决了江水自动分流（鱼嘴分水堤四、六分水）、自动排沙（鱼嘴分水堤二、八分沙）、控制进水流量（宝瓶口与飞沙堰）等问题，消除了多年的水患，解决了防洪、灌溉、水运等问题。

　　李冰为什么要修都江堰水利工程？这与当时四川蜀地经常遭受水旱灾害有直接关系。四川是岷江的发源地，岷江出岷山山脉，从成都平原西侧向南流去，对整个成都平原都是地上悬江。该地区的整个地势，从岷江出山口玉垒山向东南倾斜，坡度很大，都江堰距成都 50km，落差竟

「都江堰」

a)   b)

图 1-1　都江堰水利工程

a）实景照片　b）示意图

达 273m。在古代，每当岷江洪水泛滥，成都平原就是一片汪洋；一遇旱灾，又是赤地千里，颗粒无收。岷江上游流经地势陡峻的万山丛中，一到成都平原，水速突然减慢，因而夹带的大量泥沙和岩石随即沉积下来，淤塞了都江堰附近的河道，使船舶航行十分困难。

古代岷江水患长期祸及西川，鲸吞良田，侵扰民生，成为古蜀地生存发展的一大障碍。李冰上任后，首先下决心根治岷江水患，发展川西农业与航运，造福成都平原，为秦国统一中国创造经济基础。李冰吸取前人的治水经验，组织了数十万民工开山凿石、修堰开渠，经过多年的艰苦奋战，最终建成了世界闻名的都江堰水利工程。都江堰水利工程的整体规划是将岷江水流分成两条，其中一条水流引入成都平原，这样既可以分洪减灾，又可以引水灌田、变害为利。

都江堰水利工程建堰两千多年经久不衰，至今犹存。从 1936 年开始，其逐步改用混凝土浆砌卵石技术对渠道工程进行维修、加固，增加了部分水利设施，但古堰的工程布局和"深淘滩、低作堰""乘势利导、因时制宜""遇湾截角、逢正抽心"等治水方略没有变。到 1998 年，都江堰水利工程灌溉面积达到 66.87 万 hm^2，灌溉区域已达 40 余县。都江堰水利工程以其"历史跨度大、工程规模大、科技含量大、灌区范围大、社会经济效益大"的特点享誉世界，在政治、经济、文化上都有着极其重要的地位和作用，成为世界水资源利用的典范。

2. 京杭大运河工程

图 1-2 所示是京杭大运河。京杭大运河北起北京，南至杭州，流经北京、天津、河北、山东、江苏和浙江，沟通了海河、黄河、淮河、长江和钱塘江五大水系，全长 1794km。

在中国，古代水路是经济发展和文化交流的重要渠道和保障。中国自然水系基本上都是东西流向，而缺少南北走向的河流。早在春秋末年，人们就开始开凿运河，其目的是为了运送军队，征服他国。最初吴王夫差（公元前 486 年）利用长江与淮河之间湖泊密布的自然条件，就地度量，局部开挖，把几个湖泊连接起来，使长江与淮河贯通，成为大运河最早的一段。该段运河以古邗城为起点，因此称为"邗沟"，即当今的里运河，全长 170km。到战国时代，各方诸侯又先后开凿了大沟（从今河南省原阳县北引黄河南下，注入今郑州市以东的圃田泽）和鸿沟，把江、淮、河、济四水沟通起来。

隋代统一南北以后，陆续开挖了以洛阳为航运中心、首尾相接的几段运河，沟通了黄河

a)　　　　　　　　　　　　　　　　　　　b)

图 1-2　京杭大运河
a）昨日京杭大运河　b）今日京杭大运河（杭州）

与淮河，开通了南北水道。后又经过元朝、明朝、清朝，形成了京杭大运河。可以说，大运河开掘于春秋时期，完成于隋朝，繁荣于唐宋，取直于元代，疏通于明清。

隋代以后开挖运河的目的已经从军事转变为了政治和经济。因为这些朝代的政治中心都在北方，而南方是富庶经济区，为了加强中央集权和南粮北运，控制南方经济，需要京杭大运河的贯通。

大运河的开凿与贯通，不仅仅解决了航运问题，还满足了灌溉、防洪、排涝、城镇供水等需要。大运河营造了新的自然环境、生态环境、生产环境，极大地促进了整个运河区域的经济发展、文化发展与交流。隋唐以后，运河的贯通直接导致了南北方农业生产技术的广泛交流、南北方农作物品种的相互移植与栽培，促进了南北方商品农业经济的发展。特别是明代中后期，在商品经济发达的江南运河区域，如苏州、杭州等地的某些行业中已出现了资本主义性质的手工工场和包买商。随着运河区域商品经济的繁荣，更直接导致一批运河城市的兴起，这些城市的共同特点都是工商繁荣、客商云集、货物山积、交易繁盛，成为运河上一个个重要的商品集散地。尤其是隋唐的长安、洛阳，北宋的开封，南宋的杭州，元、明、清的北京，更是运河区域乃至全中国的政治、经济、文化中心。

京杭大运河是我国仅次于长江的第二条"黄金水道"，远远超过苏伊士运河（190km）和巴拿马运河（81.3km），是世界上最古老、最长的古代运河。运河工程涉及测量、计算、流体力学、水利水文学、施工、管理等多方面的科技知识，这一工程反映了我国古代劳动人民的聪明才智和创造精神，是我国古代劳动人民创造的又一项伟大工程，显示了我国古代航运工程技术的卓越成就。

1.1.2　我国现代工程

在当今的 21 世纪，随着我国综合国力的发展与经济建设的需要，建设了许多"超级工程"，例如，港珠澳大桥工程、高铁工程和乌东德水电站工程等。

1. 港珠澳大桥工程

图 1-3 所示是港珠澳大桥超级工程平面示意图。港珠澳大桥位于我国广东省珠江口伶仃洋海域内，是一座连接香港、珠海和澳门的大桥，由桥梁与海底隧道组成，因此又称

为桥隧工程。

之所以要建设港珠澳大桥，是因为 20 世纪 80 年代初，香港、澳门与内地之间的陆地运输通道虽不断完善，但香港与珠江三角洲西岸地区的交通联系因伶仃洋的阻隔而受到限制。20 世纪 90 年代末，受亚洲金融危机影响，香港特别行政区政府认为有必要尽快建设连接港珠澳三地的跨海通道，以发挥港澳优势，寻找新的经济增长点。经过前期的项目论证及准备工作，2009 年国家批准建设港珠澳大桥，并于同年 12 月 15 日动工建设，经过将近九年的施工，于 2018 年 10 月 24 日上午 9 时开通运营。

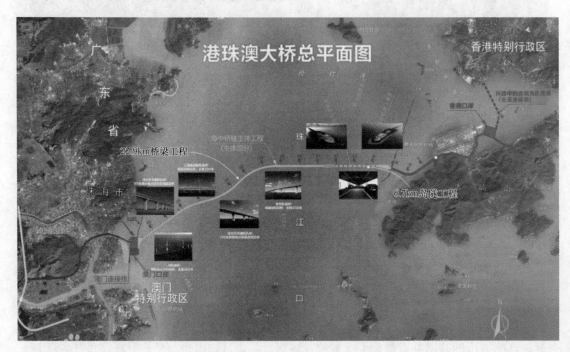

图 1-3　港珠澳大桥

港珠澳大桥东起香港国际机场附近的香港口岸人工岛，向西横跨伶仃洋水域接珠海和澳门人工岛，止于珠海洪湾立交，分别由三座通航桥、一条海底隧道、四座人工岛及连接桥隧、深浅水区非通航孔连续梁式桥和港珠澳三地陆路联络线组成。大桥全长 55km，其中包含 22.9km 的桥梁工程和 6.7km 的海底隧道，隧道由东、西两个人工岛连接；桥墩 224 座，桥塔 7 座；桥梁宽度 33.1m，沉管隧道长度 5664m、宽度 28.5m、净高 5.1m；桥面为双向六车道高速公路，设计速度为 100km/h；大桥设计使用寿命为 120 年，可抵御 8 级地震、16 级台风、30 万 t 撞击以及珠江口 300 年一遇的洪潮；工程项目总投资额 1269 亿元。

港珠澳大桥地处外海，气象水文条件复杂。伶仃洋地处珠江口，平日涌浪暗流及每年的南海台风都极大地影响着高难度和高精度要求的桥隧施工。海底淤泥质土、粉质黏土深厚，下卧基岩面起伏变化大，海水氯盐可腐蚀常规的钢筋混凝土桥结构。伶仃洋是弱洋流海域，大量的淤泥不仅容易堆积阻塞航道，而且会干扰人工填岛以及预制沉管的安置与对接。同时，淤泥为生态环境重要成分，过度开挖可致灾难性破坏。伶仃洋是重要的水运航道和空运航线，每天有 4000 多艘船只穿梭，毗邻周边机场，通航大桥的规模和施建受到很大限制，部分区域无法修建大桥，只能采用海底隧道方案。港珠澳大桥穿越自然生态保护区，对中华白海豚等世界濒危海洋哺乳动物存在威胁。同时，大桥两端进入香港、珠海市，也可能对城市产生空气或噪声污染。此外，粤港澳三地在各自法律法规、技术标准、工程管理、市场环境、责任体系、机制效率等均存在较大差异，大桥运营管理复杂。

港珠澳大桥工程具有规模大、工期短，技术新、经验少，工序多、专业广，要求高、难点多的特点，是全球已建最长跨海大桥。在道路设计、使用年限以及防撞防震、抗洪抗风等方面均有超高标准。在港珠澳大桥修建过程中，国内许多高校、科研院所发挥了重要技术支撑作用。

针对跨海工程的"低阻水率""水陆空立体交通线互不干扰""环境保护"以及"行车安全"等要求，港珠澳大桥采用了"桥、岛、隧三位一体"的建筑形式，大桥全路段呈 S 形曲线，桥墩的轴线方向和水流的流向大致取平，既能缓解驾驶人驾驶疲劳，又能减少桥墩阻水率，还能提升建筑美观度。图 1-4 所示为港珠澳大桥 S 形画面，图 1-5 所示为港珠澳大桥与人工岛画面。

图 1-4　港珠澳大桥 S 形画面

在人工造岛工程中，采用了"钢筒围岛"方案：在陆地上预先焊接制造了 120 个直径为 22.5m、高度为 55m、质量达 550t 的巨型圆形钢筒，通过船只将其直接固定在海床上，然后在钢筒合围的中间填土造岛。图 1-6 所示为港珠澳大桥人工岛工程施工画面。

图 1-5　港珠澳大桥与人工岛画面

图 1-6　港珠澳大桥人工岛工程施工画面

港珠澳大桥沉管隧道及其技术是整个工程的核心，所谓沉管技术，就是在海床上浅挖出沟槽，然后将预制好的隧道沉放置沟槽内，再进行水下对接。沉管隧道采用我国自主研制的半刚性结构沉管隧道，采用柔性接头连接。沉管隧道安置采用了数字控制、数控拉合、精准声呐测控、遥感压载等为一体的无人对接沉管控制系统。沉管对接采用多艘大型巨轮、多种技术手段和人工水下作业方式相结合。图 1-7 所示为沉管隧道的吊装。

港珠澳大桥桥面施工首次采用了分段预制的方法，也就是将大桥分成若干段，在陆地桥梁制造工厂，采用机器人焊接等技术进行预制，然后，将预制好的桥段通过海上运输、吊装，构建成整个大桥。图 1-8 所示为大桥桥段海上安装的照片。

图 1-7　沉管隧道吊装　　　　　　　　　　　图 1-8　桥段海上安装

港珠澳大桥的建成，极大地缩短了香港、珠海和澳门三地间的时空距离。该桥被业界誉为桥梁界的"珠穆朗玛峰"，不仅代表了我国桥梁制造的先进水平，更是我国国家综合国力的体现。习近平总书记是这样评价的：港珠澳大桥是国家工程、国之重器。港珠澳大桥的建设创下多项世界之最，非常了不起，体现了一个国家逢山开路、遇水架桥的奋斗精神，体现了我国综合国力、自主创新能力，体现了勇创世界一流的民族志气。这是一座圆梦桥、同心桥、自信桥、复兴桥。大桥建成通车，进一步坚定了我们对中国特色社会主义的道路自信、理论自信、制度自信、文化自信，充分说明社会主义是干出来的，新时代也是干出来的！

作为连接粤港澳三地的大通道，港珠澳大桥将在国家大湾区建设中发挥重要作用。它被视为粤港澳大湾区互联互通的"脊梁"，可有效打通湾区内部交通网络的"任督二脉"，从而促进人流、物流、资金流、技术流等创新要素的高效流动和配置，推动粤港澳大湾区建设成为更具活力的经济区，宜居、宜业、宜游的优质生活区，以及内地与港澳深度合作的示范区，打造国际高水平湾区和世界级城市群。

2. 高铁工程

1978 年我国开始改革开放，国民经济建设得到迅速发展，到 20 世纪 80 年代末期，出现了铁路运输能力严重不足的现象，列车行驶速度低于 120km/h，客货混跑矛盾增加，严重影响了物流和人员交流，特别是每到春运季节，一票难求。因此，高铁工程被提到国家层面的议事日程中。20 世纪 90 年代初期，专家们提出了我国高速铁路需分阶段发展的规划，并开始进行高铁技术攻关和探索试验。由于受限于当时的经济、科技以及市场环境，直至 1999 年作为我国第一条轮轨高速动车组的试验线路秦沈客运专线才开工建设。

进入 21 世纪，我国高速铁路工程进入了发展的快车道。2008 年 8 月 1 日，京津城际铁路开通运营，成为我国第一条设计速度为 350km/h 级别的高速铁路。到 2010 年，我国"四纵四横"高铁网骨架已经基本成形，而且创造出了 CRH380AL 新一代高铁，达到 486.1km/h

的世界铁路运营第一速度。

　　到 2014 年，我国已具有世界先进水平的高速铁路，形成了比较完善的高铁技术体系。通过引进消化吸收再创新的发展策略，系统掌握了构造速度 200～250km/h 动车组制造技术，并且完成了构造速度为 350km/h 的动车组技术平台的搭建，制定了我国高铁建设技术标准体系。2017 年 6 月 26 日具有完全自主知识产权、达到世界先进水平的 CR400"复兴号"新型动车组列车在京沪高铁两端的北京南站和上海虹桥站双向首发。图 1-9 所示为高铁轨道铺设的画面，图 1-10 所示是"复兴号"高铁列车。

图 1-9　高铁轨道铺设　　　　　　　　　　图 1-10　"复兴号"高铁列车

　　到 2019 年，我国已系统掌握各种复杂地质及气候条件下的高铁建造成套技术，攻克了铁路工程领域一系列世界性技术难题；全面掌握了构造速度为 300～350km/h 的动车组制造技术，构建了涵盖不同速度等级、成熟完备的高铁技术体系。我国高速铁路列车最高运营速度达到了 350km/h，居全球首位。图 1-11、图 1-12 所示分别为哈大高速铁路、兰新高速铁路图片。

图 1-11　哈大高速铁路　　　　　　　　　　图 1-12　兰新高速铁路

　　截至 2019 年年底，我国高速铁路营运总里程达 3.5 万 km，成为世界上高铁里程最长、运输密度最高、成网运营场景最复杂的国家。我国高铁动车组已累计运输旅客超过 100 亿人次，成为我国铁路旅客运输的主渠道，其安全可靠性和运输效率世界领先，已成为一张闪亮的"国家名片"。

　　高铁工程包括高速铁路建设、高铁列车制造、高铁运行信息采集、调度控制以及运营管理和维修养护等，涉及了材料、机械、力学、电力、通信、控制、管理等多学科科学与技术，例如高铁列车的车体、车窗、转向架、闸瓦、轮对（车轮）等，由于其功能不同，要求材料的性能不同，就需要材料技术的支撑，提供不同的材料；材料不同，在制造过程中就需要采用不同的制造方法与工艺；等等。可见，高铁工程是一个十分庞大的、复杂的工程体系。

高铁工程对于我国的经济建设、人民生活的影响是巨大的。高铁工程的发展首先解决了我国运输能力不足的问题，实现了铁路繁忙干线的客货分线运输，将原有铁路线腾出来，发展货物的重载运输，极大释放了原有铁路的货运能力。与汽车运输等方式相比，铁路运输在占地、节能、环保等方面具有突出的优势，增强物资的铁路运输能力，对于构建资源节约、环境友好、可持续发展社会发挥了重要作用。其次，高速铁路大大缩短了各个区域间和城市间的时空距离，促进了区域间、城乡间劳动力尤其是人才、信息等的快速流动，带动了相关产业由经济发达地区向欠发达地区的转移，促进了工业化和城镇化发展，推动了区域和城乡的协调发展。再有，高铁工程的建设拉动了机械、冶金、建筑、材料、电力、信息、计算机、精密仪器等产业的发展，促进了相关产业的技术升级和产品质量上台阶，拉动了国家的经济建设内需，创造了大量的就业岗位。同时，为旅游业的发展提供了极大的便利，促进了沿线地区的经济发展。

3. 乌东德水电站工程

能源是人类活动的物质基础。从某种意义上讲，人类社会的发展离不开优质能源的出现和先进能源技术的使用。水电是清洁能源，可再生、无污染、运行费用低，便于进行电力调峰，有利于提高资源利用率和经济社会的综合效益。

在当今世界，能源的发展、能源和环境，是全人类共同关心的问题，也是我国社会经济发展的重要问题。我国不论是水能资源蕴藏量，还是可能开发的水能资源，都居世界第一位。在我国的金沙江上有一座世界级巨型水电站——乌东德水电站，它是我国第四座、世界第七座跨入千万千瓦级行列的水电站。乌东德水电站是我国又一世界级的超级工程，该工程动态总投资约 1000 亿元，工期 8 年，2020 年建成投产。

乌东德水电站位于四川会东县和云南禄劝县交界的金沙江河道上，是金沙江下游四个梯级电站（乌东德、白鹤滩、溪洛渡、向家坝）的第一梯级。乌东德水电站工程主体建筑物由挡水建筑物、泄水建筑物、引水发电建筑物等组成。挡水建筑物为混凝土双曲拱坝，坝顶高程 988m，最大坝高 270m，坝顶上游面弧长 326.95m。泄洪采用坝身泄洪为主、岸边泄洪洞为辅的方式。图 1-13 所示为乌东德水电站大坝。

乌东德水电站厂房布置于左右两岸山体中，均靠河床侧布置，各安装 6 台单机容量为 850MW 的混流式水轮发电机组，总装机容量 10200MW。图 1-14 所示是乌东德水电站发电机安装现场。

乌东德水电站控制流域面积 40.61 万 km^2，占金沙江流域面积的 86%，是流域开发的重要梯级工程。乌东德水电站的主要任务是发电，是我国实施"西电东送"战略的骨干电源，并具有一定的防洪、航运和拦沙作用；同时，可以促进地方经济发展和移民群众脱贫致富。图 1-15 所示是迁出移民的新居。图 1-16 所示为乌东德水电站的清洁水资源。

由于金沙江地处喜马拉雅火山地震带，频繁的地壳运动造就了诸多高山深谷，使得金沙江水位落差巨大，水能资源丰富，这是建立水电站的独特优势，但也为建造乌东德水电站带来了诸多困难。在乌东德水电站的建设过程中，科技工作者们依靠一系列技术和管理创新，征服了各种复杂环境，攻克了一项项世界级难题，让乌东德水电站大坝处处体现着"中国智慧"。

图 1-13　乌东德水电站大坝

图 1-14　乌东德水电站发电机安装现场

图 1-15　迁出移民新居

图 1-16　乌东德水电站的清洁水资源

乌东德水电站的两岸，近 90°岩壁直插江底、近 1800m 两岸边坡高度、坝址区要能够承受 7 级地震基本烈度等，一切自然因素都是不可回避的巨大障碍。为了确保工程建设与运行安全，工作人员早期利用先进的科技手段对周边地势进行了充分的勘察，例如，利用无人机勘探技术，采用三维数码照相、三维地质激光扫描等技术，把每一座山体、每一块岩石的情况牢牢锁定在手中。

为了解决抗震防洪问题，在对勘测数据进行充分分析的基础上，施工人员提出了"静力设计、动力调整"的方法；在边坡防治中，提出了"先高位自然边坡防治，后工程建设"的新理念，采用了"高防预固、稳挖适护"的新技术，解决了两岸高达千米级的超高陡边坡稳定问题。

进入大坝施工阶段，除了用三维扫描技术实时监控地质变化外，还不间断地采用无人机配合"蜘蛛人"进行勘察，实时保证峡谷中工程施工概况及工作人员安全。最终，乌东德双曲拱坝横亘在金沙江中，壮观无比。它的最大坝高达 270m，大坝底部的厚度仅为 51m，厚高比仅为 0.19，是目前世界上最薄的 300m 级双曲拱坝。

对于大坝来讲，坝体越薄，抗裂缝的能力越差，而一旦出现裂缝就会让大坝失去防洪蓄水的作用。建设 300m 级特高拱坝，对大坝防裂提出了更高的要求。由于地处干热河谷，昼夜温差悬殊，平常水泥难以适应这里严苛的条件。为此，乌东德工程建设者与科技工作者联合攻关，对低热水泥优化应用进行了专题研究，最终开创了世界水坝建造史上的一道先河——全坝采用低热水泥混凝土浇筑，在建筑材料上进行了创新应用。除此之外，还要对混凝土的浇筑温度进行控制，不能超过18℃。搅拌好的混凝土，被迅速送至浇筑仓面。浇筑过程中，施工技术人员开启可全方位、实时感知大坝温度的拱坝智能建造系统进行温度检测。混凝土里预埋了温度计和冷却水管，根据实际温度检测值，通过智能通水控制系统，自动调节通水流量，控制混凝土温度，实现了混凝土冷却过程智能化。在制造过程中，混凝土

内温监测数据达806万余条，冷却通水数据达439万余条。这个智能通水控制系统是水电站建设者研制的智能建造系统中的重要组成部分，该智能建造系统借助大数据、物联网、云计算等技术，实现了智能温控、智能灌浆、智能喷雾等。正是得益于智能建造系统技术的研发应用，乌东德大坝克服了国内外水电建设中"无坝不裂"的顽症，称得上真正意义上的"无缝大坝"，也被业界称为最"聪明"的大坝。

「科学、技术与工程」

1.2　工程的概念

通过1.1节的工程实例，可以从感性上了解了"工程"的概念。为了能够更准确地理解"工程"，需要首先理解"科学""技术"的概念。

1.2.1　科学与技术的概念

1. 科学的概念

科学是反映客观事物本质和运动规律的知识体系，该体系揭示了自然、社会、思维的客观规律。

科学研究就是探索、分析事物本质和运动规律的一个过程，通过科学研究，可以获得反映客观事物的本质和运动规律，形成科学知识体系。

科学研究可以分为基础研究和应用研究。基础研究是对客观事物本质和运动规律的探索过程。应用研究是针对某一特定的目的或目标，探索新知识的过程，是为了应用科学知识解决实际问题提供科学依据；或是为达到预定的目标探索应采取的新方法（原理性）或新途径。

图1-17所示是焊接电弧的照片。电弧在钨棒与工件之间引燃、稳定燃烧的本质及规律就是科学，知识体系就是电弧物理。探索电弧形态与焊接电流、电压的规律就是科学研究，研究成果将丰富电弧物理知识体系。图1-18所示是机械结构中最基本的四连杆机构运动规律分析示意图，四连杆的运动规律同样是科学，相应的知识体系就是机械原理。

2. 技术的概念

技术是人类为了满足自身的需求和愿望，遵循自然规律，在长期利用和改造自然的过程中，积累起来的知识、经验、技巧和手段，是人类利用自然改造自然的方法、技能和手段的总和。

技术应具备明确的使用范围和被其他人认知的形式和载体，如技能、技艺、手艺、方

法、手段、工艺、工具、设备、设施、标准、规范、指标、计量方法等。

图 1-17　焊接电弧

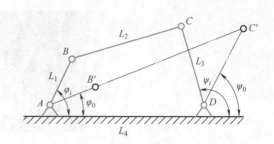

图 1-18　四连杆机构运动规律分析

科学与技术相比，科学强调本质与规律，强调研究与发现；技术更强调功能与实用，强调创造与发明。

人们基于电弧物理，发明了钨极氩弧焊方法、工艺，也就是钨极氩弧焊技术。图 1-19 所示就是应用钨极氩弧焊技术焊接工件的图片。钨极氩弧焊是一种连接（焊接）加工技术，属于机械加工技术。机械加工技术还有车削、铣削、刨削、磨削、铸造、锻造、冲压、热处理等。图 1-20 所示是金属零件车削加工的图片。

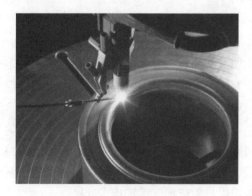

图 1-19　钨极氩弧焊

图 1-20　金属零件车削加工

3. 科学与技术的关系

科学研究是通过观察、实验、仿真和分析去研究大自然中各种事物和现象并探求其原理与运动规律，目的是认知世界。技术是解决各种问题的手段、形式、方法等，是在现有事物基础上产生新事物，或者改变现有事物的性能和功用，目的是更好地为人类社会服务。

科学解决理论问题，技术解决实际问题。科学要解决的问题，是发现自然界中确凿的事实与现象之间的关系，并建立理论把事实与现象联系起来。技术则是把科学知识、规律应用到解决实际问题中去。

科学与技术既有密切联系，又有重要区别。科学为技术的发展提供基础和支撑，而技术进步则不断地向科学研究提出新的课题，反过来激励科学发展。

基于电弧物理可知，不仅通电的钨极与金属工件之间能够引燃电弧，而且在金属丝与工件之间也可以引燃电弧。观察其现象发现，在电弧作用下，金属丝端部会熔化，形成熔滴，如图 1-21 所示，会发生熔滴下落现象；而当金属丝与工件之间距离缩短时，会发生熔滴短路现象，如图 1-22 所示。

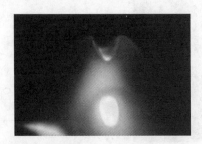

图 1-21　熔滴下落

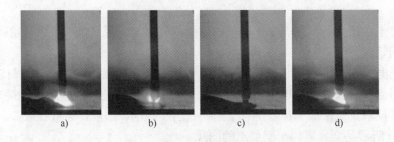

图 1-22　熔滴短路

a）金属丝端部熔化　b）熔滴长大短路　c）熔滴短路电弧熄灭　d）电弧重燃

　　基于金属丝与工件之间的电弧现象与规律，发明了 CO_2 气体保护熔滴滴状过渡焊接技术与 CO_2 气体保护熔滴短路过渡焊接技术。这就是科学为技术的发展提供了理论引导与支撑。但是在 CO_2 气体保护熔滴短路过渡焊中发现，当熔滴短路过渡时，会发生图 1-23 所示的液体熔滴的"爆破"现象，造成焊接飞溅，即液态熔滴的一部分飞落到焊缝以外的工件表面，影响焊接的效率与工件表面质量，由此提出了新的科学问题。为了解决该问题，需要开展熔滴短路产生飞溅的机理与规律的科学研究，这也就是技术反过来激励科学的发展。该研究属于应用基础研究，其目的就是要为解决熔滴短路产生飞溅问题提供科学依据，促进技术发展。

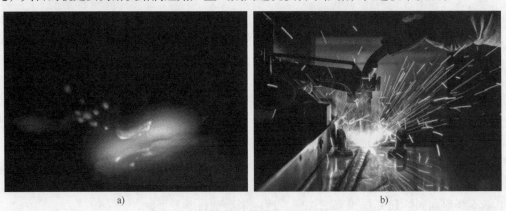

图 1-23　CO_2 气体保护焊飞溅现象

a）短路过程中的液体熔滴爆破　b）焊接飞溅现象

由此可见，科学可产生技术，技术可产生科学。技术的需要是科学发展的重要动力，而科学是技术产生与形成的基础和知识源泉。科学提供可能，技术使可能变为现实。

科学与技术存在多方面的区别，主要表现为知识形态、方法、目的和结果等方面。

1）从知识的角度上看，科学是理论形态的知识，而技术是操作形态的知识，前者解决"是什么"和"为什么"，后者解决"怎样做"或"怎样做好"。

2）从方法的角度上看，科学在于发现，技术在于发明。发现并不创造自然界不存在的东西，而发明正是要创造出自然界并不现成存在的东西。

3）从目的上看，科学在于认识世界，而技术在于通过实践改造世界。与此相关，对科学成果的评价标准是理论与事实的符合性、逻辑性和创新性；对技术成果的评价标准是创造性、效用性、可行性和经济性等。

4）从结果上看，科学活动导致理论与知识的形成，而技术活动更多的是形成物化成果。

1.2.2　工程的基本概念

了解了科学、技术的概念，再来看"工程"。人们从不同的角度给出了"工程"的概念。

《百度百科》给出"工程"的概念：工程是科学和数学的某种应用，通过这一应用，使自然界的物质和能源的特性能够通过各种结构、机器、产品、系统和过程，以最短的时间和最少的人力、物力做出高效、可靠且对人类有用的东西。

《大英百科全书》给出"工程"的概念：Engineering, the application of science to the optimum conversion of the resources of nature to the uses of humankind. The field has been defined by the Engineers Council for Professional Development, in the United States, as the creative application of "scientific principles to design or develop structures, machines, apparatus, or manufacturing processes, or works utilizing them singly or in combination; or to construct or operate the same with full cognizance of their design; or to forecast their behaviour under specific operating conditions; all as respects an intended function, economics of operation and safety to life and property."

可以理解为：工程是将自然资源以优化的方式转化为人类用途的科学应用，是创造性地应用科学原理来设计或开发结构、机器、仪器或制造工艺，或者是单独或合作应用科学原理创造性的工作；或者是在充分理解其设计的情况下，建造或使用这些结构、机器、仪器或制造工艺；或者是在特定使用条件下预测其行为；所有所做的都是为了实现既定用途，而且要满足使用的经济性和生命财产安全的需要。

综上所述，工程就是为了实现某种目的，人们单独或合作创造性地应用科学原理与数学，以最短的时间和最少的人力、物力，使自然资源能够转化为各种结构、机器、产品、系统的过程或工作，从而使人们生活得更安全、更美好。

工程起源于人类生存的需求，伴随着人类社会进步的历史产生和发展，工程概念也随之发生变化。现阶段，对"工程"概念的理解，已经不再强调某个人单独能完成的工作了，而强调的是需要"一群"人通过合作完成的系统性工作以及取得的成果。

人们可以从"广义"和"狭义"角度去理解"工程"。

广义的工程概念：工程就是由一群人为了达到某种目的，在一个较长时间周期内进行协作活动的过程。例如，文明城市创建工程、城市改建工程、菜篮子工程、南水北调工程等。

狭义的工程概念：工程就是为了实现某种目的，通过一群人的相互协作，创造性地应用科学原理与技术手段，将某些自然的或人造的实体转化为具有预期使用价值的结构、机器、产品、系统等人造产品的过程。例如，水利工程、土木建筑工程、机械工程、化学工程、材料工程、汽车工程等。

从"狭义"的工程概念可以看到其关键词，一是"有目的"，二是"协作"，三是"创造"，四是"过程"。其中，"过程"是有时间周期的。

工程主要有三方面的含义：

（1）工程科学　工程科学是人们为了解决人类需求，将数学、自然科学（物理学、化学、生命科学）以及各种技术或经验，用以设计结构、产品，建造设施、生产机器、合理使用产品等方面的应用理论知识与技能的集合，是人类知识的结晶，是科学技术的一部分。

（2）工程过程　工程过程是人们有目的、创造性地将自然或人造实体转化为人造产品的过程。工程过程通常包括工程的论证与决策、规划、勘察与设计、施工、运营和维护；或者包括新产品与装备的开发、制造和生产过程，以及技术创新、技术革新、更新改造、产品或产业转型过程等。因此，"工程"又包含人们经常使用的"工程项目"的概念。

（3）工程成果　工程成果是人类为了实现认识自然、利用自然的目的，应用科学技术创造的具有一定使用功能或实现价值要求的产品。工程成果必须有使用价值（功能）或经济价值，往往是物化成果，例如一座桥梁、一台机器、一个工厂等。

1. XGC88000 履带式起重机工程

随着我国经济建设的发展，在石化、火电以及核电工程中，重量大、结构大的大型结构越来越多，在施工中就需要能够吊装这些大型构件的起重机。为此，徐州工程集团有限公司设计、制造了最大起重量 3600t、最大起重力矩 88000t·m 的 XGC88000 履带式起重机。

履带式起重机是常用的吊装大型工件用的自行式起重机，是一种利用履带行走的动臂旋转起重机。该类起重机包括吊钩（取物装置）、吊臂、回转机构、行走机构、动力装置、电气系统、控制装置等。XGC88000 履带式起重机设计与制造过程中涉及了力学、机械、电气、控制等领域的科学与技术，需要多学科技术人员的协作才能完成。在该起重机设计与施工过程中，不仅要考虑相关的科学与技术问题，还要考虑产品制造与使用的经济成本，设备使用中的安全问题等。该产品的设计与制造过程就是工程，工程的产品和成果就是 XGC88000 履带式起重机。该产品可以应用于能源行业，风电、核电设备制造，化工行业的炼化一体化设备安装，大型重型装备制造等，解决了大型结构的吊装问题。

图 1-24 所示是 XGC88000 履带式起重机的应用场景。图 1-24a 所示是在广东湛江的中科炼化一体化项目最大设备建设安装现场，成功地将直径 6.804m 的乙烯 2 号丙烯塔塔体安装就位，设备的起竖安装高度达到 108.6m，质量达到了 1435t。图 1-24b 所示是在福建漳州的古雷炼化一体化项目的安装现场，XGC88000 履带式起重机将全球最大的洗涤塔上段高高擎起，在 50m 的高空中，上下两段塔体完美完成焊接。该洗涤塔是 EOEG（环氧乙烷/乙二醇）装置核心设备之一，直径约 9m，总高度 102m，总质量约 2000t。

a)　　　　　　　　　　　　　　　　　　b)

图 1-24　XGC88000 履带式起重机的应用场景

a）吊装丙烯塔塔体　b）吊装洗涤塔

2. 西气东输工程

改革开放以来，我国能源工业发展迅速，但结构不是很合理，煤炭在一次能源生产和消费中的比重均高达 72%。大量燃煤是大气环境不断恶化的重要影响因素之一。因此，发展清洁能源、调整能源结构成为国家经济建设、保护人类生存环境亟待解决的问题。

我国西部地区的塔里木、柴达木地区，陕甘宁和四川盆地蕴藏着丰富的天然气资源，约占全国陆上天然气资源的 3/4 以上。特别是新疆塔里木盆地，天然气资源量占全国天然气资源总量的 20% 以上。自 20 世纪 90 年代开始，石油勘探工作者在塔里木盆地西部的新月形天然气聚集带上，相继探明了 21 个大中小气田，截至 2005 年年底，天然气地质储量为 680km³，可采储量为 473km³。而我国的东部地区缺乏天然气资源，且人口密度大，工业发达，无论是工业生产还是人民生活都需要大量的天然气。为此，2000 年国家批准了西气东输工程项目立项，2002 年西气东输工程试验段正式开工建设。

西气东输规划为多线管道工程，采取干支管道结合、配套建设方式进行。其中，一线、二线工程已于 2008 年 12 月完成。一、二线工程的干支线加上境外管线，长度超过 15000km，是国内也是全世界距离最长的管道工程。西气东输工程穿越的地区包括新疆、甘肃、宁夏、陕西、河南、湖北、江西、湖南、广东、广西、浙江、上海、江苏、安徽、山东和香港特别行政区，惠及人口超过 4 亿人，是惠及人口最多的基础设施工程，也是管径最大、投资最多、输气量最大、施工条件最为复杂的天然气管道工程。图 1-25 所示是西气东输工程的图片。

西气东输工程的设计与施工涉及了地质勘查、路线设计、管道材料选择、大口径管道设计、管道加工、管道铺设与焊接、盾构技术穿越长江、大型压气站建设、管道设计与施工标准等问题。在天然气传输中还涉及输气工艺优化、气体流量与压力自动控制、管道维护、安

a)   b)

图 1-25　西气东输工程

a）平地管线铺设　b）山地管道铺设

全使用及管理等问题。由此可见，西气东输工程同样需要多学科技术人员的协作才能完成。在设计、施工与使用过程中，也需要考虑产品制造与使用的经济成本以及安全问题等。在项目实施之初，需要通过天然气资源、市场及技术、经济可行性、安全等方面的论证。

焊接是管道工程中最主要的施工技术，西气东输管道施工中采用了自动焊技术，既提高了管道焊接施工的效率，也提高了管道焊接的质量，保证了管道使用的安全性。图 1-26 所示是西气东输管道采用 CO_2 气体保护电弧自动焊技术进行施工的图片。

a)   b)

图 1-26　西气东输管道 CO_2 气体保护电弧自动焊

a）吊装管道焊接防风棚　b）管道自动焊

西气东输工程的实施，不仅解决了我国东部地区缺少天然气的问题，还大大加快了新疆以及中西部沿线地区的经济发展，相应增加了财政收入和就业机会，带来了巨大的经济效益和社会效益。这一重大工程的实施，促进了我国能源结构和产业结构调整，带动了钢铁、建材、石油化工、电力等相关行业的发展。西气东输沿线城市可用清洁燃料取代部分电厂、窑炉、化工企业和居民生活使用的燃油和煤炭，有效改善了大气环境，提高了人民生活品质。

通过工程案例的介绍可知，工程具有如下属性：

（1）工程的社会性　工程的目标是服务于人类，为社会创造价值和财富。工程的成果要满足社会的需要。所以工程活动的过程受社会政治、经济、文化的制约，其社会属性贯穿工程的始终。

（2）工程的创造性　工程的创造性是工程与生俱来的本质属性。在工程活动中，科学和技术综合并应用于工程实践中，从而创造出社会效益和经济效益。

（3）工程的综合性　工程的综合性一方面表现在工程实践中所应用的科学和技术是综合的，必须综合应用科学和技术，才能保证工程产出的质量和效率；另一方面也表现在工程的实施过程中，除技术因素外，还应综合考虑经济、安全、环境、法律、人文等因素，只有这样，才能保证工程能够获得最佳的社会效益和经济效益。

（4）工程的科学性与经验性　遵循科学规律是保证工程顺利实施的重要前提。同时，为使工程能够达到预期效果，要求工程的设计和实施人员必须具备较为丰富的实践经验。

（5）工程的伦理约束性　工程的目的是造福人类。为了确保工程结果用于造福人类而不是摧毁人类，工程结果必须受到道德的监视和约束。尽管工程对人类做出了巨大贡献，但是如果缺乏道德制约，它对人类生活也会产生破坏性乃至毁灭性的影响。

1.2.3　工程与科学技术的关系

1. 工程与科学

人类来源于自然。随着人类社会的进步与发展，人类开始不再满足现有的自然界，开始有了改造自然、更幸福生活的需求，从而也就有了满足这些需求的科学、技术、工程以及人造的产品。

所谓科学就是通过分析、研究自然界的现象，发现并掌握科学规律。而工程则是创造性地应用这些科学规律，解决人类面临自然界的问题。

图 1-27　西奥多·冯·卡门

著名的美籍匈牙利科学家与工程专家西奥多·冯·卡门（Theodore Von Karman，见图 1-27）曾经说过，科学家研究已有的世界，工程师创造从未有过的世界。这句话清晰地给出了科学与工程的区别，也明确了科学与工程的分工。

科学与工程是相互促进的，基于对自然规律的充分认识，才能改造自然，通过工程创造产品，新的产品又为科学研究提供了新的手段。例如，显微镜的发明是基于透镜成像的科学原理。在显微镜发明出来之前，人类观察周围世界局限在用肉眼，或者借助于手持透镜的帮助。显微镜的发明，把一个全新的世界展现在人类的视野里，人们看到了数以百计的"新的"微小动物和植物，以及从人体到植物纤维等各种东西的内部构造。借助于显微镜，人类对于事物的观察进入到微观世界，从而可以发现更多的自然规律，例如，借助显微镜观察材料的微观组织，可以发现材料组织与性能之间的规律。图 1-28 所示的是显微镜下的材料微观组织。

2. 工程与技术

工程师基于科学规律，通过工程去创造从未有过的世界，而工程的实施往往需要采用一定的技术手段。工程是应用技术的平台，技术是实现工程的手段。

技术是遵循自然规律也就是科学规律，在长期利用和改造自然的过程中也就是工程中积

图 1-28　显微镜下的材料微观组织

a）贝氏体钢　b）铝合金铸态组织

累起来的知识、经验、技巧和手段。由此可见，技术的发展既依赖于科学也依赖于工程。

科学规律可以表明工程理论上的可行性，但是没有技术，工程就没有实现的可能。可以认为技术是科学与工程之间的桥梁，因此人们总是将科学与技术统称为"科技"。很大程度上，工程依赖于技术的发展。例如，在城市地铁的施工中，以往都是要将路面挖开，影响城市正常的生活秩序。当出现了盾构技术以后，就可以实施地下盾构隧道，甚至从地下穿越河流，既可以缩短工程时间，又不影响城市人民的生活。图 1-29 所示为成都地铁盾构隧道图片。

图 1-29　成都地铁盾构隧道

a）盾构机"洞通"而出　b）盾构隧道内部

1.3　工程领域

原始时期，人类就开始制造石器工具、建造居所，从事简单的工程活动。随着古代文明社会的到来、科技的进步，出现了大型水利工程、大型建筑工程等。例如，中国的都江堰水利工程、万里长城，古埃及的金字塔，古罗马的斗兽场，法国的罗浮宫、巴黎圣母院等，反映了古代人类的工程活动已经具有了很高的技术水平。

随着时代的变迁，人类来到了 21 世纪，科学与技术得到了飞速发展，为各项工程的实施奠定了充实的理论基础，准备了各种先进的手段。越来越多的、遍及各个领域的、改善人类生存环境、提高人民生活幸福指数的大工程相继完成。在此仅介绍一些具有代表性的工程领域。

在 1.2.2 节中已经指出，将数学、自然科学（物理学、化学、生命科学）的基本原理创造性地应用于不同的工程实践中，形成了具有特定条件、特定领域的应用科学知识体系，也就是各个工程领域都有自己的工程科学，或者说具有各个工程学科的应用基础理论和知识体系。

1. 土木工程

土木工程是指创造性地应用相关自然科学和技术，建造各类与土、木有关的基础设施的过程与活动。

土木工程主要是指除房屋建筑以外，为新建、改建或扩建各类基础设施的建筑物、构筑物和相关配套设施等所进行的勘察、规划、设计、施工、安装和维护等各项工作及其完成的工程实体。

一般的土木工程项目包括能源、水利及交通设施等，例如，道路、铁路、管道、隧道、桥梁、运河、堤坝、港口、电站、飞机场、给水排水以及防护工程等。

土木工程是以提高国民的生活品质，促进国民的公共福祉为目的，进而改造国土，整治环境及防治灾害发生的公共工程。又因食衣住行是国民生活的四大需要，并与国民的福祉息息相关，故土木工程也是直接或间接地解决民生四大问题的基本建设工程。

「赵州桥」

人类的文明始于土木工程。古代许多著名的土木工程建造物都显示出人类的创造力与工程水平。例如，中国的赵州桥、古埃及的胡夫金字塔（见图 1-30）等。

a)　　　　　　　　　　　　　　b)

图 1-30　古代土木工程
a）中国的赵州桥　b）古埃及的胡夫金字塔

现代土木工程取得了突飞猛进的发展，世界各地出现了规模宏大的工业厂房、大跨度桥梁、大堤坝、高速公路与铁路、长输管线、长隧道、大飞机场等。

　　图 1-31 所示是北京大兴国际机场航站楼图片。北京大兴国际机场航站楼是世界上规模最大、技术难度最高的单体航站楼，由主航站楼核心区和向四周散射的五个指廊组成，整体呈"凤凰"造型。航站楼钢网架结构由支撑系统和屋盖钢结构组成，形成了一个不规则的自由曲面空间，总投影面积达 313km^2，大约相当于 44 个标准足球场，总质量超过 5.2 万 t。北京大兴国际机场的建成，极大地缓解了北京首都国际机场的压力，方便了人们出行。

a)　　　　　　　　　　　　　　　　b)

图 1-31　北京大兴国际机场航站楼
a) 航站楼总貌　b) 局部网架结构

　　图 1-32 所示是北盘江大桥。北盘江大桥坐落于云南宣威与贵州水城交界处，横跨云贵两省，全长 1341.4m。北盘江大桥不仅是中国最高桥，还是全球最高桥。桥面到谷底垂直高度为 565m。大桥东、西两岸的主桥墩高度分别为 269m 和 247m，主跨为 720m。主桥采用双塔双索面钢桁梁斜拉桥，主梁采用由钢桁架和正交异性钢桥面板结合的钢桁梁结构体系，主桁架采用普拉特式结构。桥塔采用 H 形钢筋混凝土结构，桥塔基础采用群桩基础。

图 1-32　北盘江大桥

　　这些大型土木工程结构的设计与施工需要具有系统的学科基础理论知识和丰富的工程经验，需要具有结构力学、材料力学、钢结构、混凝土工程、基础工程等科学知识和施工实践经验。

2. 机械工程

机械工程是指创造性地应用相关自然科学和技术，开发、设计、制造、安装、运行和维修各种机械产品或装备的过程与活动。

机械工程在众多工程领域中应用范围最广，任何现代产业和工程领域都需要应用机械，如农业机械、林业机械、矿业机械、冶金机械、化工机械、纺织机械、食品加工机械、工程机械、电力机械等。

机械工程的结果包括机床、汽车、飞机、潜水器、起重机、反应器、机器人、仪器、仪表、高铁、发动机、洗衣机、冰箱、空调、打印机等各种机械产品。图 1-33 所示为几种机械产品，有工程中使用的挖掘机、折臂抓管机器人，以及人们生活中常用的共享自行车、缝纫机、手表等。由此可见，机械产品极大地影响着人们的生产和生活方式。

图 1-33　机械产品
a）挖掘机　b）折臂抓管机器人　c）自行车　d）缝纫机　e）手表

机械学科的理论基础主要是物理学，再有就是材料学。以物理学的原理和定律、材料学的理论以及有关的控制技术、计算技术等知识为基础，结合生产实践中的技术经验，形成了开发、设计、制造、安装、运用和维修各种机械的知识体系，也就是机械学科的基本理论与基础知识体系。

机械工程具有悠久的历史，是与土木工程同时出现的，因为建造土木工程项目的器械属于机械工程领域。在公元前 3000 年以前，人类已开始制造、使用石制和骨制的工具。古代用于搬运重物的工具有滚子、撬棒和滑橇等，古埃及建造金字塔时就已使用这类工具。公元前 3500 年后不久，古巴比伦的苏美尔已有了带轮的车，是在橇板下面装上轮子而制成的。

到了 18 世纪，第一次工业革命期间，人类发明了很多伟大的机器，如珍妮纺织机（见图 1-34）、蒸汽机（见图 1-35）、蒸汽机车（见图 1-36）以及以蒸汽为动力的汽船等。

图 1-34　珍妮纺织机

图 1-35　蒸汽机

图 1-36　蒸汽机车

到了第二次工业革命期间，发明了内燃机、汽车、大功率发电机、电气机车、无线发报机等。到了第三次工业革命时期，发明了计算机、数控机床等，以及现在发明的智能装备、机器人等。图 1-37 所示是深圳使用的无人全自动环卫清扫车，它既能保证街道的卫生环境，又可以保障环卫工人的健康安全。图 1-38 所示是擦玻璃的机器人，它解决了人们住高层擦玻璃的难题。

图 1-37　无人全自动环卫清扫车

图 1-38　擦玻璃的机器人

由此可见，机械工程是发展历史最悠久、应用最广泛的工程领域之一，机械产品与人们的生产、生活密切相关。随着科技的进步，机械工程一直向前发展。

机械工程涉及的基础理论和技术很多，如物理学中的力学、电学、运动学、传热学、热力学等，以及电工电子技术、计算机技术、控制理论与技术、机械设计、机械加工技术等。

机械工程领域中的机床是制造机器的机器，也称工作母机或工具机。机床一般分为金属切削机床、锻压机床等。传统的金属切削机床包括车床、铣床、刨床、磨床、钻床等。20 世纪 40 年代以后，出现了数控机床，即运用计算机、数字控制技术的机床，该类机床应用数控装置将加工程序、要求和更换刀具的操作数码作为信息进行存储，并按其发出的指令，控制机床按既定的要求进行加工。进入 21 世纪，又发明了五轴数控加工中心（见图 1-39）。

五轴数控加工中心是一种加工精密度高、效率高、专门用于复杂空间曲面加工的数控加

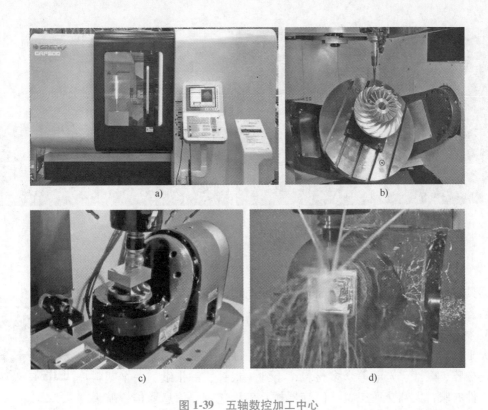

图 1-39　五轴数控加工中心

a）加工中心外形　b）叶轮的数控加工　c）六面体工件表面加工　d）六面体工件周围四面加工

工系统。应用五轴数控加工中心，对于一个需要加工的六面体工件，采用一次装夹就可完成该工件五个面的加工。五轴数控加工中心对于国家的航空、航天、军事、科研、精密器械、高精医疗设备等行业有着举足轻重的影响力。目前，五轴数控加工中心是解决叶轮、叶片、船用螺旋桨、重型发电机转子、汽轮机转子、大型柴油机曲轴等加工的重要手段。五轴数控加工中心在某种意义上是国家制造业水平的象征，反映了一个国家的工业发展水平状况。随着科技的进步，机械工程领域中的机械制

「五轴数控加工」

造、加工技术也在迅速发展，如不同于传统车、铣、刨、磨减材加工的增材制造技术，近年来得到了飞速发展。增材制造技术俗称 3D 打印技术，是融合了计算机辅助设计、材料加工与成形技术，以数字模型文件为基础，通过软件与数控系统将专用的金属材料、非金属材料以及医用生物材料，按照挤压、烧结、熔融、光固化、喷射等方式逐层堆积，制造出实体物品的制造技术。相对于传统的、对原材料去除——切削、组装的加工模式不同，增材制造技术是一种"自下而上"通过材料累加的制造方法，从无到有。这使得过去受到传统制造方式的约束，而无法实现的复杂结构件制造变为可能。图 1-40a 所示是利用激光 3D 打印技术制造的发动机叶片，图 1-40b、c 所示是焊接电弧 3D 打印以及采用焊接电弧 3D 打印技术制造的飞机机翼钛合金翼梁。

在科学技术飞速发展的今天，将信息科学技术、计算机科学技术与机械学科相结合，机械工程展现出了新的发展态势，以提高生产率、经济性，降低资源消耗，消除环境污染为目

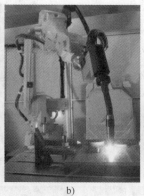

a)   b)   c)

图 1-40   3D 打印技术

a) 激光 3D 打印发动机叶片   b) 焊接电弧 3D 打印   c) 采用焊接电弧 3D 打印的飞机机翼钛合金翼梁

标的，具有更智能化的机械新产品正在不断涌现，将为人类创造更精彩的生活。

3. 材料工程

大千世界中的材料无所不包、无处不在。每个人每天都会碰到诸如金属、橡胶、磁性、光电等众多材料，小到一根针、一张纸、一个塑料袋、一件衣服，大到交通工具、医疗器械、工程建筑、信息通信、航天航空，处处都有材料的身影。

「增材制造技术」

材料是人类用于制造物品、器件、构件、机器或其他产品的那些物质。材料是人类的资源，工程的目的就是将资源变为人们能够使用的物品，使人们的生活更加美好。

材料是人类赖以生存和发展的物质基础。最早的材料来自于自然界，人类可以直接获得并用于生产和生活，如水、土壤、金属、非金属矿物、化石燃料等。随着社会的发展，人们对幸福美好生活的追求不断提升，自然界中现有的材料已经不能满足需要了，人们就开始创造性地应用相关科学原理和技术，将自然资源转化为可供人类或工业使用的材料，即设计、开发、制备、合成所需要的人造材料，这就是材料工程。

材料对于人类发展非常重要，事实上，人类文明的发展史就是一部如何更好地利用材料和创造材料的历史。材料工程对于国家战略意义深远，新材料是制造业发展的前提。20 世纪 70 年代人们把材料、信息和能源誉为当代文明的三大支柱，20 世纪 80 年代以高技术群为代表的新技术革命，又把新材料、信息技术和生物技术并列为新技术革命的重要标志。《中国制造 2025》把新材料作为十大重大突破领域之一。这主要是因为材料与国民经济建设、国防建设和人民生活密切相关。

图 1-41 所示是我国具有隐身性能的歼 20 飞机图片。所谓隐身就是利用各种技术减弱雷达反射波、红外辐射等特征信息，使敌方探测系统不易发现飞机。使用吸波材料是目前飞机隐身的主要方法之一，而吸波材料就是材料科技人员根据需求，基于物理学的基本原理、材料学知识和材料制备技术，开发的新材料。开发新材料的过程就是材料工程，新材料就是材料工程的产品。

水下滑翔机是一种新型的水下机器人，主要用于海洋环境参数测量，获取海洋水文信息，也可以用于军事目的。图 1-42 所示的"海燕"水下滑翔机是我国自行研制的机械产品。2020 年 7 月 16 日，应用"海燕"水下滑翔机进行了万米深渊观测科学考察。考察中，该滑翔机的最大下潜深度达到 10619m，获得了大量深渊的温盐、声学以及影像等同步资料。该水下滑翔机采用了新型陶瓷耐压复合材料，从而保证了滑翔机能够承受万米水深的超高压力。

图 1-41　歼 20 飞机

图 1-42　"海燕"水下滑翔机

材料工程涉及材料学、工程学等方面的知识。材料学是研究材料的制备或加工工艺、材料成分、结构与材料性能之间相互关系的科学。材料学的基础是物理学和化学。

目前新型材料遍及各个领域，如新型钢铁材料、新型复合材料、纳米材料、光电材料、生物医学材料、信息材料、能源材料、超导材料、生态环境材料、新型建筑材料、包装材料、新型化工材料、航空航天材料等。各种新材料的机理、性能不同，其制备的方法与技术也不同。不同的工程需要根据工程产品要达到的使用性能要求和经济成本、使用安全，以及环境可持续发展要求等来选择材料。

材料工程提供的新材料不仅要满足现实工程的需要，而且要能够引导工程产品的进步和发展，促进社会的进步与人类生活方式的改变。例如，新型硅半导体材料将人类带入了信息社会，改变了人们的生活方式、学习方式等，图 1-43 所示的是人们使用手机的情景。

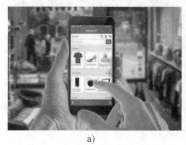

a)

b)

c)

图 1-43　人们使用手机的情景

a）购物　b）扫防疫健康码　c）学习

新型铝、镁合金等轻金属材料和新型复合材料的出现，使汽车的轻量化成为可能，汽车的轻量化有利于汽车能源、环境等问题的解决。图 1-44 显示的 BMW7 系汽车是首款结合了碳纤维增强复合材料与传统钢、铝车身的车辆。碳纤维比钢轻 50%，比铝轻 30%，但强度却达到了钢的 5 倍，铝的 7 倍。碳纤维在 BMW 7 系汽车上的应用，使整车减重最大达

130kg。汽车的轻量化不仅可以降低油耗、减少环境污染，还能提升制动的灵敏度，大大提升了驾驶安全性。碳纤维材料在汽车中的应用，可以说是一个对于安全、驾控、油耗经济化等方面的全面创新。

图 1-45 是人工髋关节，是典型的生物医用材料的工程应用。生物医用材料是用来对生物体进行诊断、治疗、修复或替换其病损组织、器官或增进其功能的材料。生物医用材料的出现和应用，拯救了成千上万患者的生命，减轻了病魔给患者及其家属带来的痛苦与折磨。

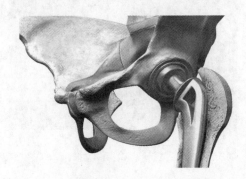

图 1-44　BMW 7 系汽车　　　　　　　　　　图 1-45　人工髋关节

4. 电气电子工程

电气电子工程主要包含电气工程与电子工程两个概念。以电能为载体的电气工程是现代社会能量传输的大动脉，以电能为驱动的电气化设备是现代社会高速前进的车轮；以电信号为载体的电子工程、通信网络是现代社会的神经系统，应用电子信息技术开发的电子产品的广泛使用，提高了人们的生活质量，方便了人们的生活，促进了社会经济的发展，加快了信息的传播。

电气工程主要是指创造性地应用相关自然科学和技术，开展电能生产、传输、分配、使用以及制造相应电气设备的过程与活动。广义上还包括把电作为动力和能源在多个领域中应用的工程、送变电业扩工程（用户申请用电而引起的用户全部或部分投资建设的电力工程）。

电子工程主要是指创造性地应用相关自然科学和测量技术、信息技术、通信技术、控制技术以及计算机、网络等现代技术，进行信息的获取、处理、传输、应用以及制造相应电子控制设备、通信网络系统的过程与活动。

电气电子工程以电磁学、电子学等物理学为基础，涵盖了电磁场、电路与系统、电机学、电力电子、通信、计算机、信号处理、控制理论、电气控制技术等。

电气电子工程十分宽泛，随着科学技术的飞速发展，电气电子工程与其他工程交叉融合，涵盖了大量的工程领域，包括计算机硬件工程、通信工程、微波工程、电化学、可再生能源、电材料、机电一体化、机器人、人工智能等。

电气工程的大规模应用始于 19 世纪中期的第二次工业革命。19 世纪六七十年代发电机的问世与应用，导致电器逐渐代替了原本的机器，电能成为补充和取代以蒸汽机为动力的新能源。随后，电灯、电车、电影放映机相继问世，人类进入了"电气时代"。

19 世纪后期，发电机、电动机、变压器等电力设备及输配电技术迅速发展，各种小型的区域电网逐渐被联结起来，人类社会逐渐进入了大电网时代。历经一个多世纪，电力系统已经发展成为世界上最大的人造系统，其规模庞大，结构复杂，技术、资金和人员密集，堪称人类科学史上最伟大的工程成就。

20 世纪以后，电能生产主要靠火力发电厂（简称火电厂）、水电站和核电站。图 1-46a 所示的是我国的一座大型商用核电站——大亚湾核电站。有些地方结合当地的自然环境，利用潮汐、地热和风能来发电。图 1-46b 所示的是风力发电系统。

a)　　　　　　　　　　　　　b)

图 1-46　电能生产
a）大亚湾核电站　b）风力发电系统

电能的输送和分配主要通过高、低压交流电力网络来实现。作为输电工程技术发展的方向，其重点是研究特高压（1000kV 以上）交流输电与直流输电技术，形成更大的电力网络；同时还研究超导体电能输送的技术问题。图 1-47 所示的是我国准东—皖南 ±1100kV 特高压直流输电工程。该工程是目前世界上电压等级最高、输送容量最大、输电距离最远、技术水平最先进的直流输电工程。

a)　　　　　　　　　　　　　b)

图 1-47　±1100kV 特高压直流输电工程
a）输电铁塔　b）安徽宣城古泉换流站

电子工程与电气工程基本上是同时出现和发展的。随着电能的出现和应用，科学家们逐渐发现电的各种特质，开始研究使用电来传递信息的可能。1844 年长距离电报机研发成功，标志着世界电信史的开始。长距离电报机研发成功后，电报很快就风靡全球，成为最时尚的通信方法。图 1-48 所示的是美国科学家、电报发明者塞缪尔·莫尔斯（Samuel Finley Breese Morse）。

随着人类进入"电气时代"，就孕育了以电子工程技术应用为重要代表的第三次工业革命的萌芽。第三次工业革命始于 20 世纪四五十年代，以原子能、电子计算机、空间技术和生物工程的发明和应用为主要标志。而这些技术引发了电子信息控制技术革命。因此，人们将第三次工业革命也称为计算机及信息技术革命，人类进入了"自动化"时代。电子信息、自动控制技术在机械制造中的应用实现了机械制造自动化；在石油、化工、冶金等连续生产过程中应用，对大规模的生产设备进行控制和管理，实现了过程自动化；等等。汽车制造是最先应用电子信息与自动控制技术的工程领域之一，图 1-49 所示的是汽车制造中应用机器人实现焊接自动化的图片。

图 1-48　塞缪尔·莫尔斯　　　　　　　图 1-49　汽车焊接自动化

21 世纪计算机、互联网、大数据、自动控制技术的发展，促使现代电子工程技术的飞速发展，智能电子工程产品不断涌现，正在改变着人们生活的方式，如智能手机、智能手表、带有蓝牙的电视和音响、智能扫地机器人等。图 1-50 所示的是 5G 网络智能公交车在郑州市智慧岛公开道路上试运行的情况。图 1-50a 所示的是自动驾驶公交车在郑州市中道东路上行驶，图 1-50b 所示的是自动驾驶公交车在郑州市中道东路与平安大道交叉口的斑马线前主动避让行人。

a)　　　　　　　　　　　　　　　　　b)

图 1-50　5G 网络智能公交车试运行

a）道路上自动行驶　b）主动避让行人

5. 化学工程

化学工程是指创造性地应用相关科学原理与技术，开发、设计、制造、安装、运行和维修各种化工产品或装备的过程与活动。

也可以说，化学工程是指将自然资源转化为可供人类或工业使用的材料的过程和操作。这些转化过程涉及化学、物理、生物和统计的知识、方法和工具。

化学工程除了传统的石油精炼、塑料合成、氯碱工业、食品加工和催化制造工程外，还包括生物工程、生物制药工程等现代化工工程。

古代化学工程技术（如过滤、蒸发、蒸馏、结晶、干燥等单元操作）在生产中的应用，已有几千年的历史，据考古发现，5000 年以前中国人已通过利用日光蒸发海水、结晶制盐；埃及人在 5000 年以前的第三王朝时期开始酿造葡萄酒，并在生产过程中用布袋对葡萄汁进行过滤。但在相当长的时期里，这些操作都是规模很小的手工作业。作为现代工程学科之一的化学工程，则是在 19 世纪下半叶随着大规模制造化学产品的生产过程的发展而出现的。

现代化学工程的萌芽是法国大革命时期出现的吕布兰法制碱工程，标志着化学工业的诞生。到 19 世纪 70 年代，制碱、硫酸、化肥、煤化工等都已有了相当的规模。

化学工程在 19 世纪出现了许多杰出的成就，如索尔维法制碱中所用的纯碱碳化塔，高达 20 余米，在其中同时进行化学吸收、结晶、沉降等过程，即使今天看来，也是一项了不起的工程。图 1-51 所示的是曾位于纽约州的索尔维制碱法工厂。

20 世纪 40 年代侯德榜先生针对索尔维制碱法的不足，进行了重大改进，创造性地将制碱和合成氨结合起来，成功地发明了联合制碱法，也就是著名的"侯氏（联合）制碱法"。侯氏制碱法的另一成果是解决了索尔维制碱法产生的氯化钙占地毁田、污染环境的弊端。图 1-52 所示是当时的永利碱厂厂景。

化学工程概念的提出是英国曼彻斯特地区的制碱业污染检查员 G. E. 戴维斯，他明确指出，化学工业发展中所面临的许多问题往往是工程问题。各种化工生产工艺，都是由为数不多的基本操作如蒸馏、蒸发、干燥、过滤、吸收和萃取组成的，可以对它们进行综合的研究和分析，化学工程将成为继土木工程、机械工程、电气工程之后的第四门工程学科。

图 1-51 纽约州的索尔维制碱法工厂

图 1-52 永利碱厂厂景

化学工程的特征主要表现为单元运行。单元运行是指单台的工艺设备作为一个独立单元运行，如化学反应器、热交换机、泵、压缩机、蒸馏塔等。如果说单元操作概念的提出是化学工程发展过程中经历的第一个历程，那么在第二次世界大战之后，化学工程又经历了其发展过程中的第二个历程，这就是"三传一反"（动量传递、热量传递、质量传递和反应工程）概念的提出，从而形成了化学工程的科学知识体系。

化学工程师开发了用于制造日常用品的大规模工厂，他们对生产石油产品、生化产品、建筑材料、化肥、高分子材料、化妆品、汽油、天然气等复杂系统进行规划、设计、建造、运行和维护，生产出相应的化工产品。图 1-53 所示为炼油厂场景，图 1-54 所示为生物制药车间场景。

图 1-53　炼油厂　　　　　　　　　　图 1-54　生物制药车间

6. 航天工程

航天工程是指为了探索、开发、利用太空和天体的资源，创造性地应用相关的科学原理，开展系统的工作，包括航天器（含宇宙飞船、空间探测器、人造卫星、空间站、运载火箭、登陆器）的设计、制造、试验、发射、运行、返回、控制、管理和使用。航天工程通常采用系统工程的理论和方法来组织实施。

航天工程与航天学、航天技术的关系就是工程与科学、技术的关系。航天学是航天工程实践的理论指导；航天技术是航天工程的技术手段；航天工程在航天学的指导下，充分利用航天技术，在实践中使航天学和航天技术的内容不断丰富和扩展。

航天学是研究航天基本原理和规律、指导航天工程实践的一门自成体系的综合性技术科学。航天学包括航天动力学、空气动力学、火箭结构分析、航天器结构分析、航天热物理学、火箭推进原理、燃烧学、航天材料学、火箭制造工艺学、航天器制造工艺学、飞行控制和导航理论、空间电子学、飞行器环境模拟理论、航天医学、航天系统工程学等。

航天学是多种基础科学和技术科学在航天工程实践的应用中发展起来的，其基础是物理学，主要涉及固体力学、空气动力学、天体力学、热力学等基础理论，还涉及自动控制理论与技术、通信工程、机械工程、材料科学等。

新中国的航天工程起始于 1956 年。1970 年 4 月 24 日中国第一颗人造卫星"东方红一号"成功升空，成为中国航天发展史上重要的里程碑。东方红一号卫星的形貌如图 1-55 所示。

经过近 50 年的拼搏，中国的航天事业取得了世人瞩目的成绩，载人航天、深空探测——嫦娥奔月、北斗卫星导航系统组网完成、火星探测器"天问一号"发射成功（见图 1-56），中国正在逐渐走向航天强国。

图 1-55　东方红一号卫星

图 1-56　火星探测器"天问一号"发射成功

7. 食品工程

食品工程是指为了让人们获得更具有营养、更加美味的食品，应用相关的科学技术进行粮食、油料加工、食品制造或饮料制造等工程技术活动的过程。

食品加工过程中的物料，不仅有物理变化，往往还伴有化学变化和生物化学变化。食品工程涉及化学、物理、农学、生物化学、生物学、微生物学、化学工程、生化工程、机械工程、人体营养与食品卫生学、包装材料和工程、环境治理与工程等多门科学技术。

食品工程的任务是不断为食品工业生产的科学、合理、优化，提供必要的论证、技术和设备。食品工程研究的对象是食品生产中单一的或复合的过程和典型设备，研究这些过程和设备的机理及其共性和特性。

从食品工程技术科学的发展状况来看，它和化学工程、生物工程紧密相关。在食品工业中虽然门类繁多，制造方法、设备大小和结构形式等各有不同，但可将这些制造过程加以分类整理，并且通常可归纳为由若干应用较广而为数不多的、称之为单元操作的基本过程组成。食品工程所涉及的基本科学原理是各门类食品工艺学、发酵工艺学、食品机械学等。图 1-57 所示的是液态牛奶生产线，图 1-58 所示的是啤酒生产设备。

图 1-57　液态牛奶生产线

图 1-58　啤酒生产设备

8. 其他工程

随着人类社会的发展，工程领域逐渐扩大，其他工程包括计算机工程、航空工程、海洋工程、生物医学工程、交通工程、船舶工程、环境工程、核工程、制造工程、工业工程、农业工程等。通过网络学习，可以进一步了解相关的工程领域，理解工程的概念。

📝 习题与思考题 ·

1. 请列举一些工程实例，从中可以得到哪些启示？

2. 请列举一些科学研究的例子，说明科学研究的内涵。

3. 为什么说技术是发明，而科学是发现？请列举一些发明的技术，并说明这些发明的意义和作用。

4. 请列举科学产生技术的例子以及技术引发科学研究的例子。

5. 工程的内涵是什么？工程的关键词又有什么含义？

6. 工程为人类带来什么？人类能否离开工程？哪些工程明显地改变了人类的生活？

7. 工程与自然是什么关系？

8. 工程与科学之间是什么关系？工程与技术之间是什么关系？工程、科学、技术又是什么关系？

9. 从中国古代工程实例中能够体会到什么？

10. 请列举近年来国家的超级工程，从中可以得到哪些启发？

11. 你对哪些工程感兴趣？为什么？

12. 要从事你所喜爱的工程，当前要做好哪些准备？

13. 各个领域的工程概念有什么相同点？

14. 各个工程中采用的科学原理与技术有哪些是相同的？有哪些是不同的？

15. 现代工程与古代工程有哪些是相同的？有哪些是不同的？

16. 你能够列举出多少对于人类有重大影响的工程？列举这些工程的理由是什么？

第 **2** 章 | 工程与社会

导读

　　工程活动是人们有目的的活动，其目的就是使人类的生活更加美好。工程活动通过创造性劳动的产物影响着社会，反过来，社会的发展又会影响着工程活动的实施。因此，工程具有社会的属性。

　　本章重点介绍工程的社会属性、工程与环境、工程与可持续发展以及工程文化、工程伦理等，使人们更加理解工程与社会之间的关系。

2.1 工程的社会属性

　　在第 1 章中已经提到，工程的目标是服务于人类，为社会创造价值和财富。工程的成果要满足社会的需要。因此，工程活动的过程受社会政治、经济、文化的制约，其社会属性贯穿工程的始终。

1. 工程活动的社会性

　　任何一个工程，特别是现代意义上的工程，都是一群人有目的、有组织的活动，都具有社会性。在工程活动中，有投资者、管理者、设计人员、工程技术人员以及工人，他们组成了一个团队，是工程活动的主体，从工程规划、设计、建造到使用，不但要解决各种各样的、复杂的技术问题，还需要协调好各方的利益问题，要解决各种社会问题，就要考虑工程价值、社会效益、人文价值等。例如，图 2-1 所示的三峡水利工程，它涉及湖北省、重庆市21 个县（市、区）的 277 个乡镇、1680 个村。三峡库区工程需要淹没城市两座、县城 11座、集镇 114 个。三峡库区淹没陆地面积达到 $632km^2$，据调查，淹没线以下有耕地$24.5khm^2$，居住人口 84.41 万人，规划最终搬迁安置的人口达 113 万人。三峡水库移民搬迁和安置的规模和难度均属世界之最。长江三峡水利工程还涉及地上和地下文物 1281 处，能否在有限的时间内把损失减少到最低限度，为国内外舆论所关注。长江三峡水利工程淹没区的文物抢救和保护工作任务艰巨，三峡工程的文物保护和考古发掘对加深认识人类起源和中华民族文明起源、发展具有重大意义。由此可见，工程不是简单的技术问题，而是具有社会的属性，必须考虑相关的社会问题。当然，工程的目的也是为了改造自然，为了推动社会的发展，提高人民的生活质量，同样说明工程具有社会属性。

　　能够说明工程社会属性的一个很好的案例就是 2020 年武汉火神山医院工程。武汉火神

a)   b)

图 2-1　三峡水利工程

a）三峡水利工程大坝七孔泄洪　b）三峡库区移民新城

山医院位于武汉市蔡甸区知音湖大道，医院总建筑面积 3.39 万 m^2，编设床位 1000 张，开设重症监护病区、重症病区、普通病区，设置感染控制、检验、特诊、放射诊断等辅助科室。从医院方案设计到建成交付使用仅用 10 天时间，被誉为中国速度。

「三峡水利工程」

武汉火神山医院建设的目的是增加社会的医疗资源，保障人民健康，是社会需求、人民需求，因此，该工程具有明显的社会属性。

武汉火神山医院建设方案是基于北京小汤山医院的设计。原北京小汤山医院的设计团队接到任务仅 78min，就完成了方案的修订。修订的设计方案传到武汉，武汉中信建筑设计院的 60 名设计人员以及遍及全国的数百名建筑设计师共同参与、分工协作，仅用 5h 就完成了火神山医院场地平整设计图样，24h 内完成了医院方案设计图。图 2-2 为火神山医院俯瞰效果图。

中建三局、武汉建工、武汉市政、汉阳市政从全国各地迅速集结了 4 万多名建设工人（见图 2-3），以及上千台设备。火神山医院工程采取了齐头并进、昼夜施工、停人不停机的施工策略，图 2-4 所示为火神山医院工程的现场情景。

图 2-2　火神山医院俯瞰效果图　　　　　图 2-3　火神山医院的建设者

火神山医院工程是一个综合工程，得到了全社会的关注和支持。华为、中国移动、中国电信、中国联通等几家电信企业密切协作，36h 就完成了 5G 信号覆盖（见图 2-5a），为远程医疗会诊创造了条件，图 2-5b 所示为解放军总医院和火神山医院首次通过 5G 网络远程会诊

图 2-4 火神山医院工程的现场

a) 建设初期的火神山医院现场　b) 1 月 30 日火神山医院现场

的情景。医院所用的排风机组一般都是根据需要向制造企业订货，然后有关企业再生产，为了赶工程进度，齐鲁制药有限公司主动将自己订购的 12 台排风机组让给了火神山医院。航天科技、航天电缆公司 3h 紧急协调，连夜将阻燃电缆装车发货。中国五矿集团有限公司 24h 按要求完成了钢结构加工件。中国铁建股份有限公司直接拆了正在使用的工地活动板房紧急送往火神山医院施工现场。火神山医院工程充分展示了社会的大协作。

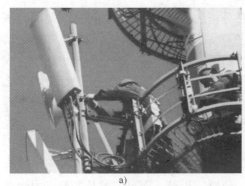

图 2-5 火神山医院 5G 信号工程

a) 火神山医院 5G 信号覆盖　b) 解放军总医院和火神山医院首次通过 5G 网络远程会诊

　　当火神山医院交付期限仅剩 3 天的时候，600m 的氧气管道还没有焊接，这是火神山医院建设中最具有难度的任务之一，如果焊接质量出现问题，很容易造成氧气泄露，非常危险。结合施工的实际情况，选用的是熔钎焊技术，而现场只有 15 名工人能够应用该技术进行焊接，15 名焊工 3 天 3 夜不眠不休完成了焊接任务，保证了火神山医院的顺利交付，由图 2-6 可以看到工人焊接的情景。

　　工程建设经过了 10 个昼夜，数不清的工序协同推进，一个环节出现纰漏，就可能造成返工，这是一个超速推进的复杂施工系统，是一个典型的复杂工程问题。每一位劳动者、工程技术人员、管理人员都在用他们的智慧、专业知识进行科学的管理、紧密的协作。仅仅 10 天的时间，火神山医院就竣工并投入了使用。图 2-7 所示是竣工的火神山医院。

图 2-6　现场焊接　　　　　　　　　　　　图 2-7　火神山医院

2. 工程活动的经济性

工程活动是一个应用科学原理创造性活动的过程，也是一个按照经济规律的工程实施过程。在工程活动中，涉及工程建设资金、原材料、劳动力使用、成本核算、利润等经济因素，也是一种经济活动。

工程经济活动就是把科学研究、生产实践、经验积累中所得到的科学知识有选择地、创造性地应用到最有效利用自然资源、人力资源和其他资源的经济活动和社会活动中，以满足人们需要的过程。

任何一个工程都要进行工程经济分析，工程经济分析的目的是提高工程经济活动的经济效果和效益，分析的重点是科学预见工程活动结果的经济价值。所谓经济效益是指工程活动中资金占用、成本支出与有用工程成果之间的比较。所谓经济效益好，就是资金占用少，成本支出少，有用的成果多，取得的经济收益多。经济效益是衡量工程活动的重要综合指标之一，提高经济效益不仅对于经济非常重要，对于社会也具有十分重要的意义，因为降低工程经济成本，往往也是减少资源的浪费，提高资源的利用，降低资源的消耗。所以，工程的经济性与工程的社会性密切相关。

任何一个工程都需要考虑经济效益和社会效益。某些工程属于公益工程，主要考虑社会效益，如三峡水利工程、南水北调工程、城市地铁、道路工程等，而更多的是需要考虑经济成本与效益，如汽车、手机、自行车、电冰箱等工程。

2.2　工程与环境

工程与人类生存的环境密切相关，一般的工程活动对环境都有一定的影响，甚至有些工程是为了改造自然环境。因此，必须处理好工程与环境的关系，不能因为工程损害了环境。

2.2.1　环境与环境问题的概念

「塞罕坝」

环境包括自然环境、社会环境等。本书讨论的环境主要是指自然环境。

1. 环境的概念

人类生存的空间且可以直接或间接地影响人类生活和发展的各种自然因素称为环境。

环境可以分为自然环境和人为环境。所谓的自然环境是指人类赖以生存、生活和生产所必需的自然条件和自然资源的总称。自然环境问题是本节所要讨论的环境问题。

2. 环境问题的概念

环境问题是指由于自然界或人类活动，作用于人们生活的环境而引起的环境质量下降或生态失调，以及这种变化对人类生产和生活产生不利影响的现象。

「工程与环境」

人们为了更好地生活，开展改造自然环境的工程活动，但是自然环境仍然会以其固有的自然规律变化着，因为这是科学。工程往往会在一定程度上改变环境，但是如果这种改变超出了一定的度，就会破坏自然环境，反而会给人们的生活带来灾难，也就产生了环境问题。因此，必须要考虑工程对环境的影响，尽量避免出现环境问题。

3. 环境问题的分类

环境问题往往分为原生环境问题与次生环境问题。

原生环境问题又称第一类环境问题，它是由自然因素的破坏和污染等原因引起的环境问题。例如，火山活动、地震、风暴、海啸等自然灾害引起的环境问题。

次生环境问题也称第二类环境问题，它是由人为因素造成的环境污染和自然资源与生态环境的问题。图 2-8 所示是由于工厂排放废气污染环境，造成城市雾霾；图 2-9 所示是由于化工厂爆炸造成松花江水污染。

图 2-8 工厂排放废气污染环境

图 2-9 化工厂爆炸造成松花江水污染

2.2.2 环境问题的产生与发展

次生环境问题的产生与社会、工程有很大关系。自然界有客观发展的规律，自然的客观性质与人类的主观要求，自然的发展过程与人类的活动，特别是工程活动之间不可避免地存在着矛盾。因此，在人类文明社会的发展过程中，当对环境问题没有给予足够的关注情况下，就出现了人们不希望的环境问题，给人类生活造成了不利的影响。现以环境污染为例，讨论世界上由于工业发展造成环境问题的几个阶段。

1. 第一次工业革命时期的环境问题

第一次工业革命时期，以蒸汽机作为动力机被广泛使用，机器工厂代替了手工工场。这一时期的能源主要是煤炭，对煤的大量使用造成了大气环境污染，特别是在英国（见图2-10），煤烟污染日趋严重，当时就有人形容英国伦敦"由于淹没在煤炭散发出的浓烈的烟和硫之中，出现了恶臭和昏暗"。

该时期冶炼工程也得到了快速发展，由于其排放不加以限制，也造成了环境污染。19世纪末期美国田纳西州一个小镇附近的一家炼铜厂排放的废气使得树木枯萎，排出的废水使河鱼绝迹，致使居民先后逃离小镇，炼铜厂也被迫关闭，小镇化为废墟。

a)   b)

图 2-10　英国的大气环境的污染

a）远眺 1832 年的曼彻斯特纺织厂　b）工业革命时期的英国伦敦

2. 近代的环境问题

进入到20世纪以后，随着工业化的扩展和科学技术的进步，经济发达国家的煤产量和消耗量逐年上升。到20世纪40年代初期，世界范围内工业生产和家庭燃烧所释放的二氧化硫每年高达几千万吨，其中2/3是由燃煤产生的。因此，燃煤引起的环境问题越来越严重。

这个时期的能源除了煤炭以外，又增加了石油和天然气。该时期内燃机已经发展成为比较完善的动力机械，在工业生产中广泛替代了蒸汽机。因而，在20世纪30年代前后，以内燃机为动力机的汽车、拖拉机和机车等在经济发达国家普遍地发展起来，到1929年，美国汽车的年产量已达到500万辆。由于内燃机的燃料主要是石油制成品——汽油和柴油，所以汽车排放的尾气中含有大量的一氧化碳、碳氢化合物、氮氧化物以及铅尘、烟尘等颗粒物和二氧化硫、醛类等有毒气体，某些排放物经强烈的阳光照射会产生二次污染物——光化学氧化剂，形成具有很强氧化能力的浅蓝色光化学烟雾，对人、畜、植物都有危害，遇有二氧化硫时，还将生成硫酸雾腐蚀物体。1943年洛杉矶首次发生了后来被称为"洛杉矶型烟雾"的光化学烟雾事件，造成人眼痛、头疼、呼吸困难甚至死亡，家畜犯病，植物枯萎坏死，橡胶制品老化龟裂以及建筑物被腐蚀损坏等，这是一种新型的大气污染现象，第一次显示了汽车内燃机排放气体造成的污染与危害的严重性。图2-11所示为洛杉矶型烟雾造成的环境污染。

自20世纪20年代以来，以石油和天然气为主要原料的有机化学工业得到了迅速发展，不仅合成了橡胶、塑料和纤维三大高分子合成材料，还生产了合成洗涤剂、合成油脂、有机农药、食品与饲料添加剂等多种多样的有机化学制品。有机化学工程为人类带来琳琅满目和方便耐用产品的同时，它对环境的破坏也渐渐地发生，构成了对环境的有机毒害和污染，图2-12所示是由于化工厂排放造成土壤的有机化学污染现象。

图 2-11 洛杉矶型烟雾

图 2-12 土壤的有机化学污染

3. 当代的环境问题

随着工业的发展、人口的增加以及城市化进程的加快，越来越多的工程得以实施，导致环境污染逐渐加剧，已经成为很多国家的社会问题。

随着石油化工工业的进一步发展，对环境的有机毒害和污染急剧增加。工程建设与实施带来的大气污染、水污染、土壤污染等有增无减。环境污染具有范围大、危害重、难以防范、难以修复等特点。自然环境和自然资源难以承受高速工业化、大量工程建设与实施的巨大压力，近 30 年来，世界发生了多起重大的环境污染公害事件，如日本水俣事件、印度博帕尔公害事件、苏联的切尔诺贝利核泄漏事件、美国墨西哥湾原油泄漏事件、海湾战争油污染事件、日本福岛核泄漏事件等。

1956 年日本南部九州湾水俣小镇出现了一种日后被称为"水俣病"的"怪病"（见图 2-13）。其症状表现为轻者口齿不清、步履蹒跚、面部痴呆、手足麻痹、感觉障碍等，重者精神失常，或酣睡或兴奋，身体弯弓高叫，直至死亡。据统计，该镇患水俣病 180 人，死亡 50 多人。其原因是因为该镇的一家氮肥公司生产中使用了含汞的催化剂，企业将含有大量汞的工业废水排入了海湾，经过某些生物的转化，形成了甲基汞。由于人们食用了富集了汞和甲基汞的鱼虾和贝类等，使人中毒。这是最早出现的由于工业废水排放污染造成的公害病事件。

1984 年 12 月 3 日震惊世界的印度博帕尔公害事件发生。凌晨时分，坐落在博帕尔市郊的"联合碳化杀虫剂厂"一座存贮 45t 异氰酸甲酯贮槽的安全阀出现了毒气泄漏。1h 后有毒烟雾袭向这个城市，城市上空出现了团团黑云（见图 2-14）。在这一环境污染事故中，受害者达 20 多万人，5 万人失明，受害面积达 40km^2，数千头牲畜被毒死。这次公害事件是有史以来最严重的工程使用过程中事故性污染而造成的惨案。

1986 年 4 月 26 日凌晨 1 时，距苏联切尔诺贝利 14km 的核电厂第四号反应堆发生可怕的爆炸（见图 2-15），一股放射性碎物和气体冲上 1km 的高空。这次核泄漏造成苏联 1 万多 km^2 的领土受污染，其中乌克兰有 1500km^2 的肥沃农田因污染而废弃荒芜。截至 1993 年初，8000 多人死于核放射有关的疾病，大量的婴儿成为畸形或残疾。

2010 年 4 月 20 日夜间，位于墨西哥湾的美国南部路易斯安那州沿海的一个石油钻井平台发生爆炸并引发大火，大约 36h 后沉入墨西哥湾，11 名工作人员死亡。钻井平台底部油井自 4 月 24 日发现漏油，每天漏油大约 5000 桶，经过 88 天才阻止住泄漏，最终统计，约有 2.1 亿 USgal（1USgal = 3.78541dm^3）的石油泄漏进墨西哥湾（图 2-16）。16000mile（1mile = 1609.344m）长的海岸线受到泄漏原油污染的影响，沿岸生态环境遭遇"灭顶之灾"，严重威胁了墨西哥湾数百种鱼类、鸟类和其他生物的生存，当地渔民赖以生存的捕捞业受到巨大影响。此次漏油事件造成了巨大的环境和经济损失。

图 2-13　日本水俣病环境污染事件

图 2-14　博帕尔市上空团团黑云

由于工程建设与运行造成环境污染的其他重大事件，可以通过网络查询做深入的了解。

图 2-15　切尔诺贝利核电站爆炸

图 2-16　墨西哥湾原油泄漏事件

2.2.3　环境与人体健康

人类生存在地球的自然环境中，环境对于人体健康有直接影响。从 2.2.2 节已经看到，如果不加以约束，工程造成的环境污染会越来越严重。考虑工程对环境的影响，实际上也是考虑工程对人类健康的影响。

1. 人和环境的关系

自然环境为人类提供了生存和发展的物质基础；保护和改善自然环境，是人类维护生存和发展的前提，这是人类与自然环境和谐共存的两个方面，哪一个方面出现问题都会给人类带来灾难。

人类生活在地球表面，空气、水和岩石（土壤）构成了人类与生物生存的生物圈。根据科学测定，人体中的 60 多种化学元素含量比例，同地球地壳的各种化学元素含量比例十分相似，这表明人类是自然环境的产物。

人类与自然环境的关系，还表现在人体的物质和自然环境的物质进行交换的关系。例如，人类通过新陈代谢吸入氧气呼出二氧化碳；喝清洁的水，吃丰富的食物，维持人体的发育、生长和遗传，这就是人和自然的物质交换。如果这种平衡关系破坏了，将会危害人体的健康。

当人们为了实现生活更加美好的愿望，进行一些工程活动，势必使自然环境遭到一定程度的改变甚至破坏，也会对人体健康造成影响。当这种破坏和影响在一定限度之内，自然环境与人体所具有的调节功能有能力使失衡的关系得到修复，但是如果超过了一定的限度，就可能造成不可修复的失衡状态，导致人类生存自然环境的恶化，人类健康近期和远期的危害。因此，人类必须要认清自然环境与人类健康的关系，规范自己的工程活动、社会行为，避免自然环境的退化和失衡，保护环境也就是保护人类自身的健康。

2. 环境污染对人体健康的影响

随着越来越多的工程建设与实施，自然环境污染问题日益严重，许多地方、许多人都在呼吸着污染的空气，饮用着污染的水，食用着从污染土壤中生长出来的食物，耳边响着噪声。环境污染严重地威胁着人体健康。

（1）大气污染与人体健康 大气污染主要包含二氧化硫气体与悬浮颗粒物以及汽车排放的尾气。悬浮颗粒物往往含有多种有害的化学物质。这些污染物通过呼吸道进入人体内，对人体健康的危害极大，会使人们患气管炎、肺气肿、哮喘等病症；而且大气中的化学污染物中具有致癌作用的多环芳烃类和含 Pb 的化合物等，使人们容易患癌症；大气中的放射性污染物容易使人患皮肤癌和白血病等。

例如，20 世纪 60 年代日本四日市有多家石油化工厂，终日排放含 SO_2 的气体和粉尘，使昔日晴朗的天空变得污浊不堪。1961 年，呼吸系统疾病开始在这一带发生，并迅速蔓延。据报道，慢性支气管炎患者占 25%，哮喘病患者占 30%，肺气肿等患者占 15%。1964 年这里曾经有 3 天烟雾不散，哮喘病患者中不少人因此死去。1967 年，一些患者因不堪忍受折磨而自杀。1970 年，患者达 500 多人。1972 年，哮喘病患者达 871 人，死亡 11 人。该环境污染事件被称为"日本四日市事件"，图 2-17 所示是当时大气污染的情景。

（2）水污染与人体健康 水污染主要是由于一些化工厂的工业废水排放引起的。工业废水常含有汞，会引起人们中毒；含有砷、铬、苯胺等化学物质，可以诱发癌症等。日本"水俣病"就是典型的案例。

（3）噪声污染与人体健康 人们在日常生活中，经常会听到不需要的声音，统称为噪声。当噪声对人及周围环境造成不良影响时，就会形成噪声污染。多种机械设备的制造和使用，飞机、高铁以及城市轿车的快速增长，给人类带来了进步，同时也产生了越来越多且越来越强的噪声污染。噪声污染会损伤人的听力、干扰睡眠，甚至会诱发多种疾病，也会影响人们的心理健康。图 2-18 所示是工业生产中采用的碳弧气刨加工，其噪声超过 120dB。噪声污染与大气污染和水污染是不同的，噪声污染是局部的，多发性的。

图 2-17 日本四日市大气污染

图 2-18 碳弧气刨加工

除此之外，还有其他的环境污染，都对人体健康产生不利影响。

2.2.4　工程与环境保护

随着环境污染公害事件频发，越来越多的国家开始关注工程与环境问题，采取了各种措施防止环境污染对人类的危害。随着我国经济建设的发展，面对日趋严重的环境问题，我国政府提出了一系列环保方针、政策及措施，既要保证经济建设的高速发展，又要保护好人类生存的自然环境。也就是说，在工程建设与实施时，必须要考虑环境问题，处理好工程与环境的关系。

1. 中国环境保护的基本方针

我国的环境保护起于 20 世纪 70 年代，也经历了从认识到实践的不同阶段和过程，对环境保护的认识也是逐渐深化的。到 1983 年 12 月 31 日，国务院召开了第二次全国环境保护会议，将环境保护确立为基本国策。所谓国策，是建国之策、治国之策、兴国之策。

"绿水青山就是金山银山"是时任浙江省委书记习近平于 2005 年 8 月 15 日在浙江省湖州市安吉县天荒坪镇的余村考察时提出的科学论断。2017 年 10 月 18 日，党的十九大首次将"必须树立和践行绿水青山就是金山银山的理念"写入大会报告。图 2-19 所示为浙江余村的变化情况。

图 2-19　浙江余村

a）20 世纪 90 年代的余村　b）今日余村

我国在 20 世纪 80 年代就制定了经济建设、城乡建设和环境建设同步规划、同步实施、同步发展，实现经济效益、社会效益、环境效益相统一的指导方针。体现了环境保护与经济社会协调发展的战略和思想，也体现了可持续发展的观念。明确了实施任何一个工程，必须要同步进行环境保护设施的建设，保证工程与环境保护的同步发展。

2. 中国环境保护法规

1989 年 12 月 26 日第七届全国人民代表大会常务委员会通过了《中华人民共和国环境保护法》（以下简称《环保法》）。《环保法》的通过，说明了我国对环境保护的重视。《环保法》是环境保护领域基础性、综合性的法律，规定了环境保护的基本原则和基本制度。《环保法》的建立和实施，既提高了工程技术人员和人民群众的环境保护意识，也规范了环境保护的行为，使工程技术人员知道了在实施工程时应该如何做好环境保护，对于处理好工程与环境的关系起到了积极作用。

3. 工程与环境影响评价

为加强工程建设项目环境保护管理，严格控制污染，1986 年 3 月 26 日国家颁布了《建设项目环境保护管理办法》。该办法规定了凡从事对环境有影响的工程建设项目都必须执行环境影响评价制度和"三同时"制度。明确了工程设计、实施过程中，必须考虑环境，必须进行工程对环境影响的评价，必须同时考虑工程与环境保护设施同步建设。

1998 年 11 月 29 日国务院发布《建设项目环境保护管理条例》，第一次通过行政法规明确规定"国家实行建设项目环境影响评价制度"，再次明确了必须进行"工程对环境影响的评价"，规范了评价的内容要求。《建设项目环境保护管理条例》主要内容包括以下几个方面：

1）规范了环境影响评价的适用范围，也就是需要进行评价的工程范围，即对环境有可能造成影响的新建、改建、扩建、技术改造项目及一切引进项目，包括区域建设项目，都必须执行环境影响报告书审批制度。

2）规定了环境污染控制要求，建设产生环境污染的工程项目，必须遵守污染物排放的国家标准和地方标准。

3）改建、扩建和技术改造工程项目必须采取措施，治理原有环境污染和生态环境。

4）国家实行工程建设项目环境影响评价制度。

5）国家根据工程建设项目对环境的影响程度，对工程项目的环境保护实行分类管理。

6）规定了工程建设项目的环境影响评价必须在项目的可行性研究阶段完成。也就是说，工程项目的环境影响评价是工程项目可行性论证中的重要内容。

7）规定了环境保护设施建设。工程建设项目需要配套建设的环境保护设施，必须与主体工程同时设计、同时施工、同时投产使用，即所谓"三同时"制度。

8）规定了违反《建设项目环境保护管理条例》规定，工程建设单位、从事建设项目环境影响评价工作的单位、技术机构、环境保护行政主管部门的工作人员应承担法律责任。

《建设项目环境保护管理条例》中还规定了环境影响评价的基本内容、评价程序和审批程序、承担评价工作单位和资格审查等具体内容和要求。

2015 年、2016 年《中华人民共和国环境保护法》和《中华人民共和国环境影响评价法》相继进行了修订，2017 年国务院对《建设项目环境保护管理条例》进行了修改，简化、细化了项目环评管理；取消了环保设备验收审批而加强了事中事后管理，强化了"三同时"监管；统一执法机关，加大违法行为处罚力度；同时加大了宣传力度，全面准确严格执法。

在国家加大监管力度的影响下，我国的环境问题得到了有效控制。工程技术人员在工程设计、施工、运行过程中必须考虑环境保护，严格执行国家有关法律法规。图 2-20 所示是工业废水处理实现零排放的图片，图 2-21 所示是老牌工业烟气脱白的情景。

图 2-20　工业废水处理　　　　　　　　　图 2-21　老牌工业烟气脱白

2.2.5　汽车工程与环境

　　随着经济的发展，汽车工业得到了快速发展，汽车已经成为人们生活中不可缺少的交通工具，给人们出行与生活带来了巨大的变化。同时，随着汽车的增多，也带来了日益严重的环境问题。

1. 汽车的环境问题

　　一般来讲，汽车带来的环境问题主要有两种形式：空气污染和噪声污染。

　　（1）汽车尾气排放带来的空气污染　目前汽车主要还是燃油汽车，所使用的燃料主要是汽油和柴油。燃油汽车产生的废气，也就是人们常说的尾气被排放到空气中，从而造成了空气污染。

　　（2）噪声污染　汽车运动过程中产生的声音，当超过一定的分贝数就产生了噪声污染。汽车噪声的生源有多种，如发动机、变速器、传动轴、车厢、玻璃窗、轮胎、喇叭等都会产生噪声，而最主要的是汽车发动机、轮胎产生的噪声。

　　产生汽车排放、汽车噪声的主要原因如下：

　　（1）汽车排放　目前大多数汽车运动依靠的是燃油的内燃机。内燃机是一种动力机械，它是通过燃料在机器内部燃烧，将其放出的热能直接转换为动力的热力发动机，是汽车产生动力的部件。由于内燃机的主要燃料是汽油或柴油，燃料的燃烧就必然会产生废气，也就是常说的汽车尾气。汽车尾气中主要含有固体悬浮微粒、一氧化碳、二氧化碳、碳氢化合物、氮氧化合物、铅及硫氧化合物等，这些物体排放到空气中就造成了空气污染。因此，只要是燃油的内燃机就必然会产生燃烧废气，就会产生空气污染。

　　（2）汽车噪声　汽车是一个机械产品，汽车运动是由汽车发动机产生动力，通过一系列的机械传动，最终传递到车轮，车轮旋转产生汽车的运动。由此可见，汽车运动必然会产生声音，例如发动机工作的声音；汽车动力传递过程中，变速器、传动轴等机械部件相对运动发出的声音；汽车运动过程中，汽车车厢、玻璃窗由于振动也会发出声音；汽车行驶中轮胎与路面相互作用、轮胎与空气相互作用以及轮胎变形而产生的声音等。这些不需要的声音，统称为汽车噪声。

　　随着我国经济建设的发展和人民生活水平的提升，家庭汽车拥有量急剧上升。截至

2020 年 6 月，全国机动车保有量达 3.6 亿辆，其中汽车 2.7 亿辆。69 个城市汽车保有量超 100 万辆，北京、成都等 12 个城市超 300 万辆，从图 2-22 可以看到北京汽车日常的流量。由此可见，汽车排放造成的空气污染及其噪声污染，特别是在一些大、中城市是不能忽视的，图 2-23 所示是 1943 年洛杉矶光化学烟雾事件的照片。

图 2-22　北京汽车日常流量　　　　　　图 2-23　1943 年洛杉矶光化学烟雾事件

2. 汽车工程设计的解决方案

随着汽车带来的空气污染、噪声问题越来越严重，影响了人们健康的生活，因此，汽车工程必须要考虑环境问题，新开发的汽车产品要进行环境影响的评价。

汽车环境问题实际上也是给汽车发展提出了新的科学技术问题，工程环境问题在某种程度上是可以通过技术进步来解决的。为了减少汽车给环境带来的不利影响，在汽车设计与制造过程中，可以考虑多种解决方案。首先，可以考虑汽车类型的选取，因为不同类型的汽车对于环境的污染程度不同。还可以考虑技术的提升，提升汽车设计、制造技术来减少汽车的环境污染问题。汽车企业既需要长远的战略考虑，也需要对当前市场的考虑，结合企业实际，根据国家对排放的要求，提升技术和汽车质量，降低环境污染。可以考虑的解决方案如下：

（1）电动汽车　电动汽车是指以车载电源为动力，用电动机驱动车轮行驶的车辆。电动汽车不存在汽油或柴油的燃烧，因此不会排放有害气体污染空气。

电动汽车包括纯电动汽车和燃料电池汽车。纯电动汽车采用蓄电池，电池单位重量储存的能量还比较少，价格也比较贵，汽车制造成本较高，可以考虑作为城市代步工具的车辆。

燃料电池汽车采用燃料电池供电。燃料电池是把燃料中的化学能转化为电能的能量转化装置，实质上它不能"储电"，而是一个"发电厂"。燃料电池汽车的关键是燃料电池，目前电池成本比较高，价格也比较贵。燃料电池在汽车上的应用已取得重大进展，是今后汽车发展的一个重要方向。现在许多汽车制造厂家都在积极开发燃料电池汽车。

（2）混合动力汽车　混合动力汽车是指汽车上装有两个以上动力源，一般是指采用传统的内燃机和电动机作为动力源。混合动力汽车使用的电动力系统中包括高效强化的电动机、发电机和蓄电池，也可以用燃料电池、太阳能电池代替蓄电池。

混合动力汽车的基本工作方式包括串联式、并联式和串并联（或称混联）式。采用混合动力后可按照平均需用功率来确定内燃机的最大功率,此时处于油耗低、污染少的最优工况下工作。混合动力汽车可以大大减少尾气排放,降低空气污染程度。但是,混合动力汽车有两套动力系统,再加上控制系统,结构复杂,技术难度大,成本较高。该类汽车目前在市场上产品较多,但是价格较高。

图 2-24、图 2-25 分别是燃料电池汽车与混合动力汽车示意图。

图 2-24 燃料电池汽车示意图

图 2-25 混合动力汽车示意图

（3）技术升级 在内燃机动力汽车中,可以采取技术升级来减少汽车排放的污染物量,或者将尾气中的有害物质转化为无害物质。

1）采用汽车轻量化结构设计,优化汽车结构,合理选用新材料。

2）改进、优化发动机结构,提高发动机燃烧效率、能量转化率。

3）改进制造工艺,例如,将点焊改为对接缝焊技术,可以将搭接结构改为对接结构,减少车身重量。

4）可以优化汽车燃料结构,如发展醇燃料或者增加添加剂等。

5）增加或提升汽车尾气净化装置与技术,减少有害物体排放等。

6）其他技术提升的措施。

需要结合企业技术的实际水平,考虑相关技术提升的方案,需要开展相关的科学技术研究,使汽车尾气排放满足国家的相关标准要求。当然,汽车工程还要综合考虑安全、法律法规、企业的制造技术、成本价格等问题。

解决汽车噪声的方法主要考虑汽车技术的提升,它涉及汽车整车的方方面面,包括汽车发动机的结构、材料、制造工艺水平及汽车装配密封技术等。汽车噪声的大小是衡量汽车质量水平的重要指标,汽车噪声的大小能够反映出这辆车的质量和技术性能的高低。因此,降低汽车噪声也是汽车设计、制造中的重要技术问题。

可见,汽车工程与环境问题,既是技术问题,也是社会问题。技术问题不仅涉及汽车类型选取、汽车结构设计、材料的选择等,还涉及制造工艺等;技术进步可以减少汽车产品对环境污染的程度;解决汽车环境污染对汽车技术提出了科学技术问题,促进了汽车技术的发展。同样的道理,任何工程不能只考虑对人们生活有利的一面,还要考虑工程带来的环境问题、社会问题。

2.3　工程与可持续发展

"可持续发展"从字面上理解是指促进发展并保证其可持续性。它包括了两个内涵：一是发展，二是可持续。

2.3.1　可持续发展的概念

世界环境和发展委员会于1987年发表的《我们共同的未来》的报告中，给出了可持续发展的定义：既满足当代人的需求，又不危及后代人满足其需求的发展。

该定义明确地表述了两个观点：一是人类要发展，尤其是当代大多数贫穷的国家和人民为了满足需求要发展；二是发展要有限度，不能危及后代人的需求。

众所周知，人类的发展实际上就是利用自然资源使人们生活得更美好，因此，自然资源是能否保证可持续发展的核心问题。

由于可持续发展涉及自然、环境、社会、经济、科技、政治等诸多方面，所以不同领域的学者从不同的角度，也给出了不同的定义。通过这些定义，可以对可持续发展有更全面的理解。

（1）侧重自然方面　将可持续发展定义为"保护和加强环境系统的生产和更新能力"。其含义为可持续发展是不超越环境、系统更新能力的发展。强调的是自然资源及其开发利用之间的平衡。

（2）侧重于社会方面　将可持续发展定义为"在生存于不超出维持生态系统涵容能力的情况下，改善人类的生活品质"。

（3）侧重于经济方面　将可持续发展定义为"在保持自然资源的质量及其所提供服务的前提下，使经济发展的净利益增加到最大限度"。

（4）侧重于科技方面　将可持续发展定义为"可持续发展就是转向更清洁、更有效的技术，尽可能接近"零排放"或"密封式"；采用的工艺方法尽可能减少能源和其他自然资源的消耗"。

基于可持续发展的理念，人们提出了所谓的"三大原则"，即公平性原则、持续性原则和共同性原则。

（1）公平性原则　同代人之间的公平、代际间的公平和资源分配与利用的公平。该原则认为，人类各代都处在同一生存空间，他们对这一空间中的自然资源和社会财富拥有同等享用权，他们应该拥有同等的生存权。因此，可持续发展把消除贫困作为重要问题提了出来，要予以优先解决，要给各国、各地区的以及世世代代的人以平等的发展权。

（2）持续性原则　人类经济和社会的发展不能超越资源和环境的承载能力。也就是在满足需要的同时必须有限制因素，即发展的概念中包含着制约的因素。最主要的限制因素是人类赖以生存的物质基础——自然资源与环境。

（3）共同性原则　各国可持续发展的模式虽然不同，但公平性和持续性原则是共同的。地球的整体性和相互依存性决定全球必须联合起来，共同解决可持续发展的问题。

2.3.2 可持续发展的含义

可持续发展包含了当代与后代的需求，包含了自然资源、生态承载力，包含了工程与环境、环境与发展相结合等重要内容。可持续发展主要包含以下几方面的含义：

(1) 经济可持续发展 可持续发展的最终目标就是保证当代人、后代人对美好生活愿望与需求的发展，因此，保持经济的可持续发展是可持续发展的核心内容。根据公平性原则，目前全球可持续发展的首要问题就是消除贫困。因为贫困不仅仅使部分人群生活得贫困，还有可能会导致贫困地区环境、生态破坏的加剧，反过来环境、生态的恶化又加剧了贫困。只有发展了经济，消除了贫困，才有可能实现经济可持续发展。

非洲有很多贫穷的地方，由于贫穷落后且人口日益增多，这一地区的环境逐渐恶化，很多河流都因为人们的过度取水而干涸，土壤也发生退化，使贫穷与环境产生恶性循环。图 2-26 所示是土壤退化现象，图 2-27 所示是人们从遥远的地方取水的图片。

图 2-26 土壤退化

图 2-27 远处取水

(2) 社会可持续发展 可持续发展的实质是在人类与自然和谐共处的前提下，改善人类的生活品质。因此，人类首先要了解自然和社会的变化规律，才能实现人类与自然的和谐共处。同时，人们必须有很高的道德水准，能够认识到自己对自然、对社会、对子孙后代的责任，才能在发展中考虑可持续问题。在发展经济、实施各种工程、改善人们生活品质时，需要综合考虑社会人口、农村城市化、资源开发与利用、环境保护等有关可持续发展的问题。

(3) 资源可持续发展 资源问题是可持续发展的中心问题。人类生存的资源是有限的，要保证当代人、后代人的可持续发展，一是要合理利用现有的资源，减少消耗；二是要开辟新的资源，并尽可能地更新资源和采用相对丰富的资源来替代，以减少现有资源的消耗。例如，对太阳能（见图 2-28）、风能、潮汐（见图 2-29）等清洁能源的开发利用以减少化石燃料的消耗，把这些化石燃料尽可能多地留给子孙后代。

(4) 环境可持续发展 环境的可持续性是可持续发展的重要内容。环境保护是衡量发展质量、发展水平的主要标准之一。因为现代经济和社会的发展越来越依赖环境的支撑，没有良好的环境作为保障，就不可能实现可持续发展，绿水青山就是金山银!山。

图 2-28　敦煌太阳能 10MW 光伏发电

图 2-29　海洋潮汐发电

（5）全人类可持续发展　可持续发展不是哪一个国家或哪一个地区的事情，而是全人类的共同目标。当今世界上的资源与环境问题已经超越了国界的限制，如全球变暖、酸雨的蔓延、大气臭氧层的破坏等。因此，必须加强国际合作，共同面对可持续发展。

2.3.3　工程与可持续发展

可持续发展是一个涉及经济、社会、文化、技术以及自然资源、自然环境的综合概念。同样，工程也涉及经济、社会、文化、技术以及自然资源和自然环境。一个国家的经济发展必然会有大量的超级工程的建设，也必然会有更多的工程产品的出现，使人们生活更加便利、幸福，会促使社会进步、文化繁荣。同时，也会应用更多的自然资源，对人类生活环境也会造成一定程度的影响。因此，工程与可持续发展密切相关。

1. 经济发展、工程建设与可持续发展

可持续发展的根本目的是实现社会的可持续发展，发展的本质是为了改善人类生活的质量，提高人类的健康水平，创造一个和谐社会。而社会可持续发展的基础是经济发展，只有经济发展了才有可能消除贫困，才有能力提供必要的条件支持可持续发展。

历史的经验证明，没有一定的经济发展基础，环境就不可能得到保护。经济发展是社会发展以及科学技术发展的基础。我国的改革开放首先要解决经济发展问题，经济发展了，人民生活水平才会提高，才能有科学研究的基础与保障，才可能解决可持续发展问题。图 2-30 所示展现了改革前后我国农村面貌的变化。图 2-30b 所示是 2016 年年底，正式更名为四川省成都市"郫都区"的郫县，该县入选了全国乡村城市化试点县。由于经济发展，农村实现了城市化，许多城市工程的建设，如污水处理工程项目的建设与使用，实现了污水处理；垃圾处理工程项目的建设与使用，实现了垃圾处理；大气污染处理、天然气管道工程的建设与使用，使得环境污染问题得到了解决；等等。由此可见，可持续发展的基础是经济发展。

2. 环境保护政策保障可持续发展

随着经济可持续发展问题的提出，国家出台了一系列涉及经济发展的环境保护政策，这些经济与环境保护政策按照市场发展规律的要求，运用价格、税收、财政、信贷、收费、保险等手段，调节或影响市场主体的行为，以实现经济建设与自然资源、环境保护的协调发展。

a)   b)

图 2-30　我国农村
a) 改革前　b) 改革 40 年后

　　可持续发展的经济与环境保护政策主要有环境税费、生态补偿费、排污权交易、环境融资、环境金融、环境污染责任险、环境债券、经济惩罚等。

　　环境费用通常包括污染治理、环境管理、社会损害、环境保护等各种费用。以社会损害费为例，该费用包括因环境受到污染及生态平衡遭到破坏而对社会造成的各种经济损失，如因污染引起人们患疾病的治疗费用，或因污染造成的工农业生产损失费用等。因此，在工程设计、建设与使用中必须要考虑环境问题，也就是要考虑可持续发展问题。

　　所谓的经济惩罚，就是对违反环境法律法规的行为采取的罚款措施。例如，浙江省台州市椒江区某工厂私设暗管偷排废水（见图 2-31），违反了国家环保法律，椒江区生态环境分局针对该公司利用暗管排放废水的行为，对该公司做出了 20.5 万元经济处罚，相关责任人也受到了法律制裁。

 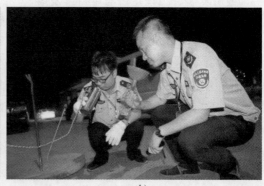

a)   b)

图 2-31　环境违法工厂被处罚款
a) 私设暗管偷排废水　b) 执法人员调查取证

　　除了采用经济杠杆外，还采用了一些行政强制措施，如 2.2.4 节提到的《建设项目环境保护管理办法》，规定了凡从事对环境有影响的工程建设项目都必须执行环境影响评价制度和"三同时"制度。明确了工程设计、实施过程中必须考虑环境，必须进行工程对环境影响的评价，必须同时考虑工程与环境保护设施的同步建设，从而保障社会、经济的可持续发展。

3. 循环经济对工程与可持续发展的影响

随着可持续发展概念的提出，循环经济作为一种科学发展观、一种全新的经济发展模式应运而生，成为各种工程应该考虑的经济发展模式。

"循环经济"完整的表达是资源循环型经济。以资源节约和循环利用为特征，与环境和谐的经济发展模式。

循环经济强调把经济活动或者说是工程活动，组织成一个"资源—产品—再生资源"的反馈式流程。其特征是低开采、高利用、低排放。所有的物质和能源能在这个经济循环中得到合理和持久的利用，以把经济活动或工程活动对自然环境的影响降低到尽可能小的程度。

循环经济是以资源的高效利用和循环利用为核心，以减量化、再利用、资源化为原则，以低消耗、低排放、高效率为基本特征，符合可持续发展理念的经济发展模式。

在工程设计、建设和使用过程中，循环经济观要求遵循"3R"原则，即减量化（Reducing）、再利用（Reusing）和再循环（Recycling）原则。

（1）减量化原则　减量化原则是循环经济的第一原则。它要求在工程活动中通过科学技术、管理的改进，能够用最少的原料和能源投入来达到既定的工程目的或消费目的。要求人们从工程活动的源头，在工程设计时就要考虑节约资源和减少环境污染。减量化有不同的表现形式，在工程产品中常常表现为产品的小型化和轻型化。此外，减量化原则要求产品的包装应该追求简单朴实，而不是豪华浪费，从而减少废弃物。

（2）再利用原则　循环经济的第二个原则是要求工程的产品能够以初始的形式尽可能多次以及尽可能多种方式地反复使用，尽量延长产品的使用期，而不是非常快地更新换代。鼓励再制造工程的发展，使磨损或损坏的工程产品得到再次利用，防止物品过早地成为垃圾。在生活中，反对一次性用品的泛滥，鼓励人们将可用的或可维修的物品返回市场体系供别人使用或捐献自己不再需要的物品。

（3）再循环原则　循环经济的第三个原则是尽可能多地再生利用或循环利用。要求工程产品在完成其使用功能后，能重新变成可以利用的资源，而不是不可恢复的垃圾。再循环有两种情况：第一种是原级再循环，也称为原级资源化，即将工程废品被循环用来形成同型新产品，如利用废钢铁生产钢铁；第二种是次级再循环或称为次级资源化，是将工程废弃物用来生产与其性质不同的其他产品的原料的再循环过程，如将废塑料作为建材厂的生产原料等。原级再循环在减少原材料消耗上达到的效率要比次级再循环高得多，是循环经济追求的理想境界。

4. 汽车轻量化与可持续发展

自从 1886 年第一辆汽车问世，历经 100 多年的发展，汽车已经成为人类不可或缺的交通工具。目前中国机动车保有量已达 3.6 亿辆，其中汽车 2.7 亿辆。

众所周知，汽车给人们带来交通便利、旅行舒适的同时，也带来了环境污染、能源消耗等问题。汽车工程如何实现可持续发展是该领域乃至全社会关注的问题。本节主要从材料在汽车车体轻量化中的应用来说明工程与可持续发展问题。

汽车轻量化就是给汽车"瘦身"。汽车轻量化不仅可以降低能源的消耗，减少尾气排放造成的环境污染问题，还可以带来更好的操控性，以及汽车起步的加速性能、制动车辆时更短的制动距离，提高了汽车驾驶的安全性。

汽车的轻量化主要涉及汽车车身、底盘、内外饰、电子电器以及动力总成系统。由于车身结构质量占整车质量的 30% 以上，汽车的轻量化主要是车身的轻量化。大量研究和统计分析表明，汽车运动中油耗的 75% 与整车质量有关。若汽车整车质量降低 10%，可节省能耗 6%~8%，温室气体排放也可以减少 6%~8%，排放的有害气体减少 4%~6%。

汽车轻量化一般通过应用轻质材料、先进制造工艺以及轻量化结构设计三种途径来实现。其中，车身材料由铝、镁等轻质材料和聚合物基复合材料以及高强度钢材料等多种材料的混合应用来代替传统的低碳钢材料。伴随着新材料的应用，相应的制造方法与工艺也在发生变化。

自 20 世纪末以来，世界各国越来越重视汽车轻量化。1982 年德国大众汽车公司就开始实施"高度铝制轿车"项目，以铝合金材料代替钢铁材料，研发铝制车身（见图 2-32）。有人估计，将一辆汽车的钢铁材料如果全部用铝合金材料来代替，可以使整车减重 20% 以上。1985 年的德国汉诺威工业博览会上，首次展示了铝制外壳车身的奥迪 100。为了进一步引起人们对于奥迪全铝车身技术的关注，奥迪专门打造了一款用于展示全铝车身技术的概念车——奥迪 Avus（见图 2-33），并在 1990 年进行了全球展示。

图 2-32　高度铝制轿车车体

图 2-33　全铝车身的奥迪 Avus

1999 年，奥迪推出了 A2 车型，在这款车型上，首次采用了激光焊接技术，解决了铝合金材料焊接困难的制造工艺问题，对于日后全铝车身技术大规模应用起到了推进作用。经过 20 多年的发展，奥迪已经有 9 款车型应用了铝合金车身制造技术，累积销量超过 100 万辆，其中奥迪 A8 采用了全铝车身，其铝合金骨架如图 2-34 所示。

国内首先尝试全铝车身应用的是奇瑞小蚂蚁新能源汽车，其车身骨架铝合金应用比例高达 93%（见图 2-35），使得小蚂蚁车身减重 40%，刚度提升 60%，加上全复合材料外覆盖件的应用，使得小蚂蚁整车质量只有 885kg，0~50km/h 的加速时间不到 6s。

图 2-34　奥迪 A8 铝合金骨架

图 2-35　奇瑞小蚂蚁新能源汽车骨架

目前汽车上使用的轻量化材料越来越多，包括热成形钢、铝合金、镁合金、碳纤维增强复合材料等。除了车身外，汽车的发动机也采用了铝合金铸件代替钢铁铸件，汽车的轮毂现在有铝合金、镁合金、碳纤维复合材料的轮毂，从而使汽车整体质量进一步降低。

除了铝合金车身外，碳纤维复合材料在车身上的应用也越来越多。宝马 i8 汽车（见图 2-36）采用了全新的设计理念，在汽车乘员舱中采用了高强度且轻量化的碳纤维增强复合材料，大幅度降低了车身的重量。目前，碳纤维复合材料在国内自主品牌的车身上也开始得到了应用，首先使用在奇瑞混合动力汽车艾瑞泽 7（见图 2-37）车型上，这款车外壳重量减轻了 10%，车体总体减重达 40% 以上，油耗降低了 7%。

车身采用铝合金、碳纤维复合材料等使整车减重，符合循环经济的减量化原则；铝合金材料可以回收再利用，符合循环经济的再循环原则；碳纤维复合材料的应用可以节省金属材料的自然资源。而且车身的轻量化还能够降能减排，减少能源的应用与环境的污染。可见，汽车工程中的车身轻量化理念符合可持续发展的理念。

由此可见，工程不仅可以，而且必须要考虑可持续发展问题。

图 2-36　宝马 i8 汽车

图 2-37　奇瑞混合动力汽车艾瑞泽 7

2.4　工程文化

文化这个词汇，我们似乎并不陌生，但是，大家能否说出文化的真正内涵？工程文化又是什么含义？工程需要考虑文化吗？

2.4.1　工程文化的概念

要理解工程文化，首先应该理解文化的概念。

1. 文化的概念

"文化"一词语义丰富，关于"文化"的定义多年来一直是文化学者、人类学家、社会学家和考古学家想说清楚但又说不清楚的一个词。

美国学者克罗伯和克拉克洪在《文化：概念和定义的批判性回顾》一书中，列举了欧美国家对"文化"的 160 多种定义。

我国《辞海》对文化的解释：是指人类在社会历史实践过程中，所获得的物质、精神

53

的生产能力和所创造的物质财富和精神财富的总和。

人类所创造的物质财富，主要是指具体的物化产品，包括服饰、住房、日常用品、交通工具等各种工程产品。

人类所创造的精神财富，主要是指非物化的"产品"，包括宗教、信仰、哲学、政治、历史、文学艺术、科学技术、风俗习惯、生活方式、思维方式、审美情趣、学术思想、价值观念、行为规范、各种制度（生活制度、家庭制度、社会制度）等。

文化哲学把文化分为物质文化、制度文化、精神文化三个层面。物质文化实际是指人在物质生产活动中所创造的全部物质产品，以及创造这些物质产品的手段、工艺、方法等。制度文化是指人们为反映和确定一定的社会关系并对这些关系进行整合和调控而建立的一整套规范体系。精神文化也称为观念文化，是以心理、观念、理论形态存在的文化，它包括两部分：一是存在于人心中的文化心态、文化心理、文化观念、文化思想、文化信念等；二是已经理论化、对象化的思想理论体系，即客观化了的思想。

由此可见，文化的含义很广，内容很丰富，实际上包含了人类所有的活动和思想。

虽然文化有很多定义，但有一点是明确的，即文化的核心是人，是人类的活动创造了文化，文化是人类智慧和创造力的体现。

不同种族、不同民族的人创造了不同的文化。人创造了文化，也享受着文化，同时也受文化的约束，最终又要不断地改造文化。人虽然要受文化的约束，但人在文化中永远是主动的。没有人的主动创造，文化便失去了光彩，失去了活力，甚至失去了生命。理解和研究文化，主要是观察和研究人的创造思想、创造行为、创造心理、创造手段及其最后的成果。

图 2-38 所示的是傣族的孔雀舞，图 2-39 所示的是新疆舞，显示出不同民族的舞蹈风格，也就是不同的民族文化。

图 2-38　傣族的孔雀舞　　　　　　　　　　　图 2-39　新疆舞

图 2-40 所示是坐落于天津意式风情街附近的袁世凯故居，图 2-41 所示是坐落于天津市西青区的霍元甲故居。由此可以看到欧式风格和中国民居风格的建筑，既体现了不同建筑的文化，也体现了中国 19 世纪末期不同阶层的文化，同时，也体现了天津特有的文化。

2. 工程文化的概念

工程文化是文化的表现形式，是工程与文化的融合。

广义的工程文化是人类为社会的进步在工程设计、产品生产、经营和消费活动中形成的物质和精神成果的总和。狭义的工程文化是指实际工程活动过程中所发生、反映、传播的具有工程特色的文化现象，它是人类在工程活动中产生的物质成果和精神成果的总和。

图 2-40 欧式风格建筑   图 2-41 中国民居风格建筑

    工程文化是人类社会工程实践的产物，脱离了具体的工程，其工程文化就无从谈起。随着生产、生活水平的日益提高，人们的设计、生产与消费观念发生了巨大的改变，如生产者在使用机器时，要求解放劳动力，希望实现加工自动化，于是机械工程的设计者们将传统的机器制造与现代数字技术、信息技术等相结合，便出现了数字编程、数控加工等新技术与新产品。消费者在选择产品时，不仅要满足物质需要，往往还寄托了精神需求，要从工程设计、工程文化中得到某种精神的满足。所以，工程不仅仅是解决人类的物质需求，还承载着传承文化的使命，使人们在得到物质满足的同时，得到精神上的满足。

    图 2-42 所示的卢沟桥位于北京市的永定河，因横跨卢沟河（即永定河）而得名，是北京市现存古老的石造联拱桥。卢沟桥始建于南宋时期（1189 年），卢沟桥桥面略呈弧形。桥墩、拱券以及望柱、栏板、抱鼓石等都用天然石英砂岩及大理石砌筑，而桥面是用天然花岗岩巨大条石铺设的。卢沟桥下河床铺设了几米厚的鹅卵石和石英砂，整个桥体砌筑其上十分坚实稳固。桥墩平面呈平底船形，北为上游是进水面，砌筑分水尖（见图 2-42b），状若船头。每个分水尖的前端装有一根三角铸铁，锐角向外，以减轻洪流和冰块冲击。在分水尖上面又盖了六层分水石板称凤凰台，下两层挑出，以上各层逐次收进，既加固了分水尖的稳定性，对桥墩的承载压力也起到了平衡作用。桥墩南面顺水，砌作流线型（见图 2-42c），形似船尾，以分散水流，减轻洪流对券洞的压力。卢沟桥充分体现了技术与造型的工程文化之美。

a)   b)   c)

图 2-42 卢沟桥

a）全貌 b）桥墩北面分水尖 c）桥墩南面流线型

卢沟桥不仅仅能够满足人们外出过河便利的需求，还能够让人们得到精神上的享受。过往卢沟桥能够让人们得到精神享受的就是世界上最有名的卢沟桥石狮（见图 2-43）。桥上每个望柱顶端都雕有一头石狮，石狮姿态各不相同，有雌雄之分，雌的戏小狮，雄的弄绣球。有的大狮子头上、足下或胸前、背后又雕有一些小石狮，最小的只有几厘米长，有的只露半个头、一张嘴。因此，长期以来就有"卢沟桥的狮子数不清"的传说。

a)   b)

图 2-43　卢沟桥石狮

a）足踏绣球的石狮　b）大小石狮

这座历史悠久的桥，在金、元、明、清、民国和新中国各个时期都历经修补，不同的时期所雕石狮形态不同，代表了不同时代的社会文化和石雕技艺。

金元时期的石狮身躯比较瘦长，狮子头比例特别大，显得腿短脑袋大，面部较窄，嘴部微微张开，雕刻的狮嘴中间不掏空，类似一种假的张开。头上卷毛不甚高凸，前腿上有些鳞状的盔甲纹，全神贯注，颈部系带飘逸，头前挂一个小铃。这些都是金元时期狮子的特征。

明代的石狮身躯稍微粗短，或足踏绣球，或足踏小狮，或身上有小狮。狮子嘴部张开，舌头向上舔着，嘴方且大，中间是空的。

清代的石狮突胸张嘴，雕刻细腻，身上间有小狮，颈下有一宽大的系带，卷毛非常高凸。雕刻的纹路比较深，神情的表现主要在脸部，眼睛拉长，眯缝着眼。这个时期雕刻的狮子显得不是那么凶猛，雕工精细，身上的花纹包括铃铛上的花纹都刻得相当细。

清末至新中国成立前的石狮雕刻比较粗陋，狮子后头卷发变大了。狮嘴、鼻子、眼睛不刻那么深了，明显刻得很随意，没有什么比例。这些雕刻上的变化，反映出这个时期，社会的政治、经济等方面处于动荡和萧条之中。

说起卢沟桥，让人们永远牢记的是"卢沟桥事变"（也称"七七事变"）。1937 年 7 月 7 日日本在此发动了全面侵华战争，中国抗日军队在卢沟桥打响了全面抗战的第一枪。

由此可见，工程记载着历史、记载着社会、记载着劳动人民的智慧、记载着文化。这就是工程文化。

图 2-44 所示的是天津世纪钟。世纪钟是天津市人民为了迎接 21 世纪，在天津站前广场建造的大型标志性城雕建筑。2000 年 1 月 1 日零时，悦耳的"东方红"音乐钟声在天津的解放桥前响起，敲响了迎接新世纪的钟声。从那一刻起，世纪钟便成为与新世纪相伴相随的、天津市最具关注度的标志性建筑之一。

天津世纪钟是一个机械工程产品，高达 40m，金属的质量达到 180t。世纪钟的石英钟盘

a)

b)

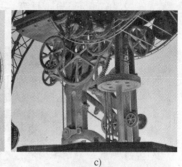
c)

图 2-44 天津世纪钟

a）世纪钟全貌 b）世纪钟表盘 c）世纪钟底部齿轮

面积为 156m²，在直径约 8m 的内环上，盘芯和指针采取花挡镂空制作。表盘的侧面为一个巨大的钟摆造型，上顶"金太阳"，下挂"银月亮"。摆架为 S 形，取材于中国传统文化太极分割线形状，寓意阴阳交替，互始互终。

世纪钟表盘外形为欧式风格，选用不锈钢材料制作罗马数字及表盘中心骨架。表盘上镶有"天津"及"2000"大幅字样。钟表面的外环与内环间镶嵌 12 个直径为 2.6m 的青铜浮雕，图案为 12 星座。白羊座放在顶端 12 点的部位，因为羊在中国代表吉祥；将天秤座放在最下部 6 点的部位，因为秤代表公平。这个设计体现了近代历史城市天津的特点，把西方文化与本土文化相融合的文化理念。世纪钟厚重的锻铜底座上布满大小齿轮、链条和巨大的钢制螺钉、铆钉。齿轮代表时光流转，世纪更迭；钢制螺钉、铆钉与古老的欧式风格的采用铆钉连接制造的解放桥互相映衬，古朴典雅，好像是在向人们诉说着中国近代工业从这里开始。

放眼望去，这座世纪钟将时间与空间、古典与现代、力与美、人与自然在这里充分融合，浑然一体，启迪着人们无尽的遐思与想象，充分展示了工程文化的魅力。

众所周知的"两弹一星"工程，就是中国研制原子弹、导弹和人造卫星的工程。20 世纪 50 年代中期，我国做出研制"两弹一星"的战略决策。1960 年 11 月 5 日，我国第一枚近程导弹"东风一号"发射成功；1964 年 10 月 16 日，我国第一颗原子弹爆炸成功；1970 年 4 月 24 日，我国第一颗人造卫星发射成功。

直到现在我们都一直在提"两弹一星"，是因为"两弹一星"的研制成功，不仅仅使我国成为世界上少数独立掌握核技术和空间技术的国家之一，增强了我国的国防实力，更重要的是它代表了一种精神，那就是"热爱祖国、无私奉献，自力更生、艰苦奋斗，大力协同、勇于登攀"。

在"两弹一星"的研制过程中，涌现出无数可歌可泣的人物、事迹。大批优秀的科技工作者，包括许多在国外已经有杰出成就的科学家，如钱学森、郭永怀等人，以身许国，怀着对新中国的满腔热爱，响应党和国家的召唤，义无反顾地投身到这一神圣而伟大的事业中来。他们和参与"两弹一星"研制工作的广大干部、工人、解放军指战员一起，在当时国家经济、技术基础薄弱和工作条件十分艰苦的情况下，自力更生，发奋图强，依靠自己的力量，用较少的投入和较短的时间，突破了核弹、导弹和人造卫星等尖端技术，取得了举世瞩目的辉煌成就。图 2-45 所示为 1950 年 10 月一批从美国归来的留学生在轮船的合影，图 2-46 所示是中国第一个核武器研制基地创业初期领导和职工居住的帐篷。

图 2-45　留美归来留学生轮船上的合影　　图 2-46　中国第一个核武器研制基地创业初期的帐篷

现在，"两弹一星"精神是中华人民共和国诸多精神及政治语汇中的一个，象征着在欠缺良好环境下，从事科学技术开发研究的精神。"两弹一星"精神象征了中华民族自力更生、在社会主义制度下集中力量从事科学开发研究，并创造科技奇迹的态度与过程，体现了爱国主义、集体主义、社会主义与科学精神。它是由工程创造出来的精神财富，它是工程文化。

2.4.2　汽车文化的概述

工程文化离开了工程就无从谈起，在这里以汽车工程为例，一起来讨论汽车文化，从而能够更深入地理解工程文化。

1. 汽车文化的概念与内涵

从文化的概念可以认为文化具有三个方面的内涵：器物文化、行为文化和精神文化。

所谓器物文化，是指人类的工程活动与物化工程产品的总和，构成整个社会文化的基础；所谓行为文化，是指人类在社会实践包括工程实践过程中所缔造的社会关系，以及用于调整这些关系的规范体系和人们相互交往中约定俗成的习惯定势所构成的行为模式；所谓精神文化，是指人类的精神生活方式和意识形态。

汽车文化是指人类在汽车发明、汽车设计、汽车生产制造和使用过程中逐步形成，并不断积累的物质财富和精神财富的总和，也可以说是指人类在汽车工程与汽车产品使用过程中逐步形成，并不断积累的物质财富和精神财富的总和。

汽车文化同样包含汽车器物文化、汽车行为文化和汽车精神文化。

2. 汽车文化的主要特征

汽车文化的主要特征如下：

（1）继承性　汽车是一个有着悠久历史，而且不断发展的产品，汽车文化是一个不断积累和丰富的过程，也是一个不断自我否定并呈螺旋式上升的过程。随着社会、科技的进步和汽车工程的发展，先进汽车文化必然代替陈旧、落后的汽车文化。但是，先进的汽车文化一定是在继承传统的、优秀的汽车文化基础上发展起来的。

（2）时代性　汽车文化是在工程实践活动中形成的，并随着社会的发展不同而演变为不同时代的汽车文化。在审美、价值判断和表现形式上，汽车文化是与当时的社会主流价值观、主流文化相一致的。例如，我国汽车的命名——"解放""红旗""东风"等，可以说明其时代性。

（3）**民族性**　汽车文化的民族性尤为明显，汽车之美，阴柔或阳刚，圆润或挺拔，内秀或奔放，时尚或保守，鲜艳或素雅，简约或奢华，都体现了民族的文化，往往是时代文化与民族文化的融合，技术美与艺术美的融合，而艺术美往往体现了民族性。例如，美系汽车往往展现了美国人自由张扬的个性和豪迈情怀（见图 2-47）；"红色闪电"法拉利，如同亚平宁半岛的绿茵场，折射出地中海的奔放和罗马假日式的风情万种（见图 2-48）；德系车庄重大方，做工精细，富有品质，浓缩了日耳曼民族的冷静、严谨、持重和积极进取；法系车洋溢着法兰西式的浪漫；日系车良好的性价比，体现了大和民族的吸收、创新能力和忧患意识。

（4）**创新性**　自汽车诞生之日起，以汽车为载体的汽车文化就在不断地发展创新。这是由于人们总是不断地将最新的科技成果应用于汽车工程中，使汽车性能、品质、造型等方面不断革新。汽车发展史就是一部汽车文化的创新史。

（5）**统一性与多样性**　汽车文化涉及多个国家、多个民族，汽车文化既具有共同的、统一的特征，又具有各自的特色，相互之间不可替代。跨国、跨产品、跨文化的多品牌汽车工程战略，使得汽车文化融入了不同的国家和民族特色，汽车文化在统一性的基础上表现形式日益多样化和多元化。

图 2-47　林肯汽车

图 2-48　法拉利汽车

（6）**互动性**　各个国家或民族在汽车工业发展中都有自己长期积累的汽车文化，随着文化交流日益频繁，各民族汽车文化相互影响、相互促进，汽车文化的发展就是一个相互借鉴与融合的过程，互动性是汽车文化生命力的重要体现。

（7）**生态化**　汽车作为改造自然过程中的一种发明创造，其发展演变处处反映人与自然的互动，并代代相传。发展绿色交通，节能减排、保护环境，与自然和谐相处是汽车文化的使命。

2.4.3　汽车器物文化

关于汽车的器物文化，本书从现代汽车的诞生说起。英国发明家瓦特（James Watt，1736—1819 年）是现代意义蒸汽机的发明者。现代意义蒸汽机的发明轰动了整个欧洲，掀起了第一次工业革命。人们纷纷考虑如何将这一新的科技发明应用到自己的工程领域。蒸汽机的发明为汽车的问世创造了必要的条件，人们开始设想将蒸汽机装到车上，让车子自己行走。

1. 蒸汽汽车的出现

1769 年法国陆军工程师古诺（N. J. Cougnot，1725—1804 年）研制出了世界上第一辆蒸汽机驱动的三轮车（见图 2-49），利用装在车前部的一个锅炉产生的蒸汽推动气缸中的活塞上下运动，然后通过曲拐传给前轮，驱动前轮转动前行。虽然这台车辆的速度只有 3.5km/h，而且运行时隆隆作响、浓烟滚滚，但是正是它的出现，标志着人类以机械力代替人力、畜力等驱动车辆时代的开始。

1801 年，理查德·特雷威蒂克制造了英国最早的蒸汽汽车。两年后，他又制成了形状类似公共马车的蒸汽汽车。这辆公共汽车（见图 2-50）创造了在平路上车速为 9.6km/h 的世界纪录。

图 2-49 古诺的蒸汽机车

图 2-50 类似公共马车的蒸汽汽车

2. 现代汽车的诞生与发展

1885 年 9 月，德国人卡尔·本茨（Karl Benz，1844—1929 年）设计制造了一辆利用内燃机驱动的三轮汽车（见图 2-51），并于 1886 年 1 月 29 日申请了发明专利，德国人便把 1886 年称为汽车诞生年。本茨的专利于 1886 年 11 月 2 日由德国曼海姆帝国专利局正式批准发布，专利名称是"气态发动机汽车"。该汽车装有三个实心橡胶轮胎的车轮，其中前面一个小轮，后面两个大轮，采用的是单缸四冲程汽油发动机，安装在两个后轮之间。发动机输出靠齿轮齿条机构传给装有差速装置的后轴。汽车前进速度为 13~18km/h，但是无法倒行，依靠一根操纵杆控制前进方向。汽车的外形和当时的主要交通工具马车是类似的，该车的速度及装载质量也不比马车有任何优势，但是本茨所做的巨大贡献不在于汽车本身所达到的性能，而是一个观念的变化，那就是内燃机的采用，实现了车子自己的行走。

本茨发明的三轮汽车经过了多次改进，但仍然问题不断，以至于本茨本人都不愿意在公共场所驾驶它，丢在一个冷落的试验室里。但是他的妻子贝尔塔对丈夫的发明深信不疑。1888 年 8 月的一天，本茨还在梦中的时候，贝尔塔便唤醒了两个孩子，将汽车推出了试验室，起动后开走了（见图 2-52）。贝尔塔带着两个孩子驾驶着世界上第一辆汽车，时走时停地开了 140 多千米，终于到达了目的地，成为世界上第一位女试车者和女驾驶人。兴奋的贝尔塔立即给丈夫拍了一个电报："汽车经受了考验，请速申请参加慕尼黑博览会。"丈夫接到电报时两手发抖，几乎不敢相信这是真的。

贝尔塔这次具有历史意义的试验，使得本茨汽车在 1888 年 9 月的慕尼黑博览会上大放异彩，震惊了所有人，世界上第一辆汽车终于被世人认可。本茨（奔驰）汽车事业发展由此开始，直到今天。

由此可以看到，如果没有贝尔塔所具有的倔强、坚毅、执着、自信，也许现代汽车被认可的时间还会推后。有人曾说，如果说贝尔塔的丈夫为世人备了一泓清澈的泉水，给人以欣喜，那么贝尔塔便酿了一坛芬芳撩人的酒，给人以惊叹。这也是汽车文化。

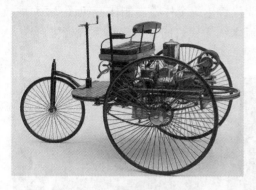

图 2-51 本茨发明的三轮汽车

图 2-52 贝尔塔与本茨汽车

同年，也就是 1886 年，德国的另一位现代汽车创始人歌德利普·戴姆勒发明了一辆四轮汽油汽车（见图 2-53）。该车装有单缸的内燃机，发动机后置，装有摩擦式离合器，后轮驱动，采用操纵杆控制转向。这也是世界上最早的四轮内燃机汽车。

本茨、戴姆勒各自成立了自己的汽车公司，1926 年两家合并为戴姆勒-奔驰汽车公司。

在这一时期，许多国家的工程师开始了汽车方面的开发工作，汽车进入了现代汽车时代。1894 年杜里埃设计出美国第一辆汽车，在 1985 年美国首届汽车展上杜里埃的汽车获得冠军，平均时速为 5.05mile，同年美国第一家汽车公司杜里埃汽车公司成立，美国汽车开始兴起。

1896 年亨利·福特完成第一辆四轮汽车，1903 年福特汽车公司成立，1908 年福特 T 型车问世（见图 2-54）。T 型车拥有一部前置 2.9L 的四缸发动机，可提供 15kW 的输出功率和 72km/h 的速度。T 型车后轮驱动，行星齿轮传动，3 速。以今天的标准来看，它还不能称为 3 速，因为其中有一个是倒档。该车的驾驶方式今天简直可以称为艺术，它没有离合器踏板，换档是通过驾驶舱地板上的 3 个踏板完成的，中间的一个踏板是倒档，两旁的踏板分别为高速档和低速档，而节气门是通过转向盘后的一个柄来控制的。

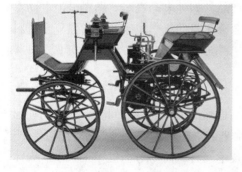

图 2-53 戴姆勒发明的四轮汽油汽车

图 2-54 福特 T 型车

福特 T 型车的面世使 1908 年成为工业史上具有重要意义的一年，它开创了汽车工业新时代，推动了汽车的普及。福特 T 型车以其低廉的价格使汽车作为一种实用交通工具走入了寻常百姓之家，美国也自此成为"车轮上的国度"。福特 T 型车的巨大成功来自于亨利·福特的数项革新，包括以汽车流水装配线大规模作业代替传统个体手工制作（见图 2-55），支付员工较高薪酬来拉动市场需求等措施。以生产流水线为代表的现代汽车大规模生产模式，把人类社会推进到一个新的文明时代。

a)   b)

图 2-55　福特 T 型汽车生产线
a）生产线　b）工人在生产线上工作

随着现代汽车的出现，汽车文化伴随着汽车技术不断地发展，出现了不胜枚举的发明创造。随着历史的发展，有些发明创造已经被淘汰，有的还在继续使用，而更多的则是在继承的基础上被优化而使用至今。这也是汽车文化的特征，正是汽车技术、成果的不断发明，不断被采用，又不断地被优化或淘汰，才使得汽车产品日益完善、汽车技术水平不断提升，汽车产品现在已经不仅仅是简单的代步工具了，它承载着更多的精神财富和汽车文化。

在历史上众多汽车的科技成果中，有十项科研成果得到了人们的普遍认可，分别是：充气轮胎、自动起动装置、四冲程发动机、自动变速器、鼓式制动器、全钢车身、安全玻璃、催化式排气净化器、半导体器件和汽车安全设施。

随着科技的进步，更多更新的科技成果会在汽车工程中应用。汽车正是在这些科技成果的推动下迅速发展，涌现出一代又一代汽车工程的产品，如纯电动汽车、燃料电池电动汽车和混合动力电动汽车。在新材料应用方面，有全铝合金车身的汽车、碳纤维增强复合材料汽车等，还有无人驾驶自动控制汽车、网联车等。这些物化的汽车产品等都形成了汽车器物文化。

3. 汽车的外形

从汽车诞生的那一天起，汽车的外形就是汽车工程师们关注的主要问题。汽车的外形不仅仅是一个汽车的"样子"，而且与汽车的速度、乘坐的舒适性、安全性等密切相关，当然也包含了民族文化、视觉审美、精神享受等。对于技术而言，需要考虑机械工程学、人体工程学和流体力学。

首先，从机械工程学角度来讲，最主要的要求是汽车能够行驶和坚固耐用。所以，必须考虑如何将发动机、离合器、变速器、车轮、制动器等，合理安装在汽车上，需要设计工程师进行汽车车体设计，而这些装置的安装位置就决定了汽车的基本骨架。同时，还要考虑如何在大批量生产时降低成本，选择合理的生产制造工艺。还要考虑汽车碰撞损坏后易于修复等。这些在设计环节都需要统筹、优化。所有这些都属于机械工程领域要解决的问题。

其次，汽车最重要的作用就是人类的交通工具，驾驶人、其他乘车的人在车上都必须有足够的空间，而且要保证驾驶容易操控，汽车振动小，乘员上下车方便，乘坐舒适，视觉空间足够等。这些从另一个方面对汽车基本骨架提出了要求，属于人体工程学领域要解决的问题。

最后，汽车要在公路上高速行驶，空气阻力的问题就不得不在外形设计中加以考虑。空气阻力的大小与高速行驶车辆的横截面积、车身外形形状以及车速都有关系。除了空气阻力外，汽车还面临着升力以及横风使汽车不稳定等问题，都需要用空气动力学的相关理论来解决。

纵观百余年的汽车工程发展历程，汽车的速度越来越快，人类对汽车的要求也越来越多，追求个性化也成为一种时尚。汽车外形从简单到复杂，从形式单一到样式繁多，但是其基本的形状可以分为马车形、箱形、甲壳虫形、船形、鱼形、楔形、子弹头形等。

马车形主要是在汽车诞生的初期，因为汽车是基于马车的思想发展起来的。但是马车形的汽车很难抵挡风雨的侵蚀，特别是随着汽车速度的加快，如何遮风挡雨成为汽车设计要解决的问题。1915 年福特汽车公司生产的 T 型车，其外形采用了"箱形"（见图 2-56），从而也就确定了汽车的基本造型。

但是箱形汽车存在着一个问题，就是汽车的速度达不到人们期望的那么快。通过研究证明，箱形汽车的阻力比较大，而且随着汽车运动速度的提升，箱形汽车的空气阻力明显加大。当然，箱形汽车的优点是汽车内部空间比较大，有"活动房屋"的美称，因此，直到今天，在一些商务车、房车（见图 2-57）、救护车以及货运车中，仍然在使用箱形汽车的外形，但是与以前的箱形车相比，汽车边角部分的过渡更加圆滑了。

图 2-56　箱形福特 T 型车

图 2-57　现代房车

1934 年克莱斯勒汽车公司生产了气流牌汽车（见图 2-58），首先采用了流线型的结构，这种具有划时代意义的造型，为汽车工程的发展做出了不可磨灭的贡献。

1937 年德国大众公司设计了被称为甲壳虫形的汽车（见图 2-59），较好地解决了汽车前进空气阻力的问题。这种车的外形模仿了自然界经过无数代淘汰了而生存下来，既可以在地上爬行，也能在空中飞行的甲壳虫的外形，其形状阻力很小。该车型得到了那个时代人们的普遍喜爱。但是，甲壳虫形汽车也有其致命的缺点，在汽车速度超过100km/h时，如果遇到较强的侧风作用，汽车会偏离原来行驶的路线，容易引发撞车甚至翻车的事故。除此之外，汽车内部空间较小，特别是后排头顶空间很小。

图 2-58　气流牌汽车

图 2-59　甲壳虫形汽车

　　1949年福特汽车公司充分利用了第二次世界大战期间发展起来的人体工程学理论，设计生产出了具有历史意义的新车型"FORD-V8"型汽车，从外形看，整个汽车就像一只小船，所以被称为船形汽车。这种形式的汽车造型被广泛应用于各类型汽车中，我国自行研制的红旗牌轿车就采用了船形造型（见图2-60）。船形汽车存在的问题是由于后尾过分地向后伸出，形成阶梯状，高速行驶时会产生比较强的旋涡，影响车速的大幅度提高。

　　为了克服船形汽车的涡流问题，人们又将船形汽车的后窗玻璃制作成倾斜式，类似于鱼的脊背，所以又称其为鱼形汽车（见图2-61）。鱼形汽车类似于甲壳虫形汽车，但是在许多方面优于甲壳虫形汽车，不过，由于鱼形汽车的后窗玻璃过于倾斜，存在驾驶人倒车时无法看清后面路况的问题。另外，鱼形汽车还存在着遇横风而不稳的问题。

图 2-60　红旗牌船形汽车

图 2-61　别克的鱼形汽车

　　为了从根本上解决鱼形结构遇横风不稳的问题，经过反复探索，最后找到了楔形造型。也就是让车身前部呈尖形且向前下方倾斜，车身后部像刀切一样平直，从而解决了鱼形结构汽车的问题。最早按楔形设计的汽车是1963年出产的斯蒂庞克·阿本提（见图2-62）。

　　在解决了鱼形结构遇横风不稳问题以后，人类追求至善至美的心态永远没有止境，人们又从改变轿车的基本概念上做起了文章。进入20世纪80年代以后，克莱斯勒汽车公司先后推出了子弹头形多用途车，引领着其他汽车公司也先后推出了该类车。图2-63所示是比亚迪公司的子弹头形多用途车。

图 2-62 斯蒂庞克·阿本提楔形汽车

图 2-63 比亚迪子弹头形多用途车

由汽车的外形变迁，可以深深感受到汽车的外形随着时代的发展在不断地创新、不断地解决问题，汽车外形的创新不仅仅是单纯的外形创新，它涉及了人们的需求和科技的进步。随着汽车外形的变化，创造出了很多物化的成果，人们在不断地自我否定、自我创新，在创造物化汽车成果的同时，创造了汽车文化。

4. 汽车的颜色

汽车颜色是汽车造型的元素之一。汽车颜色包括车身外表的油漆颜色和内饰各种材料的颜色。当车身内部乘坐环境及汽车外表与环境色彩达到协调时，能给乘客及行人以美的感受。汽车的颜色随着时代发展、科技的进步而变化。由于地域与人群的不同，人们对颜色的理解与选择也是不同的。随着汽车工程的发展，人们在汽车使用中形成了汽车颜色文化。

「汽车颜色」

（1）颜色与使用功能 在汽车的使用过程中，某些颜色逐渐具有特殊意义。例如，消防车采用红色，医疗救护车采用白色，中国的邮政车采用绿色，军用车一般为深绿色，工程机械用车多采用黄黑相间的颜色等。有些汽车还在底色上采用功能标志的图案，例如救护车上的红十字标志，冷藏车上的雪花标志、企鹅图案等。

（2）颜色与环境 全球不同区域光照强度有差别，造成了人们对不同颜色的偏好。高纬度地区，日照时间短，光强相对较弱，反差小；低纬度地区，日照时间长，光强相对较强，因此，汽车车身的日照面与背面颜色反差很大，用柔和的中间色能消除这种反差。因此，巴西有很多粉红色的轿车，以美国纽约为中心的大西洋沿岸的人喜欢淡色。

（3）颜色与地域 世界各国的文化不同，人们的色彩观念也不同，每个民族都有偏爱的和禁忌的颜色。中国传统的对汽车颜色的偏好主要是红色和黑色。中国的民族文化里一直都有对红色的偏好。红色代表喜庆、兴旺、繁荣、热情等。红色的代表含义几乎都是正面积极的，所以理所应当中国汽车市场红色汽车的占有率相对于其他地区要高。

由于在中国人的印象里，高档车和官方用车主要都是黑色的，消费者有从众心理，也追求高端的商品特征，所以黑色汽车相对较多。但是目前随着汽车消费者趋于年轻化、个性化和汽车市场的成熟，黑色汽车的集中度正在减弱。

（4）颜色与流行 汽车的颜色可分为基本色和流行色。基本色是市场需求基本不变的颜色，它们仅受到新材料和新技术应用的影响而稳步发展。流行色属于新潮颜色，根据时势而变。在轿车领域，流行色的变化特别明显。不同时期的汽车流行着不同的颜色，汽车的流行色呈现着周期性的变化，其新鲜感周期大约为1.5年，交替周期大约是3.5年。

以日本汽车颜色的变迁为例，1965年前明亮的灰色汽车最受喜爱；1965年盛行蓝色、灰色和银色汽车；1968年黄色汽车迅速增多；到1970年黄色汽车又急剧减少，同时橄榄色和褐色汽车逐渐增多；1977年褐色汽车最受欢迎；1982年白色汽车占到汽车保有量的50%，1985~1986年，每4辆汽车中就有一辆是白色的。1989年在世界范围内最畅销的汽车颜色是白色和红色。20世纪90年代以后，黑色汽车销售量逐渐增加。

「美国汽车颜色的
历史变迁」

（5）颜色与安全　心理学家认为，视认性好的颜色能见度佳，因此把它们用于轿车外部可以提高行车的安全性，例如明亮的米色、嫩黄、奶色或白色。

（6）颜色与汽车造型　汽车颜色作为汽车造型设计的一部分，直接由设计师主导。设计师从美学的角度出发，对不同的造型搭配不同的颜色，合适的颜色选择能更好地烘托设计，表现出汽车的特质。

圆润丰满的汽车：小巧圆润的造型，需要给人很整体的感觉，颜色多用纯度高的彩色，红色、黄色等颜色分布较广。

弧面带有锋利折线的汽车：这类车的造型给人锋利、力量、张力、有攻击性、速度感的感觉。弧面需要用比较浅的颜色来体现光影变化，从而表现弧面的凸凹转折。锋利的折线需要用浅色或者银色等金属感强烈的颜色来体现凸凹的光影变化。银色也给人张扬、炫耀的感觉，正好符合这类汽车给人的视觉特征。

造型相对规整的中大型轿车：这类车设计保守、内敛、简练。黑色、深灰色、褐色等是搭配这类车的常见选择。同时深色能够修饰这类车过于庞大的身躯，在视觉上显得小一点。

电动汽车是目前汽车的新技术，在颜色上也有对电动科技的体现。新推出的电动汽车以白色为主。白色体现纯洁、和平、清洁和无污染的形象，正好符合电动技术的发展诉求。蓝色、绿色有环境保护、清洁健康的含义，所以很多电动汽车和混合动力汽车的细节都用蓝色或者绿色作为装饰。

（7）颜色与情感　汽车的颜色往往代表着一定的情感。例如，红色代表火热的生命力，给人蓬勃向上的心跳感觉，能够激发欢乐的情绪；白色清新靓丽、卓尔不群，给人安然洁净之感；绿色具有田园诗话般的风情，给人健康、生机勃勃的感觉；黑色既代表保守和自尊，又代表新潮和富有等。

人们对汽车颜色多是从个人的喜好来选择的。而喜好又与个人的文化程度、所从事的职业及生活环境等密切相关。所以，汽车颜色体现了使用车辆的人的文化品位、情感和身份。

2.4.4　汽车行为文化

汽车行为文化包括汽车的社会规范和行为方式两个方面。

作为社会规范的汽车文化，它是汽车文化的"塔腰"，是汽车文化一个良好的生态机制。它以追求效率为目标，以协调汽车诸多要素之间的相互关系为核心。

作为行为方式的汽车文化，它是汽车文化的"塔颈"，是汽车文明程度的具体体现，标志着人们在汽车使用过程中的文化。汽车行为是指与汽车活动相关的人类心理与活动。汽车行为方式文化是由汽车文化的影响而形成的人的汽车需求、汽车观念、汽车运用能力、汽车驾驶心理和活动等行为方式的总称。

1. 汽车左行与右行的通行规则

在我国，大家都知道，"车马行人，靠右行驶"。左行右行看似简单，实际上是有一定来历的。左行右行不是一开始就固定下来的，而是长期演变的结果。

世界各国的行车规则分成两大派——"靠右行"和"靠左行"。包括中国在内的绝大多数国家是"靠右行"，即遵守车行右边的交通规则。"靠左行"的国家主要有英国、澳大利亚、爱尔兰、印度、印尼、泰国、巴基斯坦和日本等。

汽车"靠左行"的说法主要有两种：

（1）源于水上航行　15世纪英国海军为减少进出泰晤士河船只的事故，特规定进入泰晤士河的船只将太阳运行的方向让给驶出的船只。由于泰晤士河的地理位置，驶出泰晤士河的船只能靠东行驶，也就是沿着泰晤士河左侧行驶（见图2-64），于是形成了左侧通行的规则。

（2）起源于古代骑士习惯　由于世界上大多数人都是"右撇子"，骑士（见图2-65）骑马的时候习惯靠左脚踩马镫，右腿去跨马，所以靠左行进便于上下马。另外，骑士都习惯右手持枪或持剑，靠左行进便于与迎面的敌人作战；平时不作战时，佩剑挂在左侧，在马匹交会的时候也不容易碰到对方，逐渐就形成了靠左侧行走的习惯。1300年，罗马举行第一个基督大庆纪念时，罗马教皇就声明，条条大路通罗马，赴罗马朝圣者必须靠左行走。

图 2-64　英国泰晤士河

图 2-65　古代骑士雕像

1756年，英国颁布了伦敦桥交通法，规定马车过桥要靠左侧行驶，其后在1772年规定车辆在一切道路上都得靠左行驶。19世纪车辆左行原则相继传入亚洲和其他地区。当汽车代替了骏马后，人们仍然沿袭左行传统。

英国车辆的行驶方式对日本有很大影响。1870年日本政府接受了英国建造铁路的援助，不仅得到了基础建设的援助，还得到了一套完整的道路规章制度。

汽车"靠右行"起源于18世纪的法国。当时法国的邮递马车（见图2-66）最为发达，很多马车是两匹马来拉车，车夫为了让持鞭的右手能够打到两匹马，于是车夫习惯坐到左边那匹马的后面。如果再坚持"左行"，车夫就很难观察到马车右侧的情况，当会车时就可能产生剐蹭。改为"靠右行"就解决了这个问题。因此，法国人的邮车就改为"靠右行"了。但是，当时的法国贵族、骑士骑马时还是"靠左行"，作为特权，会勒令劳苦大众为他们让路。1789 年法国大革命成功，作为废除贵族特权的一项运动，"靠左行"被禁止了。拿破仑上台后发动了征服欧洲的战争，也把"靠右行"带到了德国、俄国、意大利、西班牙等国。

目前，汽车大都采用"右驾左行"或者"左驾右行"方式。这样便于会车时观察两车之间的距离，避免剐蹭。右驾左行（见图 2-67）的最大优点来自于人类避害本能，在快速运动情况下，如发现前方有危险，会本能地向左倾斜或转向以保护自己。这种情况下，右驾左行方式可以有效避免与对面车辆直接碰撞。左驾右行的优点首先是驾驶人可以利用左手保持对转向盘的掌控，同时右手可以完成变档或操作仪表等；其次，左驾右行便于骑自行车或摩托车的人用左手打出转弯的手势，这在城市中尤为重要。

图 2-66　法国的邮递马车

图 2-67　右驾左行

由于历史原因，香港在交通规则上是"靠左行"，而内地则是"靠右行"，随着内地与香港交流的扩大，汽车流量越来越大，这样一来，就产生了许多的不便。为了解决这个问题，道路工程师们想出了这样一个办法，在深圳与香港交界处修了一座特殊的桥梁（见图 2-68），桥梁是一个 8 字形的立交桥，也有人比喻是一个麻花形立交桥，来往的汽车只需要按照原有的路规行驶，经过这座特殊的立交桥后，"右行"的汽车到了香港自然变为了"左行"；而香港"左行"的汽车进入深圳则变为了"右行"。港珠澳大桥也是采用的这种设计思路，其汽车行驶路线示意图如图 2-69 所示。

图 2-68　深圳与香港之间特殊的桥梁

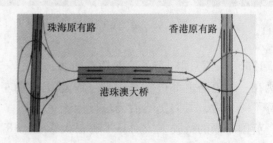

图 2-69　港珠澳大桥左行右行转换示意图

2. 汽车驾驶法规习俗

随着汽车的发展，为了维持交通秩序，保障人们的生命安全，各个国家都制定了相应的法律法规来规范汽车驾驶人的行为。

例如我国制定了《中华人民共和国道路交通安全法》《中华人民共和国道路交通安全法

实施条例》《机动车驾驶证申领和使用规定》《机动车登记规定》等一系列的法律法规，对于汽车驾驶过程中，酒驾、闯红灯、不系安全带、行驶途中拨打手机、有意遮挡号牌、超速驾驶、随意变道等行为进行处罚，情节严重的还要入狱服刑等。

这些规则都是由于汽车的出现，根据汽车使用过程中发现的问题逐步完善的。这些规则的制定与实施，不仅规范了驾驶人文明驾驶的行为，还大大提升了人们的安全理念与道德理念以及文明的行为，提升了人们的道德素养。现在在我国的许多城市都可以看到汽车礼让行人的行为（见图2-70），这代表了这个城市在建设文明城市所取得的成果，同时，也可以看到有些驾驶人随意变道、"插队"造成的交通事故（见图2-71），也折射出个别驾驶人的素养、行为文明还有待提高。

69

图 2-70　礼让行人

图 2-71　随意变道造成事故

2.4.5　汽车精神文化

所谓汽车精神文化，是人类在汽车工程活动和使用汽车过程中所形成的和逐步发展起来的精神和价值理念，集中表现为汽车设计者、制造者、营销者、使用者在与汽车"打交道"的过程中所反映出来的价值观念、生命理念、思想意识和情感态度等。汽车精神文化是汽车文化的核心和灵魂。

汽车精神文化会超越实践和空间的限制，影响、规范汽车设计者、制造者、营销者、使用者的精神气质，并最终影响人们在日常生活中的行为模式。汽车精神文化不断充实和丰富着人类社会的精神文化，改变着人的思想观念。其他的工程文化也具有同样的作用。

汽车精神文化是与器物文化、行为文化同时形成、同时发展起来的，是不能分割开的。从汽车发展的历史可以看到，汽车的精神文化也在发展。

从三轮汽车开始，到今天多种多样的汽车，如各种新能源汽车、无人驾驶（智能）汽车（见图2-72）、未来的概念车（见图2-73），都能感受到创新精神。

一百多年的汽车发展史就是一部汽车工程的创新史。创新首先是发现问题，只有解决问题的创新才有意义。单从汽车外形发展的历史就可以看到，每一次汽车外形的创新都是为了解决某个问题。一个问题解决了，又会出现新的问题，那就需要再创新、再解决，从而使汽车外形发展到今天的模样。永不满足现有成就，坚持不懈地提出创新方案；在创新过程中，享受自我价值实现的快乐，用创新成果引领用户的需求，让用户满意。点滴的改善都体现创新精神，创新永无止境。这就是汽车精神文化中的创新精神。

图 2-72　无人驾驶公交车在天津试运营

图 2-73　展销会上展示的雪佛兰概念车

在汽车发展的历史中，还能感受到学习精神。学习是汽车工程发展、走向成功（赢得未来）的关键。同样是在汽车外形发展的历史中可以看到，汽车设计师们随着科技的发展，不断地学习，学以致用，永不自满。例如，在机械工程学的基础上，学习人体工程学、流体力学等，并将其应用于汽车外形的设计中。同时，博采众长，为我所用，向世界先进的企业学习，向竞争对手学习，不断吸取最先进的思想文化，在管理和技术上与时俱进。

在汽车发展的历史中，还能感受到团队精神、协作精神。特别是现代汽车工程，不可能再像本茨自己发明第一辆内燃机三轮汽车那样，可以一个人工作。从美国福特 T 型车流水线生产开始，就标志着现代化的生产需要团队、需要合作。何况到了科技走向智能化技术水平的今天，一辆汽车从设计、开发、制造、营销、维护，最终到产品的用户，涉及机械、材料、电工电子、控制、制造、管理、经济等各个领域的科学技术，没有一个多学科背景的强大团队的合作是不可能完成汽车工程活动的。

除此之外，还有进取精神、拼搏精神、艰苦奋斗精神、民族精神、爱国情怀等。图 2-74所示的是国产品牌奇瑞汽车，图 2-75 所示的是在 1956 年 7 月我国自行生产的第一辆解放牌汽车下线的情景。汽车精神文化就是一个工程文化的缩影，是社会文化的一部分，它承载了太多的精神和思想。

图 2-74　国产品牌奇瑞汽车

图 2-75　第一辆解放牌汽车下线

2.5　工程伦理

由工程概念可知，工程是有目的、有组织地创造人造产品的活动过程。但是，工程活动不是单纯的技术活动，而是涉及社会、经济、政治、环境、管理等各种复杂因素的活动。在工程活动中，不仅涉及工程师、工人、管理者、投资方、使用者等各种利益相关方，还涉及工程与人类、自然、社会的和谐发展，因而，工程面临着多种复杂交叠的关系。工程活动既有可能满足人们的需求，也有可能会出现一些不良后果，而且有可能在工程活动当中，出现事先没有预期到的不良情况。也就是说，在工程活动中，必然涉及一系列的选择问题，如工程目标的选择、设计原则的选择、建造方法和路径的选择、建造质量和成本的选择，甚至涉及工程师的责任和义务等。应该怎样选择？就有一个价值原则和道德评价问题，什么是好与坏、正当和不正当，这就是工程伦理。

工程活动不仅要进行科学评价、技术评价、经济评价和社会评价等，还要进行工程伦理评价。工程活动受到伦理的影响与约束，伦理贯穿于工程活动的全过程。

2.5.1　工程活动

为了更好地理解工程伦理，下面再深入讨论一下工程活动。

1. 工程活动过程

无论是古代的还是现代的，人类的工程活动都表现的是一个动态过程。一般而言，计划、设计、建造（制造）、使用（包括维护）、结束（报废与回收）五个环节构成了一个工程的完整生命周期。

从工程过程的角度来理解工程，具有两种互补性的看法：一种是将工程理解为设计的过程，设计是工程的本质，实施（建造或者制造）只是根据设计进行生产或制造；另一种是将工程理解为建造的过程，设计只是工程过程中的一个重要环节，建造的过程依赖于设计，但却超越了设计，最终建造出来的物体才真正体现工程的价值和意义，因此，"建造"是工程的本质。

事实上，设计和建造是工程活动的两个关键环节，但是，这两个关键环节不是孤立的，是相互关联、相互支撑的。设计环节可能需要有更多的创造思想和理念，这对最终的工程产品有极其深刻的影响；而建造环节同样会有很多的创造性发明，来实现产品设计的创造性思想，实现工程最终的价值。如果从广义的工程概念来理解工程活动中的"建造"和"造物"，那么创造性的设计就应该包含其中。

2. 理解工程活动的几个维度

工程活动具有社会性，从单一科技的视角理解工程具有很大的局限性，因此，需要从多个维度来认识、理解工程。

（1）哲学的维度　主要涉及工程的本质、工程的价值。工程的本质和工程的价值是工程的两个基本哲学问题。什么是好的设计和好的工程？这是需要工程的参与者共同思考的重要问题。也就是要思考，为什么做这个工程，为什么这样做这个工程。要能够回应对该工程活动的质疑和批判。当工程活动引发诸多伦理困境时，也就涉及了"美好生活"的价值取向以及相应行为规范的反思。

（2）技术的维度 现在的工程活动越来越依赖技术的进步。许多引领设计与制造潮流的工程，最终的实现往往得益于应用了先进的材料与技术。工程活动的最终实现依赖于物质资源、依于制造技术。因此，从工程设计开始就要考虑新材料、新技术的应用，使自己的奇思妙想变为现实的工程产品，这样的工程才能够成为真正的物质财富和精神财富。例如，图 2-76 所示的悉尼歌剧院的建设历时 14 年之久，被作为当代艺术与现代科技结合的产物，不仅体现了建筑应与周围环境有机融合的"有机建筑"理念，而且也代表了当时建筑材料、建筑技术的最高水平。值得注意的是，工程不是简单地应用技术，而是创造性地将各种先进的技术"移植""集成"起来共同建造出新的工程产品。工程为技术提供了应用的平台和机会，而工程本身也是孕育新技术的温床。

（3）经济的维度 经济是工程活动必须关注的问题。具有重要的经济价值往往是表征一个工程是否有意义的重要指标之一，大多数工程都是为了追求经济利益的最大化（某些公益类项目除外）。工程是否立项实施，都需要充分考虑社会、环境、生态、健康、文化等多方面的因素，而经济效益无疑是激发人们开展工程活动的重要动力。而对于耗资巨大、影响广泛、管理复杂的工程来讲，如何用尽可能小的投入获得尽可能大的收益也是需要仔细核算的问题。

（4）管理的维度 由于工程是一群人的活动，而且需要较长的时间周期，因此，如何根据工程需要，最有效地把这一群人、可利用的资金、自然资源组织起来，使工程活动在不同的环节、相继的时间节点实现高效协同，就成了工程活动所面对的重要问题。从管理的维度看待工程，就要解决上述问题，需要从理论上探索管理规律，从工程实践中总结管理经验，从而获得最佳的管理方法、模式与工具。

（5）社会的维度 工程活动具有社会性。一方面工程活动需要"一群人"，包括设计者、建设者、管理者、投资者以及受到工程影响的社会公众，这一群人成了为实现特定工程目标而紧密关联的"工程共同体"。这个共同体在工程活动中能否顺利地合作，取决于如何处理这个共同体中不同的社会关系。另一方面，从事工程活动的工程师们构成了一个特殊的社会群体即工程师共同体，在这个共同体中，工程师们拥有相近的目标，探索并遵循共同的职业准则和行为规范。此外，工程活动也关系到不同的利益群体。

（6）环境的维度或生态的维度 自然环境、生态的维度是近年来受到越来越重视的维度。原因是工程造成的环境污染、生态变差往往是短时间内不可还原、不可逆转的问题。特别是近年来，工业化迅速推进过程中气候变化、环境和生态破坏成了全球性的社会问题，同时由于科学和技术的发展，当代工程活动改造和控制自然的工程规模、强度越来越大，对环境和生态的影响也越来越广泛和深远，使得对环境和生态维度的考虑越来越重要。图 2-77 所示的是中新天津生态城效果图。

（7）伦理的维度 人们常常把伦理问题归结为哲学问题，实际上伦理的维度所涉及的问题远远超出了哲学的范畴。伦理的维度探讨的是人们如何"正当地行事"。从这个维度去看工程，可以发现上述讨论的各种维度都不可避免地和伦理形成交集。如何"正当地行事"不仅是理论问题也是实践问题，不仅需要从过去的历史中学习，也需要面对新的现实问题，去发现更好的行事策略与方法。值得注意的是，在具体的工程实践中，伦理问题都表现出一种特殊性，与具体的工程情景密切相关。

图 2-76 悉尼歌剧院

图 2-77 中新天津生态城效果图

2.5.2 工程伦理的概念

工程伦理包括工程、伦理，也就是工程中的伦理。

1. 伦理的概念

汉语"伦理"的意思是人伦道德之理，指人与人相处的各种道德准则。如"天地君亲师"为五天伦，又如君臣、父子、兄弟、夫妻、朋友为五人伦，仁、义、礼、智、信为儒家的"五常"，都是中国传统处理人伦的规则。人们往往把"伦理"看作是对道德标准的寻求。

伦理可以从以下几个方面去理解：

1）伦理是一门探讨什么是好什么是坏，以及讨论道德责任义务的学问。

2）伦理是指一系列指导人们行为的观念，是从概念角度上对道德现象的哲学思考。它不仅包含着人与人、人与社会和人与自然之间关系处理中的行为规范，而且也蕴涵着依照一定原则来规范行为的深刻道理。

3）伦理是指人们心目中认可的社会行为规范，是指人与人相处的各种道德准则，用来调整人与人之间的关系。

4）伦理是指人类社会中人与人之间，人们与社会、国家的关系和行为的秩序规范。任何持续影响全社会的团体行为或专业行为都有其内在特殊的伦理要求。

2. 道德与伦理

道德是指行为应该如何的规范，以及规范在人们身上形成的心理自我。

伦理是指行为事实如何的规律，以及行为应该如何的规范。

尽管道德、伦理都规范人们的行为，但是道德更多地包含美德、德行和品行的含义，道德的主要环节是"我的识见""我的意图"，道德具有个体性和主观性，侧重个体的意识、行为与准则，用"善"的观念去规范人的行为。

伦理则具有社会性和客观性，侧重社会中人和人的关系，尤其是个体与社会整体的关系，伦理不是用"善"的抽象理念去规范行为，而是强调根据"行为事实如何规律"来规范行为，也就是伦理规范的行为是具有利害效用的行为。

道德更突出个人因为遵循规范而具有德行；伦理则更突出以之依照规范来处理人与人、

人与社会、人与自然之间的关系，它既是行为的指导，又是行为的禁例，规定着什么是应当做的，什么是不应当做的，因而，也就规定了责任的内涵。

3. 工程伦理

工程具有社会属性，不仅涉及科学技术，而且涉及社会、环境、资源、安全、健康等诸多因素，因此，在考虑工程是否要实施时，就要考虑工程带给社会、环境、资源、安全、健康等方面的利害效用问题，即所谓的工程伦理问题。也就是要综合考虑这个工程能不能做，这个工程是不是"好"工程的问题，如何做才是"好"工程。基于工程的事实规律来规范工程行为，就是工程伦理。

4. 伦理困境与伦理选择

价值标准的多元化以及现实的人类生活本身的复杂性，常常导致在具体情境下的道德判断与抉择的两难困境，即"伦理困境"。

"电车悖论"即是伦理学上著名的"两难"思想实验。英国哲学家菲利帕·福特在1967年发表的《堕胎问题和教条双重影响》中首次提出：假设你是一名有轨电车驾驶人，你的电车以60km/h的速度行驶在轨道上，突然发现在轨道的尽头有五名工人在施工，你无法令电车停下来，因为制动器坏了，如果电车撞向那五名工人，他们会全部死亡。你极为无助，直到你发现在轨道的右侧有一条侧轨，而在这个轨道的尽头，只有一名工人在那里施工，而你的转向盘并没有坏，只要你想，就可以把电车转到侧轨上去，牺牲一个人而挽救五个人。你该做出何种选择？图2-78所示是实际的有轨电车，图2-79所示是电车悖论场景示意图。

图 2-78　有轨电车

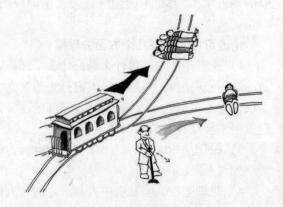

图 2-79　电车悖论场景示意图

"电车悖论"反映出人类社会生活和道德生活中一个不可忽视的事实，即在多元价值诉求之下，工程伦理规范对人类复杂的社会与道德生活的力不从心，从而显现出越来越多的局限性。现代工程是复杂的，它使得人们"处于风险之中"，就是置身于和受制于现代社会不同的价值观之中。工程伦理规范也在复杂性和风险性之下，面临着与时俱进的挑战和压力。

在工程实践中应该坚持何种伦理立场？伦理学中功利论、义务论、契约论以及美德论等不同的伦理学思想有着不同观点。

功利论以道德"效用"或"最大幸福原则"为基础。功利论聚焦"行为的后果"，认为行动的道德正确标准在于通过行动来产生的某个非道德的价值，例如幸福。

义务论认为行动本身就具有内在的价值。义务论关注"行为的动机"。

契约论并不偏重于行为的结果，而是更注重行为的程序合理性。人们在达成共识契约之后，应按照契约规定、规则行动。

美德论是以"行为者"为中心，从职业伦理的角度，为人们的行动提供了一种内在的倾向性标准，如诚信、正直和友爱等。

面对复杂的工程伦理问题或伦理困境，如何进行工程伦理选择和伦理决策？有一个工程伦理学中广泛讨论的问题：一个人可以简单地把工作、生活、责任与义务截然分开吗？是通过相互让步来解决遇到的困境与分歧，还是通过部分有选择性地坚持来调和冲突？不同的伦理思想和立场，有着不同的观点。

哲学家、苏格兰人麦金泰尔曾经指出，我们具有什么样的道德与个体所处的特殊伦理共同体及其文化传统和道德思想有着历史的实质性文化关联，不可能有普遍的有效的道德原则。我们只能承认存在一个有限的道德选择和伦理行为的范围，在这个范围内，通过道德慎思为自己的伦理行为划分优先顺序，审慎地思考和处理几对重要的伦理关系，以更好地在工程实践中履行伦理责任。

（1）自主与责任的关系　在尊重个人自由、自主性的同时，要明确个人对他人、对集体和对社会的责任。

例如："挑战者号"航天飞机于美国东部时间 1986 年 1 月 28 日上午 11 时 39 分在佛罗里达州发射，升空后因其右侧固体火箭助推器的 O 形密封圈失效，泄漏燃料引燃，导致航天飞机结构失效，航天飞机解体，机上 7 名宇航员全部罹难（见图 2-80）。在发射之前，O 形密封圈首席工程师罗杰·博伊斯乔利曾向管理人员表达过他对密封部件接缝处 O 形密封圈的担心——低温会使 O 形密封圈的橡胶材料失去弹性，将无法保证它能有效密封住接缝。但是管理层否决了他的异议，并隐瞒了这一关键信息，发射按照计划进行。这使得罗杰·博伊斯乔利颇为沮丧，因为作为一名工程师，O 形密封圈的不可靠性是他的职业判断，同时，作为一名工程师，他还有保护公众健康和安全的职业责任。他明确认为，这种责任应该扩展到宇航员身上，然而他的职业判断受到了忽略。虽然罗杰·博伊斯乔利的警告没能发挥作用，但是其行为本身却成为一个工程责任的典范。

a)

b)

图 2-80　1986 年 "挑战者号" 航天飞机发射
a）发射升空　b）爆炸瞬间

75

（2）效率和公正的关系　在追求效率，并以尽可能小的投入获得尽可能大的收益的同时，要恰当处理利益相关者的关系，促进社会公正。

例如：我国的南水北调工程是把长江流域的水资源抽调一部分送到华北和西北地区，缓解北方地区水资源严重短缺局面的重大战略性工程。南水北调工程规划东、中、西三线，从长江调水，横穿长江、淮河、黄河、海河四大流域，总调水规模 448 亿 m³，供水面积达 145 万 km²，受益人口达到 4.38 亿人。但是，为了保证清澈的长江水引到北方，水源地的湖北、河南、陕西等地付出了极大的代价。以湖北为例，为了保证库区水质，湖北十堰地区先后关停了小企业 329 家，关闭黄姜加工企业 106 家，姜农 72 万人减收、绝收，搬迁企业 125 家。此外，受丹江口水库水位抬升的影响（见图 2-81），十堰地区共淹没 55.2 万亩⊖土地，大批渔民歇业，水电产业收入锐减。据十堰地区估算，每年支出的生态保护和水污染防治费用达到 15 亿元，其生态损失总计达到 145 亿元。可见，工程往往使某些地区、某些人群受益，而同时有的地区和人群要做出牺牲，这就涉及复杂的不同地区、不同人群之间的利益补偿、利益协调问题。

a)　　　　　　　　　　　　　　　　b)

图 2-81　南水北调工程

a）水源地丹江口水库大坝　b）水库移民新居

（3）个人与集体的关系　在追求工程的整体利益和社会效益的同时，应充分尊重和保障个人利益相关者的合法权益。反过来，工程活动也不能一味追求个人利益，而忽视了工程对集体、对社会可能产生的广泛影响。

例如：随着城市建设的发展，经常会发生因为城市道路或者绿地规划，对原有的城市居民住房实施拆迁，对拆迁的居民进行拆迁安置或者经济补偿。这就涉及了工程伦理问题，如何处理好拆迁人的利益对于工程建设有很大的影响。在这里既要处理好个人与社会的关系，又要处理好个人与集体的关系；既要考虑弱势群体的利益，又要保证公平公正；既不能强制拆迁人搬迁，又不能影响整个工程的建设。图 2-82 所示是发生在广东省两个拆迁"钉子户"的情况。由于拆迁人对拆迁补贴的赔偿款或者拆迁安置的房屋不符合他们的要求，所以拒绝搬迁，但拆迁办也不能随意加价，因此就形成了僵持。但是，又不能因为个别拆迁户的行为影响了城市建设，不得已的情况下，只能改变原来的工程设计，图 2-82a 所示采用了道路分

⊖　1 亩 = 666.6̇ m²。

岔方案，图 2-82b 所示采用了环形的立交桥在空中环绕 360°的工程建设方案。从高处望去，它们就像是被喧嚣而飞速运转的世界隔离出来的两座寂静的孤岛。即使这样，政府也没有采取"强拆"，而是一直在商谈解决之中。

a)   b)

图 2-82 城市建设中的孤岛
a）道路分岔中的孤岛 b）环形立交桥中的孤岛

（4）环境与社会的关系 工程实践中如何遵循环境伦理的基本要求，促进环境保护，维护环境正义，将是工程实践中不得不面对的重要挑战。

例如：怒江是我国西南的一条国际河流，其中下游径流丰沛而稳定、落差大，水能资源丰富，是开发水力发电条件优越的河段，也是我国尚待开发的水电能源基地之一。但是从2003 年对怒江水电开发进行论证伊始，怒江水电开发的争议持续了十几年，成了环境与发展争议的标志性事件，也是被外界视为水利开发主要受阻于环保因素的一个著名案例。怒江既是资源最丰富的地区之一，又是全国最贫困的地区之一。反对怒江水电开发的人员提出的理由主要是：①水电站开发将改变自然河流的水文、地貌及河流生态，影响作为世界自然遗产的地质、地貌、生物多样性、珍稀濒危物种以及自然美学价值；②将破坏怒江地区多民族聚居的地方民族文化；③影响怒江地区的旅游业；④应从国家生态全局考虑，将怒江作为一条生态河流予以保留；⑤移民问题不易解决。而支持怒江水电开发人员的理由主要是：①使用煤炭发电对我国可持续发展带来严重隐患，我国水资源丰富，怒江的原始生态流域相对保存完好，怒江水电开发符合国情；②怒江地区有丰富的木材资源和矿产资源，但是不能开发，没有支撑地方经济增长的支柱；③怒江水电开发可以使电力行业成为该地区新型支柱产业，同时带动地方建材、交通等产业发展，由此带来的经济和社会效益远远超过电力行业本身；④能解决老百姓生活问题，较小的投资能产生较大的回报，少数民族应该优先发展，具有国际战略意义；⑤怒江地区已经不是原生态河流，完全不开发保持原生态也是不可能的。当地政府官员认为，"怒江人民有着脱贫致富的强烈愿望，已经初步具备了改变家乡面貌的能力，我们拥有建设新农村的权利"。一些专家认为，怒江现在的问题，不仅仅是保护和恢复环境生态的问题，还有拯救生态的问题。开发怒江水能资源，对治理怒江流域的生态具有关键作用，只要在开发中重视环境保护问题，坚持科学的开发方式，资源开发与环境保护就可以实现双赢。现在，怒江水电开发已经启动，但是争议仍然在继续。争议对于怒江水电开发有不可估量的重要影响，即在进行水电工程实施的同时，又要保护环境，这对水电开发提出了更高的要求。图 2-83a 所示为怒江远景；图 2-83b 所示是可能被淹没的怒江美景；图 2-83c 所示为怒江的孩子们。

图 2-83 怒江

a）怒江远景　b）怒江美景　c）怒江的孩子们

2.5.3 如何处理工程伦理问题

要处理工程伦理问题，首先要明确有哪些主要的工程伦理问题。

1. 主要的工程伦理问题

工程不是单纯地运用科学技术改造自然的活动，工程活动集成了多种要素，包括科学技术要素、经济要素、社会要素、环境要素、资源要素和工程伦理要素。

工程伦理要素关注的是工程师等行为主体在工程活动中如何"正当地行事"，其对于工程活动的顺利开展是必需的。工程伦理常常和其他要素"纠缠"在一起，成为复杂的工程问题。

将工程伦理与其他要素相结合，就形成了工程伦理所关注的四方面的问题，即工程的技术伦理问题、工程的利益伦理问题、工程的责任伦理问题和工程的环境伦理问题。

（1）**工程的技术伦理问题**　即工程活动中的技术活动所涉及的伦理问题。技术往往是一种手段，本身并没有恶意，但是人在工程活动中应用何种技术、如何应用技术是具有自主权的。将何种技术应用于何种环境，对人类有无利害效用涉及了伦理问题。工程中的技术运用和发展离不开道德评判和干预，道德评价标准应该成为工程技术活动的基本标准之一。

例如，核能技术本身是一种手段，将核能技术用于发电等工程领域与用于制造大规模杀伤武器是完全不一样的。当然，制造核武器是为了称霸世界，还是为了反霸权、维护世界和平，也是不一样的。

基因编辑技术的出现，带来了技术革命，也带来了伦理困境。通过越来越多的有关基因编辑技术发展的报道，可以明显看到基因编辑技术在生物技术发展、科学发展、人类健康等方面的重要性和随之而来的伦理方面的挑战。

大数据、互联网、信息技术的发展改变了人们的生活模式，使人们生活更加便利、学习更加个性化与自主化、人际交流范围更加扩大、通信更加快捷等，但是，也带来了个人隐私的公开化。大数据的应用，给网络工程、通信工程、互联网工程带来了工程伦理问题。

（2）工程的利益伦理问题　一般工程活动既是技术活动也是经济活动，其通过对科学技术的应用，实现特定的经济价值和社会价值，因此，在工程活动中牵涉到各种利益协调和再分配问题。能够尽量公平地协调不同利益群体的相互诉求，争取实现利益最大化，是工程伦理要解决的重要问题，也是工程活动所要解决的基本问题之一。

在 2.2.2 中提到的震惊世界的印度博帕尔公害事件，是有史以来最严重的化工污染惨案，究其原因，绝不仅仅是高危化学品工程设计、建造和运行中的技术安全问题，惨剧背后更深层次的原因是跨国公司为了节约成本针对发达国家和发展中国家实行双重技术标准，以及印度政府缺乏对高危化学品的安全风险防范意识等。

目前我们国家正在治理环境问题，有一些企业为了获得最大的经济利益，不愿意在环境保护方面加大投入，而采取了迁厂的方法，将其迁往经济不发达地区，造成经济不发达地区的环境污染加剧，这实际上就涉及了工程的利益伦理问题。图 2-84 所示是贵州大气污染情况，图 2-85 所示的是贵州乌江受到了污染。

图 2-84　贵州大气污染

图 2-85　贵州乌江受到污染

（3）工程的责任伦理问题　工程责任不但包括事后责任和追究性责任，还包括事前责任和决策责任等。工程师是工程责任伦理的重要主体，而与工程活动密切相关的投资人、决策者、管理者、企业法人以及公众也都是工程责任的主体，也需要考虑工程的责任伦理问题。随着世界工业化进程的加快，环境问题、生态问题、人类健康问题等越来越严重，工程师伦理责任从一开始的"忠诚责任（忠诚于雇主）"逐步转变为"社会责任"，进一步延伸到"自然责任"。可见，工程的责任伦理问题是每个工程师以及与工程密切相关人员所要承担的"责任"。

（4）工程的环境伦理问题　环境污染问题是近代、现代工程技术迅速发展、工业化程度不断提高、人类对自然的开发力度逐渐加大所带来的严重问题。工程活动造成的环境问题、生态问题，使得可持续发展成为今后工程的必由之路。工程的环境伦理也由此受到了普遍的关注。

2. 处理工程伦理问题的基本原则

在实际的工程活动中必须要考虑相关的伦理问题，处理工程中的伦理问题要坚持以下三个方面的原则：

（1）人道主义　人道主义是处理工程与人关系的基本原则。所谓的人道主义，就是提倡关怀和尊重，主张人格平等，以人为本。基本原则为自主原则和不伤害原则。其中，自主原则指的是所有的人享有平等的价值和普遍的尊严，任何人都有权决定自己的最佳利益。而不伤害原则指的是人人具有生存权。工程应该尊重生命，尽可能避免给他人造成伤害，无论何种工程都强调"安全第一"。

（2）**社会公正**　社会公正是处理工程与社会关系的基本原则。社会公正原则用以协调和处理工程与社会各个群体之间的关系，其建立在社会正义基础之上，是一种群体的人道主义，即要尽可能公正与平等，尊重和保障每一个人的生存权、发展权、财产权和隐私权等。在工程活动中需要兼顾强势群体与弱势群体、主流文化与边缘文化、受益者与利益受损者、直接利益和间接利益相关者等各方面利益。在考虑经济利益的同时，还要考虑工程对不同群体身心健康、未来发展、个人隐私等其他方面的影响。

（3）**人与自然和谐发展**　人与自然和谐发展是处理工程与自然关系的基本原则。自然是人类赖以生存的物质基础，人与自然的和谐发展是处理工程伦理问题的重要原则。和谐发展不仅意味着在具体工程活动中要注意环保，尽量减少对环境的破坏，还意味着对待自然方式的转变，即自然不再是被支配的客体与对象，而是具有自身的发展规律。人类的工程活动必须遵从规律，按照规律行事。规律包括自然规律与自然的生态规律。人与自然和谐发展需要工程的决策者、设计者、实施者以及使用者都要了解和尊重自然的内在发展规律，不仅要注重自然规律，更要注重自然的生态规律。

由此可见，处理工程伦理问题的三个基本原则是人们在工程活动中所要遵循的原则，用以规范人们的工程行为，结合实际的工程活动，在相关的工程领域中形成相应的行为伦理准则。例如，土木工程的伦理、水利工程的伦理、核工程的伦理、医学工程的伦理、化学工程的伦理、机械工程的伦理、环境工程的伦理、信息与大数据工程的伦理等，任何一个工程活动都要考虑相关的工程伦理问题，才能实现"好"工程。

习题与思考题

1. 举例说明工程的社会属性。
2. 论述工程环境问题的由来。
3. 为什么工程会带来环境问题？
4. 环境问题对人们的健康会有什么影响？
5. 工程与环境能否和谐发展？表述的是什么内涵？
6. 如何考虑工程中的环境问题？工程只会破坏环境吗？
7. 在汽车工程中如何考虑工程与环境问题？
8. 可持续发展理念的内涵是什么？为什么要可持续发展？
9. 工程与资源是什么关系？
10. 如何考虑工程与资源的问题？
11. 汽车工程中如何考虑可持续发展？
12. 什么是工程文化？举例说明工程文化的含义。
13. 汽车文化说明什么问题？
14. 举例说明器物文化、行为文化和精神文化。

15. 工程文化对社会发展的作用是什么？
16. 工程伦理在工程中的作用是什么？
17. 举例说明什么是工程伦理问题。
18. 如何处理工程伦理问题？
19. 伦理与道德的差别是什么？
20. 工程中有哪些工程伦理问题？

第**3**章 工程安全

导读

　　工程是为了改造自然，使人们安全、幸福地生活。但是工程活动往往会带来安全问题，给人们的健康甚至生命带来伤害，这是工程活动中必须要考虑和解决的问题。

　　本章通过工程建造、施工及工程使用过程中的一些安全事故案例，说明工程安全对社会、人的生命和财产的影响，提高工程技术人员的工程安全与社会责任意识，并结合工程设计、建造、使用等环节的特点，提出了工程安全问题防范理念与防范措施思路，避免工程安全问题的发生。

3.1 工程安全案例

　　工程安全主要是指工程产品服役安全和工程施工安全。所谓工程产品服役安全，就是指工程产品使用过程中的安全问题，而工程施工安全是指工程建造或施工过程中所涉及的安全问题。

　　第 1 章的工程概念中明确提出了工程安全的重要性，无论是何时的安全问题，都会给人们的生命、财产造成损失，从而也就违背了工程的目的和意义。

3.1.1 工程产品服役安全

　　工程产品服役实际上是指工程产品的使用。不同的工程产品对于人们生活、生产的作用不同，其使用过程中的环境也不同。因此，工程产品使用过程中的安全问题不仅与产品本身的性能、质量有关，而且与使用环境有关，还与产品使用过程的管理等诸多因素有关。

　　1. 美国的"自由轮"断裂

　　20 世纪 40 年代以前，船体主要采用的是铆接结构，图 3-1 所示的是泰坦尼克号轮船，从图中可以看到船体的一颗颗铆钉。

　　自由轮是在第二次世界大战期间，美国大量制造的一种货轮。在自由轮建造中，由于采用了焊接结构，所以建造迅速，价格便宜，使它成为第二次世界大战中美国工业的一种象征。美国电影大片《泰坦尼克号》中巨大的蒸汽机的镜头，就是在美国旧金山保存的一艘仍能行驶的自由轮的机舱里拍摄的。

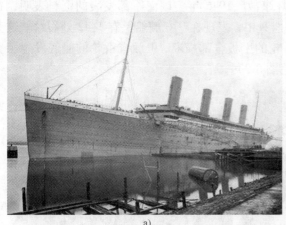

a)   b)

图 3-1 泰坦尼克号轮船

a）轮船外貌 b）铆接结构

1941年2月，美国罗斯福总统在"炉边谈话"广播中宣布了要大量制造一批新型货轮给欧洲战场进行后勤补给的消息，他在广播中说这些船"将给欧洲大陆带去自由"。因此，这批船及后续建造的同型船被称为"自由轮"。

在自由轮的原始设计中，铆钉连接工艺占用了1/3的人工工作量。为了提高造船的效率，美国人对原始设计做了重大修改，大量铆钉连接被焊接替代，而在此之前，并没有在造船中如此大规模使用焊接。采用焊接代替铆接的主要原因是焊接可以大大加快轮船建造速度，满足战争对轮船数量的需求，而且采用焊接还可以减轻船体重量，一艘自由轮采用焊接可以比铆接减重约200t。在自由轮建造的初始阶段，每艘自由轮大约需要230天建造完成，后来建造速度不断加快，到第二次世界大战后期，每艘自由轮平均只需要42天就可以下水。自由轮的建造采用了流水线生产、多部门同时作业，因此，需要大量工人。为应付急需，在各地建立了培训班，新招募的男女工人经过100~200h的培训后就开始在生产线上工作，不熟练的焊工进行船体焊接为自由轮后来发生的事故埋下了隐患。图3-2所示是自由轮建造的图片。

a)   b)   c)

图 3-2 自由轮建造

a）自由轮结构架构 b）上层甲板组装 c）清理焊缝

自由轮在使用过程中发生了大量的破坏事故。1946 年美国海军部发表的资料表明，在第二次世界大战期间，美国制造的 4696 艘船只中，发现在 970 艘船上有 1442 处裂纹。这些裂纹大多出现在自由轮上，其中 24 艘自由轮的甲板全部横断，1 艘自由轮的船底发生了完全断裂，8 艘自由轮从中腰断裂为两半（见图 3-3）。

a)   b)

图 3-3　自由轮

a）自由轮航行　b）断裂的自由轮

有关人员对自由轮的断裂事故做了详细调查，获得了大量数据，通过分析认为，造成自由轮事故的主要原因：一是焊接质量存在问题，导致较多的焊接裂纹等缺陷的存在；二是船体焊接结构设计不合理，断裂大部分起始于甲板舱口的角点，此处局部应力集中；三是船体用钢材料选用不当，所选钢材的硫磷元素含量高，低温韧性很差，容易发生断裂。

船体原设计中的铆接结构不适于焊接。图 3-4 所示是自由轮甲板舱口设计对比图。其中，图 3-4a 为原始铆接结构设计图，甲板的拐角处为一尖角，而且采用的是铆接中常用的材料搭接结构，该结构采用焊接加工会造成很大的应力集中，使其承载能力大大降低。图 3-4b 为后来改进的焊接结构设计图，采用了圆滑过渡拐角设计，同时去除了搭接结构焊缝，缓解了焊接应力集中问题，使其承载能力提高到 1.4 倍，能够承受的破坏能量增加了 25 倍。

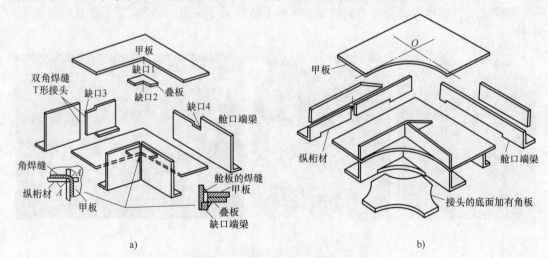

a)   b)

图 3-4　自由轮甲板舱口设计对比图

a）原始铆接结构设计　b）改进的焊接结构设计

需要指出的是，自由轮最严重的断裂事件发生在低温和恶劣的海洋环境同时存在的时候。但是同样的环境下，采用铆接的船体结构并未发生脆性破坏事故。除了船体钢材料不满足低温环境应用要求以及焊接结构应力集中大容易产生裂纹外，还因为焊接使钢板形成了一个整体，产生的裂纹可以无障碍地自由穿过连接在一起的钢板，甚至会穿过整个船体。而同样的裂纹无法穿越铆钉连接的两块钢板。这也是在焊接质量不可靠的情况下，某些结构仍然采用铆接结构的原因之一。

由此可见，自由轮的断裂既有结构设计问题，又有焊接质量问题，也有材料问题。为此人们开始制造韧性高的结构钢，并开始制定焊接标准保证焊接质量，而且开始研究材料的断裂问题，探索断裂规律，逐渐形成了断裂力学理论。

2. 吉林球罐爆炸

压力容器一般泛指在工业生产中用于完成化学反应、传质、传热、分离和储存等生产工艺过程，并能承受压力载荷（内力、外力）的密闭容器，是在石油化学工业、能源工业、科研和军工等国民经济的各个领域都起着重要作用的设备。压力容器是内部或外部承受气体或液体压力并对安全性有较高要求的密封容器，因此也被称为储罐，都是采用焊接方法制造的。由于焊缝往往是储罐承受压力的薄弱点，因此，对焊缝质量要求很高。图3-5所示为球形储罐（球罐）和立式圆筒形储罐。

a) b)

图3-5 储罐
a）球形储罐 b）圆筒形储罐

1979年12月18日，我国吉林省某液化石油气厂发生了一起重大球罐爆炸火灾事故。先是1个400m³液化石油气球罐发生破裂，大量液化石油气喷出，顺风扩散遇明火发生燃烧，气体回烧至球罐引起爆炸。大火燃烧了19h，致使5个400m³的球罐、4个450m³卧罐和8000多只液化石油气钢瓶（其中空瓶3000多只）爆炸或烧毁。球罐区相邻的厂房、建筑物、机动车及设备等或被烧毁或受到不同程度的损坏。此次爆炸、火灾事故还造成了重大的人员伤亡。图3-6所示为球罐爆炸的现场情况。

图3-6 球罐爆炸现场

造成该起工程安全事故的原因主要有四个方面：

一是球罐的安装组焊质量不好，发生了脆性断裂。这个球罐的焊缝有较多的焊接裂纹缺陷，使用中裂纹不断发展，又未能及时发现，以致从球体上温带环向焊缝的熔合区和热影响区断裂。这是发生事故的直接原因。

二是企业管理不到位。该厂自 1977 年投产以来，生产无计划，制度不健全，工作无秩序，任意操作和任意充装的情况时有发生。运行中发生过超装和附件损坏等事故，没有引起足够的重视。

三是基本上没有安全技术管理。企业缺少技术人员，操作工人未经技术训练，不懂安全操作规则，对事故的危害缺乏认识，没有预防事故的措施，盲目性很大。

四是不重视安全工作，未严格执行国家有关安全技术规程和防火防爆的规定。液化石油气属于甲类火灾危险储存物品，国家对其防火防爆有严格的规定，不应在厂区内储存汽油、柴油等易燃物品。事故发生后，由于断电断水，消防设施不起作用，球罐本身专设的降温喷淋装置也因没有备用电源而无法起动。企业单位和消防部门，平时未做应急措施准备，现有的消防设备和器材不适应大量液化石油气火灾事故，因而无法控制罐区火势。

由此可见，该起事故的直接原因是球罐制造存在较多的焊接缺陷，在球罐使用过程中没有按照安全使用规则去使用、维护，间接原因就是企业安全管理不到位。

3. 波音飞机空难

2019 年 3 月 10 日，一架埃塞俄比亚航空公司的波音 737MAX-8 型客机起飞后 6min 坠毁，机上的 149 名乘客和 8 名机组人员不幸全部遇难，其中包括 8 名中国乘客。图 3-7 所示是救援人员在坠机现场清理飞机残骸。然而这不是首起波音 737MAX-8 空难，2018 年 10 月 29 日上午，印尼狮航一架波音 737MAX-8 飞机，在从雅加达起飞大约 13min 后失联，随后被确认在西爪哇省加拉璜附近海域坠毁，机上 189 人不幸全部遇难。图 3-8 所示为打捞上来的失事客机碎片。

图 3-7　清理飞机残骸

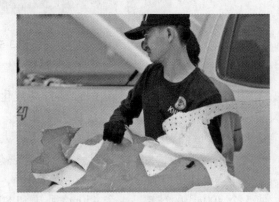

图 3-8　失事客机碎片

这两架失事飞机都是波音公司生产的 737MAX-8 型客机，均为机龄不超过 1 年的新飞机，而且发生坠毁的时间都是在飞机起飞几分钟后。更为巧合的是，失事埃塞俄比亚航空公司客机的飞行数据记录了飞机最后的轨迹，飞机在起飞后，曾经有过突然下降的迹象随后又有拉升，之后消失在追踪画面中，该现象与印尼狮航客机失事前的飞行轨迹颇为相似。

分析结果表明，波音公司为了节约能耗，选择了一款新型的发动机，但是新发动机比原发动机要大一些，由于波音 737 飞机结构早已设计好了，为了节省成本就没有重新设计飞机结构，而在已有的飞机结构上安装体积大的新型发动机，导致了飞机在飞行途中会出现抬头趋势的隐患。为了解决这一隐患，波音公司专门增加了一个机动特性增强系统，帮助飞机避免失速坠毁。该系统是自动控制系统，无须飞行员控制，该系统一旦判断飞机失速，可以无须飞行员介入即接管飞机控制，并使飞机低头飞行，以改变飞机失速状态。

据事故调查信息显示，狮航失事航班上的计算机系统是根据一个迎角传感器的错误数据在运行，该错误数据可能是由于迎角传感器校准不当造成的。而且波音公司没有事先向机务人员披露 737MAX-8 飞机上新增了自动失速保护系统，在飞机的操作手册中也没有对可能导致飞机俯冲关键功能进行警告的提示。在事先不知情的情况下，飞机维修人员很难检测出飞机故障的真正原因。当飞机发生事故时，飞行员不知道正确操作飞机的方法，所以很难及时排除险情。

737MAX-8 飞机上至少设有三个迎角传感器，自动失速保护系统的逻辑是：只要主迎角传感器认为飞机迎角过高（即机头抬得过高），就认定飞机有失速危险，自动失速保护系统就会被激活。而欧洲空客飞机在类似系统设计中规定：只要三个迎角传感器的读数不一样，不管主次，都选择不相信，直接报错给飞行员，从而避免主迎角传感器出错，导致整个系统出错的风险。与空客相比，波音飞机存在设计逻辑上的问题。

自动失速保护系统被上述迎角传感器的错误数据激活后，自动控制飞机快速俯冲下降，当飞行员发觉飞机飞行姿态不对时，会手动操作驾驶杆想要拉起飞机，但自动失速保护系统会与飞行员争夺飞机的控制权，并一直控制飞机下降。只有当飞行员的手动操作符合系统设定条件时，自动失速保护系统才会终止，飞行员才能获得飞机的全部控制权，但是由于飞行员事先没有被告知自动失速保护系统的存在及其功能，所以事故发生时，飞行员无法关闭自动失速保护系统，也无法阻止该系统控制飞机下降直至坠毁，这就解释了为何飞机会出现快速下降一段时间后被拉起，然后再次下降的反常现象。

另外，波音公司承认在飞机的适航认证过程中，利用了监管机构（美国航空管理局 FAA）授予飞行器制造商用于安装自动失速保护系统的性能免除许可政策，使该自动失速保护系统的安全性在未得到充分试飞验证的情况下，就通过了 FAA 的适航认证。

综上所述，为了降低成本，波音 737 MAX-8 型飞机在原有结构中安装新的发动机，导致飞机在飞行途中会出现抬头趋势隐患，而为解决该隐患增加的自动失速保护系统存在设计缺陷。印尼狮航空难发生后，波音公司没有解决存在的问题，所以又造成了埃塞俄比亚航空公司 737 MAX-8 型飞机的失事。

4. 綦江彩虹桥垮塌

1999 年 1 月 4 日晚上重庆市綦江彩虹桥发生整体垮塌事故。当时有 30 余名群众正行走在彩虹桥上，另有 22 名驻綦江的武警战士进行训练，由西向东列队跑步至桥上约 2/3 处时，大桥突然垮塌，桥上群众和武警战士全部坠入綦河中，经奋力抢救 14 人生还，40 人遇难。

事后通过调查发现，大桥垮塌的直接原因包括主钢管混凝土未达到设计要求，局部有漏灌现象；主拱钢管对接焊缝普遍存在裂纹、未焊透、未熔合、气孔、夹渣等严重缺陷，质量达不到施工验收规定的焊缝验收标准；同时，焊接结构设计存在很大问题。图 3-9 所示为完好桥梁、桥梁垮塌现场以及桥梁焊接结构设计示意图。由图 3-9c 可以看出，钢管、钢板焊接的焊缝接口对齐是不合理的焊接结构设计，容易造成结构破坏。

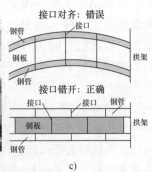

a)   b)   c)

图 3-9　綦江彩虹桥

a）彩虹桥夜景　b）綦江彩虹桥垮塌现场　c）桥梁焊接结构设计示意图

通过调查发现，彩虹桥工程是一个典型的"六无工程"，即无计划、无报建、无招投标、无开工许可证、无工程监理、无质量验收。

由此可见，该桥梁从设计、建造、质量监控、工程管理、工程伦理等方面都存在很大的问题，从而导致了工程安全事故的发生。

5. 汽车安全气囊隐患

汽车的安全气囊是一种被动安全性保护系统，它与座椅安全带配合使用，可以为驾驶人、乘员提供有效的防撞保护。当汽车出现相撞事故时，汽车安全气囊可使头部受伤率减少25%，面部受伤率减少80%左右，是汽车重要的安全保护装置之一。

安全气囊系统主要由安全气囊传感器、防撞安全气囊及电子控制装置等组成。安全气囊传感器分别安装在驾驶室间隔板左、右侧及中部。气囊组件主要由安全气囊、气体发生器和点火器等组成。电子控制装置用来进行数据采集与数据处理、诊断安全气囊的可靠性，保证在达到预设的数值时，及时发出点火信号。气体发生器接到信号后引燃气体发生剂，产生大量气体，经过滤并冷却后进入气囊，使气囊在极短的时间内突破衬垫迅速展开，在驾驶人或乘员的前部形成弹性气垫，并及时泄漏、收缩，吸收冲击能量，从而有效地保护人体头部和胸部，使之免于伤害或减轻伤害程度。图 3-10 是汽车安全气囊的配置及使用情况示意图。

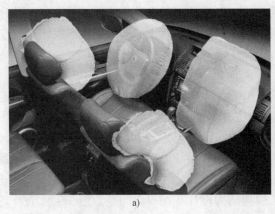
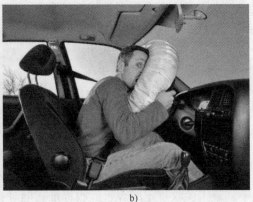

a)   b)

图 3-10　汽车安全气囊配置及使用

a）安全气囊配置　b）气囊使用示意图

汽车安全气囊事件最初发生在 2009 年，一位 18 岁的美国女孩驾驶日本本田公司生产的思域牌汽车接弟弟放学回家途中，与另一辆汽车发生碰撞，被安全气囊中弹出的一块金属片划破颈动脉，大量失血而亡（见图 3-11）。而这个安全气囊是由日本高田公司生产的，该公司是全球最大的汽车气囊制造商之一。但是，在发生安全事故后，日本高田公司采取了拒不配合的态度让人们失望之极。

a)　　　　　　　　　　　　　　　　　b)

图 3-11　汽车安全气囊安全事故
a）涉事问题气囊　b）气囊爆炸的伤员

然而，在六年之后，也就是 2015 年类似的悲剧接连发生。在各方的高压下，日本高田公司才首次公开承认其生产的气囊存在缺陷。实际上日本高田安全气囊的安全隐患由来已久，该公司在安全气囊制造中采用了先进的火箭制造技术，自主生产了气体推进剂。但是因气囊内未带干燥剂的气体发生器存在着异常破损的风险，气囊弹出时可能会将破损后的金属碎片炸出，伤及车内人员。从 2009 年开始，日本高田气囊已造成 100 多人死伤，因此被称为"死亡气囊"。为此，日本本田以及世界多家汽车企业宣布与高田公司划清界限，不再使用高田公司生产的安全气囊。由于该类安全气囊已经生产十年，数以千万计的隐患车辆等待召回，日本高田公司面临巨额赔款而无力承担，因此宣布企业破产。

该事件表明，在采用先进技术时，应该对其适用性、可靠性进行可行性分析与验证。先进技术也存在着局限性，不是所有的产品都适用同样的技术。在安全气囊设计中存在安全隐患，而且发现问题后，没有及时地解决问题，才导致安全事故一再发生。

6. 三星手机电池门

手机目前已经成为人们生活、学习、交流的必需品，随时都带在身边使用，因此其安全性非常重要。三星电池门事件是指 2016 年的韩国三星手机发生爆炸和起火的事故。韩国三星 Galaxy Note7 手机发布一个多月，在全球范围内发生多起手机爆炸和起火事故。因三星集团公司官方声称手机自燃是因手机电池缺陷造成的，因而称为"三星手机电池门"。

根据美国消费产品安全委员会网站发布的数据，自从三星 Galaxy Note7 手机在美国销售到 2016 年 9 月份，美国收到了 92 起三星 Galaxy Note 7 手机电池过热的报告，其中 26 起牵涉到人员烧伤，55 起造成财物损失，例如汽车或车库火灾。据报道，美国佛罗里达州圣彼得斯堡一户人家把一部三星 Galaxy Note 7 手机留在吉普车里充电，不料电池起火，导致汽车焚毁。2016 年 10 月 5 日上午，美国的新闻网站援引美国西南航空公司发言人的话报道，该航空公司旗下一架航班号为 994 的客机发生火灾，起因是一部三星 Galaxy Note7 手机冒烟起火，所幸全部乘客和机组人员及时疏散，没有造成伤亡。

2016 年 10 月 10 日，韩国三星电子决定暂停 Galaxy Note7 手机的生产。10 月 11 日，三星电子宣布，在经历了电池爆炸起火事件后，决定永久停止生产和销售 Galaxy Note7 智能手机。

实际上，除了爆出的三星 Galaxy Note7 手机有自燃的危险外，其他手机也曾爆出自燃的事故，有的甚至发生了火灾，导致人员的伤亡。除了使用者使用不当的原因外，手机电池质量有问题是发生自燃事故的主要原因之一。图 3-12 所示是自燃的三星 Galaxy Note7 手机。从照片看，此次自燃后的 Galaxy Note7 和诸多手机自燃案例类似，手机机身开裂，从电池部位延伸到四周，保护壳也烧穿了。

a)   b)

图 3-12　三星手机电池门

a）Galaxy Note7 手机正面　b）Galaxy Note7 手机侧面

据了解，三星 Galaxy Note7 手机自燃、爆炸的原因除了电池本身质量有问题外，该手机还存在的设计缺陷是自燃和爆炸的主要原因之一。Galaxy Note7 手机与以前 Galaxy Note5 手机相比，电池容量增加了，且 Galaxy Note7 手机为弧面屏设计，可利用空间并没有增加，而且屏耗电量较大，而三星为了保证手机续航时间，又不想增加手机厚度，故在设计电池仓结构时砍掉了中壳一排固定螺钉，导致电池最容易出问题的尾部保护仓不完整，受到冲击后电池会晃动，尾部受撞击，绝缘隔膜容易破裂，电池正负极会发生短路，从而容易引起手机燃烧或者爆炸。

由于三星手机存在着自燃的危险，包括我国航空公司在内的国际上多家航空公司都对三星 Galaxy Note7 手机发出禁令，严禁携带该手机乘机。

7. 荆州电梯安全事故

随着经济的发展，电梯在人们的生活中已经得到普遍应用，在大型商场、火车站、地铁站到处可见。人们生活中见到的电梯主要有直梯和扶梯。随着电梯的广泛应用，电梯安全已经成为使用者必须关注的问题。

2015 年 7 月 26 日上午，湖北省荆州市某百货公司手扶电梯发生事故，一名 30 岁女子因踩到了松动的扶梯踏板，被卷入电梯内不幸遇难。事发电梯口一段长约 50s 的监控视频显示，当日 10 时 09 分 51 秒左右，遇难女子向某某和儿子乘电梯到七楼。在快到时，向女士提前提举起穿着短衣短裤的儿子。10 时 10 分 11 秒，电梯升到顶部，向女士从站立的梯级向前踏上电梯的迎宾踏板。电梯口站着两名女工作人员，另一名女工作人员手拿扫帚，从电梯口附近走过。突然，向女士脚下的踏板松动发生翻转，其双腿落入电梯内，可电梯仍在运转，向女士双手奋力向前托举递出孩子（见图 3-13），电梯口的女工作人员将孩子接过，放到身后。两秒钟的手足无措之后，两名女工作人员上前拉住了向女士的双手，向女士也全力向前使劲，试图自救，但已经于事无补。10 时 10 分 19 秒，在踏上松动踏板短短 8s 之后，向女士已经不见了踪影。当日下午 2 点左右，向女士被救出，但已无生命迹象。

a)   b)

图 3-13   荆州电梯安全事故
a）向女士递出孩子   b）处于拆解状态的事故电梯

通过事故调查，明确了事故发生的主要原因，一是电梯设计存在安全隐患，二是商场管理有问题。首先是电梯生产厂家的该类型产品涉及的盖板结构设计不合理，容易发生松动和翘起，安全防护措施考虑不足，事故发生的直接原因就是踏板松动。再有就是商场的管理问题，据监控视频显示，发生事故 5min 前，工作人员已经发现了盖板有松动翘起现象，报告后未得到有效指令，也未采取停梯等有效应急处置措施，而且由于商场平时缺少对员工进行必要的电梯应急培训和演练，导致事故现场的工作人员未能及时关停电梯，最终导致人员伤亡的惨剧发生。

8. 奶制品的三聚氰胺事件

喝牛奶，吃乳制品，这在我国已不稀奇。牛奶蛋白所含氨基酸种类齐全，数量充足，易于吸收，是人类食物中蛋白质的极好来源。因此，奶制品已经成为人们生活中的重要食品之一，特别是对于婴幼儿，使用量非常大，因此，奶制品的质量直接影响到婴幼儿的身体健康与成长发育。

但是，在 2008 年中国发生了一起重大的涉及奶制品的食品安全事件。事件的起因是很多食用某集团生产的奶粉的婴儿被发现患有肾结石，随后在其奶粉中发现了化工原料三聚氰胺。其后，国家质检总局公布了对国内乳制品厂家生产的婴幼儿奶粉的三聚氰胺检验报告，包括多个知名厂家在内的奶粉都检出了三聚氰胺。该事件重创中国乳制品信誉，多个国家禁止进口中国的乳制品。某集团股份有限公司于 2009 年 2 月 12 日宣布破产。图 3-14 所示是工商执法人员在垃圾场销毁三聚氰胺超标奶制品。2008 年 9 月 24 日，国家质检总局表示，牛奶事件已得到控制，9 月 14 日以后新生产的酸乳、巴氏杀菌乳、灭菌乳等主要品种的液态奶样本的三聚氰胺抽样检测中均未检出三聚氰胺。

三聚氰胺是一种化工原料，在塑料、涂料、黏合剂等行业广泛应用。三聚氰胺不是食品原料，也不是食品添加剂，不允许添进食品中。但因其分子中含有大量的氮元素，把它添加在牛奶中，在被检测时能显示较高的蛋白质含量，但实际上并没有真正地增加蛋白质。由于食品和饲料工业蛋白质含量测试方法的缺陷，一些不法厂商为了牟取暴利，将三聚氰胺用作食品添加剂，以提升食品检测中的蛋白质含量，蒙蔽消费者。在牛奶、畜禽饲料中添加含氮的三聚氰胺，会造成牛奶及奶制品、鸡蛋等动物性食品中三聚氰胺残留严重超标。临床调查发现，如果摄入的三聚氰胺量大、时间长，可能会在泌尿系统，如膀胱和肾脏形成泥沙样结晶或结石。含三聚氰胺的奶粉对不同人群健康的影响不同，由于婴幼儿生理结构和饮食结构与成人明显不同，婴幼儿比较容易引起泌尿系统结石。

2008 年 10 月 7 日，卫生部、农业部等五部门联合发布公告，确定了乳与乳制品中三聚氰胺临时管理限量值，进一步加强了对三聚氰胺的使用管理和监测工作。2011 年由卫生部批准公布的乳品安全国家标准正式实施，堵塞了原有乳制品安全标准的漏洞，促进了中国乳制品行业的职业建设与发展。图 3-15 所示是乳制品企业的检测人员在进行产品质量检测。

图 3-14　工商执法人员销毁三聚氰胺超标奶制品　　图 3-15　乳制品企业产品质量检测

包括乳制品的食品工程涉及千家万户、子孙后代，因此，乳制品、食品生产标准不仅是单纯的技术标准，它涉及人们的健康，任何一个企业不能只关注企业利润，而应更加关注公众安全、健康和福祉。三聚氰胺奶制品事件的主要原因是企业为了追求经济利润，不道德地采用了技术，而奶制品安全标准的不尽完善也是造成该事件的原因之一，而且在该事件发生过程中，企业、监管部门的责任没有落实到位，特别是企业的工程师没有履行其社会责任，其行为不符合工程伦理和职业道德。

3.1.2　工程施工安全

工程施工安全实际上是指工程建造过程中的安全。工程建造安全涉及施工技术、施工管理、质量管理、工程伦理等诸多因素，稍有不慎就会出现工程施工安全事故，造成人员、财产损失。

1. 铁路隧道施工

宜万铁路是指湖北宜昌到重庆万州的铁路，该铁路 1909 年由詹天佑主持开建，仅修了

20 多千米就被迫停工。它位于喀斯特地貌山区，在世界上属于地质复杂的铁路。该铁路全线桥梁、隧道的总长度约 278km，有 34 座高风险的岩溶隧道，是我国铁路史上修建难度最大、公里造价最高、历时最长的山区铁路。2003 年开始重新修建，2010 年 12 月 22 日，宜万铁路在湖北恩施举行首发仪式。图 3-16 所示是宜万铁路的八字岭隧道，该隧道是 I 级高风险隧道，在全线八大高风险隧道中率先贯通。图 3-17 所示是处于喀斯特地貌高度发达地段的马鹿箐隧道。

图 3-16　宜万铁路的八字岭隧道

图 3-17　宜万铁路的马鹿箐隧道

马鹿箐隧道右线长 7879m，左线长 7836m，穿越特大富水隐伏溶腔、岩溶峡谷、煤层、天坑、溶缝、落水洞、断层破碎带、地下暗河和山中暗湖等特殊地质带，是中国铁路建设史上最大涌水隧道、世界铁路建设史上瞬间突涌水量最大的隧道。该隧道在施工过程中发生过数次安全事故。例如，2006 年 1 月 21 日 10 时 40 分左右，隧道平导洞进行爆破后突然大面积透水，通过连接两洞的横向通道，水铺天盖地涌入正洞。当时涌水量很大，约有 2m 多高，正洞内的 11 人被水吞没。上午 11 时许，水开始漫到洞外（见图 3-18），沿着山坡倾斜而下，洞外部分房屋、设备被冲毁。图 3-19 所示是马鹿箐隧道泄水照片。

图 3-18　马鹿箐隧道突水照片

图 3-19　马鹿箐隧道泄水照片

造成马鹿箐隧道安全事故的主要原因：①当地连续降雨，事故发生地段地表水与地下水岩腔及断层水系相通，并存有大容量承压水体，地质构造复杂；②在隧道设计和施工过程中，虽然也做了多方面的地质勘测工作，但由于认知水平的局限，未能发现不明承压水体；③在工程施工过程中，对岩层变化及实测出主要发育的岩层溶裂隙水超压先兆分析判断不够，未能采取有效的安全防范措施。因此，当隧道岩体揭露后，造成岩溶水压的承载失衡，导致突水突泥重大安全事故发生，事故中 10 人死亡，1 人失踪。

2. 建造中的小尖山大桥倒塌

小尖山大桥位于贵阳市开阳县南江乡龙广村村后的两座大山之间，是贵（阳）开（阳）公路的一座重要桥梁，三段桥身总跨度全长 155m，桥墩高 47m，桥面水平高度到桥下深谷底端高 57m（见图 3-20）。2005 年 12 月 14 日凌晨 5 时，正在修建的小尖山大桥突然支架垮塌，横跨在 3 个桥墩上的两段正在浇筑的桥面轰然坠下（见图 3-21），桥面上正在施工的 22 名工人飞落下 50m 深的深谷。事故造成 4 人死亡、1 人失踪、17 人重伤。

图 3-20　建造中的小尖山大桥

图 3-21　桥面坠下的小尖山大桥

事故发生的主要原因：①大桥施工中，支架搭设时基础施工不符合相关规范要求，部分支架钢管壁厚不够，在支架预压时，预压范围不很充分，每跨有部分区域未压到；②施工方项目经理对工程管理不到位，劳务工程以包代管，在支架搭设中大量使用未经培训的人员，而且部分特种作业人员无资格证或资格证过期，导致施工质量上存在问题；③监理不力，施工方支架搭设过程及完工后的验收不规范。由此可见，这是一起重大的责任事故。

3. 杭州地铁工地塌陷事故

地铁在城市交通日益拥堵的大城市中发挥了重要作用，各个大城市现在都在大力修建地铁工程。根据城市地质条件，地铁工程可采用明挖法或暗挖法。明挖法是指挖开地面，由上向下开挖土石方至设计标高后，自基底由下向上顺作施工，完成隧道主体结构，最后回填基坑或恢复地面的施工方法（见图 3-22）。在地面条件允许的情况下，地铁宜采用明挖法，但对社会环境影响很大。暗挖法是在特定条件下，不挖开地面，全部在地下进行开挖和修筑衬砌结构的隧道施工方法。暗挖法主要包括钻爆法、盾构法、掘进机法、顶管法等。其中尤以盾构法应用较为广泛，盾构法对社会环境影响较小，适合相对均质的地质条件。图 3-23 所示是成都地铁 2 号线 6 标段盾构机在江底掘进施工的情景。

杭州风情大道地铁 1 号线工程采用的是明挖法。杭州地铁一期工程建设规模为68.79km，由地铁 1 号线、地铁 2 号线和地铁 4 号线部分线路组成。线路呈双 Y 形。地铁一期工程中地铁 1 号线长度为 47.97km、地铁 2 号线长度为 16.6km，地铁 4 号线钱江新城地下空间连接工程 4.22km，总投资 349.36 亿元。

图 3-22　地铁工程明挖施工

图 3-23　地铁盾构法施工

2008 年 11 月 15 日下午地铁施工现场发生坍塌事故。图 3-24 所示为发生塌方事故的现场，从图片上可以看到，一些行进中的汽车坠入塌陷处。该起事故造成 21 人死亡，4 人受伤，直接经济损失 4926 万余元。该事故是中国地铁建设史上伤亡最为严重的事故之一。

a)

b)

图 3-24　杭州地铁塌方事故现场

a）塌方现场　b）行进中的汽车坠入塌陷处

在分析事故原因时，有地铁专家认为杭州的地质较为复杂，其地下水含量丰富，绝大多数土层皆为软土，采用开放式明挖施工设计存在一定的风险。但是，设计方案的风险不意味着一定要付出血的代价，如果施工单位采取有效的措施，完全可以避免此次事故的发生。因为在事故发生一个月前，事发现场就发现了沉降裂纹，也采取了浇筑混凝土、架钢筋等措施，事故发生前一段时间，已经发现了路面小幅沉降的现象，但是没有引起施工单位足够的重视。

最后得出事故调查结果，事故的直接原因是：①施工单位违规施工、冒险作业、基坑严重超挖；②支撑体系存在严重缺陷且钢管支撑架设不及时；③垫层未及时浇筑；④为了赶施工进度明知存在多项严重安全隐患，未及时采取有效整改措施；⑤监测单位施工监测失效，没有采取有效补救措施。为此，施工单位的 8 名相关责任人被判刑。

4. 印度船厂起重机倒塌

起重机是大型工程中常用的工程机械之一，2020 年 8 月 1 日在印度维沙卡帕特南港口，印度斯坦造船厂正在对一台 70t 重的起重机进行载荷测试时，突然发生了起重机倒塌事故，造成了至少 11 名人员死亡，5 人受伤。图 3-25 所示的是倒塌的起重机。

a)   b)

图 3-25 倒塌的起重机

a) 人员在倒塌的起重机中 b) 摔碎的起重机

在这次事故中，起重机上部巨大的钢铁吊臂结构和座舱与下部底座之间发生断裂，随后一声巨响，首先是 2 名站在起重机平台上的工人从高高的起重机上摔下来，随后倒下的起重机将所有在起重机操作舱中的测试人员全部摔死、挤死。视频显示，巨大的钢铁结构掉落地面，并散架解体。

事故原因有可能是机械故障，但是与施工安全管理有直接关系。该船厂是一家重型造船厂，主要承担印度军方船舰合同。船厂管理混乱，大部分起重机和工程都外包给了私人承包商。这台重约 70t 的大型吊车是该厂两年前采购的，但一直未正式投入使用。该厂将吊车的安装调试工作外包给了一家私营机构。船厂工会认为该起事故是因为在起重机测试中没有遵守安全操作规程造成的。

5. 赛马场钢结构罩棚塌落

2010 年 12 月 15 日凌晨 1 时 30 分左右，内蒙古自治区鄂尔多斯市某赛马场西侧看台钢结构罩棚发生局部塌落。该赛马场的整个看台罩棚尚未最后完工，属于在建项目。此次塌落事故造成损失 3000 多万元，好在没有人员伤亡。

该赛马场主体结构采用钢柱与外包混凝土结合的方式，钢材使用达到 3 万 t。工程建设的进度已经进行了 80%，外部看台座椅安装了一半左右。当地媒体在 2009 年 8 月对该项目曾做过报道，报道中引用施工人员的话说，"施工单位抢进度，我们也都在抢，都在工作，昼夜加班"。此次塌落的是西侧看台钢结构罩棚（见图 3-26），可以看到七八十米长的钢结构罩棚塌落，看台座椅被砸得七零八落。

事故发生后，鄂尔多斯市立即成立事故调查组，调查组委托中国钢结构协会专家委员会进行现场勘查鉴定。得出的事故原因：11 月中旬用于罩棚钢结构焊接的 24 个支撑柱开始卸载，12 月 5 日完成后现场全面停工进入冬歇期，但由于赛马场西侧看台钢结构罩棚部分焊缝存在严重的焊接缺陷，个别杆件焊接不规范，遇到骤冷的天气，钢结构罩棚出现较大变形和应力，导致焊接钢结构的断裂而发生塌落。专家组认定，这是一起施工质量事故。

a)   b)

图 3-26 赛马场钢结构罩棚塌落

a）局部塌落情景 b）塌落的钢结构

6. 洛阳某商厦大楼火灾

2000 年 12 月 25 日晚，圣诞之夜。位于洛阳市老城区的某商厦楼前五光十色，灯火通明。商厦顶层（4 层）的一个歌舞厅正在举办圣诞狂欢舞会。一层和地下一层是新近出租出去的，准备开设郑州某百货商场洛阳分店，并计划于 26 日试营业，此时也正在紧锣密鼓、夜以继日地进行店面装修。在装修过程中，由于操作工违章焊接，几簇小小的电焊火花引起了大火。大火从地下室烧起，火势和浓烟顺着楼梯直逼顶层歌舞厅，酿成了特大灾难，夺走了 309 人的生命。

着火的直接原因是郑州某百货商场雇用的 4 名无焊工操作证的人员违章作业。他们在将地下一层和地下二层中间的步行梯隔断钢板上的两个洞孔用钢板焊补时，没有考虑地下二层是摆满了木质家具、沙发等易燃品的家具商场，没有采取任何防范措施，致使火红的焊渣溅落到地下二层引燃了物品。情急之下，他们慌忙用消防水龙带向下浇了些水，但是没有控制住火势，反而愈烧愈烈。在此情况下，几个人竟然未报警即逃离了现场，致使大火凶猛烧了起来，乌黑有毒的浓烟像一条狰狞的苍龙沿着通道直冲大厦顶层歌舞厅，到有人发现失火时，已是两个多小时以后，紧急疏散和灭火都为时已晚，致使 309 人中毒窒息死亡。图 3-27 所示是失火后的楼内外情景。

a)   b)

图 3-27 失火后的洛阳某商厦大楼

a）楼外 b）楼内

3.2 工程安全与风险防范

人类的工程活动存在着工程安全与风险，在工程活动中就需要考虑如何保证工程安全，防范风险。

3.2.1 工程安全的概念

工程安全是工程的基本要求，是工程建设和使用在内的要求和重要保证。因此，在工程活动中必须要有工程安全的概念。

1. 工程安全的概念与内涵

工程安全是指工程活动过程中，保障人体健康和人身、财产安全免受伤害或损失。

工程的目的是为了使人们生活得更美好，工程的结果往往是产品或者作品。工程活动主要指工程建造与产品使用。因此，工程安全的内涵主要有两点。

1）工程建造或施工过程中，保障人体健康和人身、财产安全免受伤害或损失。

2）工程产品使用过程中，保障人体健康和人身、财产安全免受伤害或损失。这里又有两个方面的内涵，一是产品本身要保障人体健康和人身、财产安全免受伤害或损失；二是产品使用过程中要保障人体健康和人身、财产安全免受伤害或损失。

正如 2.5 中所说，工程活动包括计划、设计、建造（制造）、使用（包括维护）、结束（报废与回收）五个环节，构成了一个工程的完整生命周期。所以在每一个工程环节中都必须要考虑"工程安全"问题，都要考虑保障人体健康和人身、财产安全免受伤害或损失。这里也就涉及了"工程伦理"问题，以及工程师的职业道德、社会责任、自然责任等问题。

2. 工程安全问题

在工程建造或施工以及工程产品使用过程中，工程安全事故时有发生，一般有以下两种情况：

（1）难以完全避免的工程安全问题　一般的工程都会涉及安全和风险问题，在工程建造或施工和使用过程中都有可能出现意外的、不可控的因素而发生安全事故。例如在 3.1 节中提到的铁道隧洞施工过程中，可能遇到山体中的溶洞和暗河等，就有可能发生突水、突泥的事故；也有可能一些复杂工程会产生意想不到的后果，甚至意想不到的失败，例如，火箭发射，不可能保证每一次都成功。

（2）完全可以避免的工程安全问题　有些安全问题，只要得到充分的关注，采取相应的措施就可以完全避免。也就是说，此类工程安全问题的发生，主要因素是由于工程活动过程中没有遵守相应的工程伦理、安全规范，甚至没有安全保障等人为因素造成的工程安全事故，以及工程质量问题造成的工程安全事故。例如，前面所提到的奶制品中的三氯氰胺问题、钢结构的焊接质量问题等。

结合工程活动环节考虑相关工程安全问题主要有以下几个方面：

（1）工程决策与计划环节的工程安全问题　工程的首要环节就是工程决策与计划，该环节必须要考虑工程安全问题，首先是要考虑工程的结果是否对人类安全的影响，其次要考虑工程过程对人类安全的影响。因此，需要进行充分的调研、科学的论证。相关信息的收集工作没有做好，信息分析、评估不正确，就可能存在对形势判断、科学论证的失误，导致工程决策、计划的失误，从而产生或增大工程安全风险。

三门峡水利枢纽工程就是由于没有做好充分的调查论证，导致其工程决策出了一些问题。三门峡水利枢纽工程建设运行不久就发现，水库库尾泥沙淤积，造成渭河入黄河部分抬高，渭河下游洪患严重，土地盐渍化，不得不降低蓄水位运行。但是低水位下，水利枢纽的泄水能力不能达到设计要求，不得不两次改建，浪费了一定的资源。图 3-28 所示是三门峡水利枢纽。

（2）工程设计环节的工程安全问题　工程设计环节的工程安全问题主要与工程技术人员的工程伦理、职业道德、职业素养以及专业能力等有关。所进行的工程设计必须要遵守相关的设计规范。例如，加拿大的魁北克大桥，第一次建造时，由于大桥工程设计师的过分自信，忽略了桥梁重量的精确计算，导致桥梁自重过大使桥身无法承担而发生了大桥垮塌事故，造成 75 人遇难。图 3-29 所示是魁北克大桥垮塌情景。

图 3-28　三门峡水利枢纽

图 3-29　魁北克大桥垮塌

当然，工程设计环节上的工程安全问题也有可能是不可预测的外部因素造成的。例如，宜万铁路有 34 座高风险的岩溶隧道，其中一些风险性因素也是设计中没有预料到的，在工程施工中出现了数起隧道施工突水、突泥事故。

（3）工程建造环节上的工程安全问题　工程建造环节是工程安全的关键环节，该环节主要涉及的是工程安全管理问题和工程质量问题，这些将直接导致建造及使用过程的工程安全风险。工程建造过程中，由于工程施工的违法违规、工程监管不力，或者施工方案不科学、不按安全施工标准施工、不按技术标准规范操作、材料质量不合格等问题，都会造成工程安全事故，造成人员及财产损失。例如，1913 年加拿大魁北克大桥的建设重新开始，然而不幸的是悲剧再次发生。1916 年 9 月，中间跨度最长的一段桥身在被举起的过程中突然掉落塌陷，结果 13 名工人被夺去了生命。事故的原因是举起过程中一个支撑点的材料指标不合格造成的（见图 3-30）。

（4）工程使用环节的工程安全问题　工程使用环节的安全问题主要与工程质量、恶劣的服役环境、意外的自然灾害或者不按照工程安全使用规范使用等有关。例如，2011 年 3月 12 日，受地震、海啸的影响，日本福岛核电站受到破坏，导致了放射性物质泄漏事故的发生（见图 3-31）。

图 3-30　魁北克大桥第二次垮塌

图 3-31　日本福岛核电站放射性物质泄漏

工程使用也就是工程产品或作品的使用，该环节是出现工程安全问题最多的环节，也是与人们生活关联最重要的环节。3.1 节列举了一些工程使用环节出现的安全事故问题，由此可知，该环节出现的安全事故不仅仅会造成直接的人财损失，还会对社会造成巨大的影响，有些安全事故的危害甚至会延续几年到几十年。该环节发生的工程安全事故有可能是工程的各个环节安全风险、隐患的集中爆发，所以，作为工程技术人员要具有工程安全意识、社会责任意识，在工程的每一个环节都要把好安全质量关。

3.2.2　工程安全管理

工程安全涉及人们的健康和生命财产，不是仅靠人们的道德、伦理所能解决的，必须采用法律法规来约束人们的行为，保证工程安全。所以，一方面要加强宣传，树立工程安全意识，加强企业安全文化建设；另一方面要建立相应的法律法规。

1. 工程安全文化

工程安全文化落实在企业中，也就是企业的安全文化。企业安全文化建设，要紧紧围绕着一个中心、两个基本点进行。所谓一个中心就是以人为本，两个基本点就是安全理念渗透和安全行为养成。企业安全文化建设要内化思想，外化行为，不断提高企业员工的安全意识和安全责任，把"安全第一"变为每个员工的自觉行为。由于理念决定意识，意识决定行为，因此必须要抓好企业员工的安全理念渗透和安全行为养成。可以采用悬挂安全横幅、张贴安全宣传标语和宣传画、编排安全宣传板报（见图 3-32）、发放安全宣传资料、定期播放安全教育宣传片、讲述安全知识、张贴安全职责、明确安全操作规程等多种形式，制造环境氛围，灌输

图 3-32　企业安全宣传板报

安全知识，将安全文化作为企业文化的重要组成部分，变成企业员工的自觉行动。

2. 建立安全法制

为了保证工程安全、工程质量，国家出台了一系列的法律法规以及相应的工程标准。企

业不仅要宣传、组织学习这些法律法规和工程标准，更要建立企业的工程安全管理机制，建立相关的制度、规则以及企业标准，建立工程安全生产的法制秩序，规范企业领导、工程技术人员、企业员工每个人的安全行为，使工程安全工作有法可依、有章可循，落实到工程的每一个环节。

3. 落实安全责任

要将工程安全责任逐层逐级落实，工程安全管理的基本原则就是谁主管谁负责，管生产必须管安全等。企业应逐级签订工程安全（安全生产）责任书，明确安全责任、措施、奖罚办法等，使企业员工每个人都应该明确自己的安全责任，约束自己的行为，将安全变为企业员工的自觉行动。

4. 安全投入

安全投入是安全生产的基本保证。安全投入包括人员投入和资金投入。因为有关工程安全的各种宣传、培训等都需要有人来组织和实施，都需要资金。

5. 安全科技

要加大安全科技投入，运用先进的科技手段来监控安全生产过程。要把自动化、信息化等先进设备、先进技术应用到安全生产管理中。图 3-33 所示为企业安全视频监控平台。

图 3-33　企业安全视频监控平台

3.2.3　工程风险防范

任何一个工程都有一定的工程安全风险，结合 3.2.1 提出的工程环节中可能出现的工程质量问题，要采取相应的措施，降低工程风险，避免工程安全事故的发生。

（1）**工程决策与计划环节的风险防范**　首先要提高决策者的理论知识水平，提高决策者的预见能力和洞察力。较强的预见能力和洞察力，需要决策者的智慧、思维水平、知识素养以及工程经验的不断积累与提高。要想避免工程决策、规划环节上的风险，就需要在决策中把科学性、民主性结合起来，对风险进行评估，确定什么样的风险是可接受的，多听取各方面专家、有经验者的意见和建议，借助别人的预见和洞察力，有利于形成科学决策，避免决策风险。

（2）**工程设计环节的风险防范**　工程设计环节的风险主要来自于设计单位和设计人员的责任意识与专业水平，而重要的是责任意识。设计单位与设计人员要严格遵守相关工程设计规范与技术标准，严格按照设计程序对设计图样、文件进行审核。设计人员对曾经发生过的工程安全事故要进行分析，弄清事故发生的原因及其相互关系，提出预防类似工程安全事故发生的措施，提高设计人员的技术水平。加强设计人员的职业道德、工程伦理教育，增强设计人员的责任感与使命感，对于降低设计环节的工程安全风险是十分有效的。

（3）**工程建造环节的风险防范**　降低工程建造环节的工程安全风险是至关重要的。防范建造环节的工程安全风险，必须使工程建造过程中的所有人员具有强烈的工程质量意识和安全意识，并通过规范的管理和质量监理，防止工程质量问题与安全风险的出现。要建立健全各项建造、施工质量和安全管理的规章制度，确定科学的施工方案，严格按照技术规范和标准施工，保证施工材料的质量合格。要加强从业人员的岗位培训，特别是一些特殊岗位从业人员的培训与考核，例如焊接操作人员、电工电气人员、起重人员等。要加强工程质量的监理，对建造、施工的全过程进行检查、监督和管理，消除影响工程质量的各种不利因素，使工程质量满足质量标准要求。对有可能发生的工程安全事故进行预测，提出消除安全隐患的方法与措施，避免工程事故的发生。图 3-34 所示是工程施工现场进行焊缝超声波探伤检测。

（4）**工程使用环节的风险防范**　防范工程使用过程中的安全风险，首先是要求使用者能够善于及时发现工程产品中可能存在的质量问题，提出相对的方法和措施，及时消除隐患，同时要追究建造者的责任；其次是使用者对工程产品的使用环境，如地质条件、气候条件、水文情况等有充分的了解，并能够进行科学的分析，对可能引起工程产品发生的安全事故做出预判，并采取有力的措施进行防范；最后就是要规范使用工程产品，按照工程产品的使用要求，包括环境要求、性能指标等使用工程产品，并定期开展规范的检测、维护与保养。图 3-35 所示是采用声发射检测技术、金属磁记忆技术、超声波技术等多种技术组合，定期对服役期间的压力容器进行快速检测。

图 3-34　焊缝超声波探伤检测

图 3-35　对压力容器进行定期检测

3.3　焊接生产的安全防范

安全生产是工程安全中重要的组成部分，在不同工程的建造或生产过程中，由于采用的制造手段、工艺方法不同，其安全隐患也不同，所采取的安全防范措施也不同。本节以制造领域常用的焊接生产为例，介绍产品制造过程中的安全生产。

3.3.1　焊接生产

焊接是指通过加热或加压，或者既加热又加压的方法，使分离材料产生原子或分子间的结合力而形成一体的连接方法。

焊接属于机械制造工艺中的一种，通过焊接使分离的工件连接在一起，制造出所需要的工程结构。在焊接制造过程中要保证产品的外形尺寸及使用性能。

焊接的方法有很多，电弧焊是目前工业生产中应用最广泛的方法之一，也就是人们常说的"电焊"。电弧焊就是利用电弧加热工件，使工件连接部位产生局部熔化、冷却结晶形成固体焊缝，实现连接的方法。

所谓电弧就是两个电极（图 3-36 中的焊条与工件）之间的气体介质发生电离而形成带电粒子，在电场作用下带电粒子发生定向移动产生电流，同时产生光和热，形成了可见的焊接电弧。焊接电弧的特点是低电压、大电流，产生的热量足以用于熔化金属材料，因此被作为焊接热源得到广泛的应用。

由于焊条长度的限制，不能实现自动焊，人们又发明了连续焊丝送进的气体保护电弧焊，例如，CO_2 气体保护电弧焊，简称 CO_2 焊接。CO_2 气体是保护气体，采用保护气的目的在于提高焊缝质量，减少焊缝加热作用带宽度，避免焊缝及工件氧化。图 3-37 所示为采用机器人 CO_2 焊接生产的场景。

图 3-36　焊条电弧焊　　　　　　　　　图 3-37　机器人 CO_2 焊接

除此之外，还有氩弧焊、等离子弧焊、氩气保护熔化极电弧焊等多种电弧焊接方法。

焊接生产是指采用焊接工艺把毛坯、零件和部件连接起来制造成焊接结构产品的过程。焊接结构产品主要包括大型球罐、全焊钢桥、加氢反应器等，更多的是最终产品的主要部件或零件，例如全焊船体、汽车车体、工程机械（起重机械、挖掘机等）的金属结构、压力容器的承压壳、电站锅炉的锅筒等，还有人们生活中常用的自行车、不锈钢保温杯等。

在焊接生产的工厂中，承担焊接加工的车间，如金属结构车间、装焊车间、总装车间等是工厂的主要焊接生产车间。图 3-38 所示是钢箱式桥梁分段预制焊接生产车间。港珠澳大桥是国内首个大规模使用钢箱梁的外海桥梁工程，钢箱梁的用钢量超过 42 万 t。钢箱梁采用分段预制，预制好的钢箱梁到现场最终完成拼装焊接。这样就使得钢箱梁制造工作量的

90%都在生产车间完成，实现了大型化、标准化、工厂化、装配化的大型桥梁建设理念。港珠澳大桥的分段钢箱梁长度超过130m，宽度约33m，质量接近3000t。图3-39所示是港珠澳大桥预制段海上吊装的场景。

图 3-38　桥梁预制焊接车间

图 3-39　钢箱梁海上吊装

3.3.2　焊接生产的主要危险源

"安全第一，预防为主"是我国安全生产的方针，当然也是焊接生产的安全生产方针。在焊接生产过程中的安全生产主要是保护劳动者人身安全和健康。这就需要弄清在焊接生产过程中，可能造成焊接安全或者影响劳动者健康的危险源是什么，在什么情况下，有可能发生焊接安全事故，也就是焊接生产中的危险源识别。

焊接生产车间的主要设备有各类焊机、工装夹具、焊接机器人、吊车、叉车等。通过对工艺及设备分析，焊接生产车间的主要危险源和有害因素及可能造成的安全事故或伤害见表3-1。

表 3-1　焊接生产车间的主要危险源和有害因素及可能造成的安全事故或伤害

危险源和有害因素	可能造成的安全事故或伤害
乙炔、电石、压缩氧气、纯氧	爆炸、火灾
焊接电源、连接电源的焊接装备、工具	触电、火灾
电弧、焊渣、飞溅	灼伤、火灾
密闭容器或狭小空间焊接作业	触电、急性中毒
焊接烟尘、电弧光	尘肺、气管炎、锰和 CO 中毒、电光性眼炎等
放射性	皮肤疾病、血液疾病
噪声	耳聋
操作强迫不适体位、热辐射	腰肌劳损、脊椎损伤
各种移动机械（吊车、机器人、车辆、移动焊机等）	机械撞击人体伤害
高空作业	高处坠落、高处坠物

这里最容易出现的伤害是触电伤害。由于各类焊机、焊接机器人、电葫芦都是由电来驱动的，在工人接触这些设备时，由于设备、线路故障或者工人的误操作，易导致触电事故的发生。其具体危险因素有：

（1）**电弧焊机** 例如焊条电弧焊时，人体的某一部位接触到焊钳、焊条的导电部分；人体的某一部位碰触到裸露而带电的接线头、接线柱、连接板和破损并裸露的电缆；电焊机受潮，绝缘水平降低，电焊机外壳漏电，外壳又无接地或接零，人体的某一部位碰触到电焊机外壳。这些都有可能会发生触电事故。

（2）**焊接机器人** 焊接机器人工作中用的是高压动力电，维修人员在检修过程中如果操作或者防护不当可能会发生触电或电击事故。图 3-40 所示是机器人电阻点焊图片。

（3）**电焊机内冷却水泄漏** 很多焊机都是采用水冷却散热的，如果电焊机内的冷却水泄漏，将导致焊机外壳带电，也可能发生触电事故。

再有就是焊接烟尘（见图 3-41）对人体健康的危害。在焊接时，会产生大量的有害烟尘，烟尘的主要成分有铁、锰、铝、铜、氧化锌、硅等，其中主要的毒性物质是锰。焊工长期吸入这些金属粉尘，会引起尘肺、锰中毒等职业病。

105

图 3-40 机器人电阻点焊

图 3-41 焊接烟尘

另外，高温电弧使金属熔化、飞溅，很容易使人受到灼烫伤害；焊接中为去除焊渣而敲击焊缝时，未全部冷却的焊渣很容易溅入眼睛；电弧辐射会灼伤眼睛；焊接工件放置不稳会造成砸伤；检修登高作业时不加强防护可能会造成高处坠落等。

3.3.3 焊接生产的安全防范

针对焊接生产车间的危险源，应该采取必要的安全防范措施，尽量避免伤害。

（1）**用电安全** 必须采用可靠的技术措施，防止触电事故发生。绝缘、安全间距、漏电保护、安全电压、遮拦及阻挡物等都是防止直接触电的防护措施。保护接地、保护接零是间接触电防护措施中最基本的措

「电焊作业
安全常识」

施。所谓间接触电防护措施，是指防止劳动者人体各个部位触及正常情况下不带电、在故障下才变为带电的电气金属部分的技术措施。

为了保证焊接操作者的用电安全，国家及有关行业、企业制定了一系列的用电安全、焊接设备安装与使用安全、焊接操作安全等标准，对于用电和设备安装、维护、使用以及焊接操作都做了详细的规定，以保证焊接操作者的安全，以及焊接生产的安全。作为焊接生产的管理者、焊接操作者都必须熟悉相关标准，严格按照有关标准进行安全焊接生产。

在焊接生产车间中常用的防触电安全措施有以下几个方面：

1）从事焊接管理与焊接操作的人员，均要严格遵守安全操作规程；焊接操作人员佩戴必需的安全防护用品，如符合安全要求的焊工防护服、绝缘鞋、绝缘手套等，以保证焊接生产的安全。

2）在通风条件较差、空间较狭小的容器或舱室内进行焊接时，应派设监护人员；要尽量保持舱内通风良好，严禁将漏电的焊枪或割枪带入舱内，防止触电事故发生。

3）夏天施焊时，为了减少焊工大量出汗，应注意连续焊接操作时间，轮换工作；对于自然通风不良的场所，应配置必要的机械通风设备；如遇雨、雪天，应采取必要的安全措施。

4）禁止在带电的设备与容器上进行焊接，若必须焊接时，要采取充分安全措施。

5）禁止在无人监护及无绝缘脚垫的情况下，在锅炉、压力容器、管道、狭小潮湿的地沟内焊接。

6）带电的情况下，不能将焊接电缆搭在肩上或将焊钳夹在腋下去搬弄焊件。

7）电焊机禁止在没有良好可靠的接地或接零的情况下使用，以防焊机漏电而造成触电事故。

8）定期对焊接设备、电缆、工具等进行检查，清除安全事故隐患；电焊机的接线、安装、检查和修理等工作需由电工进行，焊工不得擅自拆装。

9）禁忌在带电的情况下进行拆装焊机一次侧电源接头、改变二次侧连接板进行焊接电流粗调节、检修焊机故障、更换熔断器等操作。

10）遇到有人触电时，不得赤手去接触，应先迅速将电源切断。

任何一个焊接生产场地、车间、工程都必须有明确的、详细的安全管理规则，并且悬挂在显著位置，使所有工作人员具有高度的安全意识。

（2）焊接车间的防火和防爆　由于焊接飞溅引起的火灾，有可能造成很大的人员伤亡和财产损失，因此必须引起足够的重视。要求焊接生产场地达到安全标准要求，对焊接操作人员进行防火安全和灭火装置及器具使用培训。众所周知，发生燃烧有三个条件：氧和氧化剂、可燃物质、引火源。第一个条件很容易达到，因为空气中存在着氧。而焊接飞溅（见图 3-42）、电火花和生产中常使用的氧乙炔切割火焰（见图 3-43）等都是火源，所以焊接生产场地存在着易燃物质是非常危险的。防止燃烧的三个条件同时存在即是防火和灭火的理论根据。

焊接时物质形态发生变化，当这种变化发生于瞬间，而且释放大量的能量和大量的气体，使周围气压猛烈升高和产生巨响则是爆炸。爆炸具有很大的破坏性，应当极力避免。焊接生产中，经常会用到乙炔、压缩纯氧等易燃易爆物，因此必须了解乙炔、压缩纯氧等燃爆特性，了解氧气瓶、乙炔气瓶等安全使用技术和要求，正确使用氧气、乙炔气等，防止事故发生。

图 3-42 焊接飞溅

图 3-43 氧乙炔切割火焰

3.3.4 焊接生产的劳动防护

焊接生产中的弧光、焊接烟尘、噪声等对焊接工作者的健康有很大影响，需要通过劳动卫生保护加以防护。首先是对焊接烟尘的防护，焊接过程中产生的焊接烟尘都会对人体健康造成伤害；其次是弧光的防护，防止弧光对人的眼睛、皮肤的伤害；再有就是对焊接噪声的防护，焊接生产中的噪声主要来自等离子弧切割、碳弧气刨、风铲、大锤击打工件和钢板等；还有就是一些电弧焊引弧是采用高频电路引弧，从而会产生高频电磁辐射，也必须加以防护。

1. 污染源的控制

焊接过程中产生的弧光、焊接烟尘、噪声等，也可以称为污染源。焊接中产生的污染源和程度取决于焊接方法、工艺、设备及操作者的技术能力。

（1）选择合理的焊接工艺　不同的焊接工艺产生的污染物种类和程度有很大的区别。在条件允许的情况下，尽量选用产生污染源程度低的焊接工艺，例如，焊条电弧焊时，应尽量选用低尘低毒焊条，以降低烟尘浓度和毒性；在生产工艺确定的前提下，尽量采用机械化、自动化生产，使操作者与施焊部位保持一定的距离。

（2）选用带有环保的一体化设备　在选购电弧焊接设备时，应注重设备的环保性能，多选用配有净化部件的一体化设备。在激光焊接设备选择时，应考虑配套使用的防护装置。

（3）提高操作者技术水平　高水平的焊工在焊接过程中能够熟练、灵活地进行焊接操作，降低焊接污染，与非熟练焊工相比，高水平的焊工在焊条电弧焊时的发尘量可以减少20%以上，焊接速度快且焊接质量好。

2. 传播途径的治理

（1）焊接烟尘及有害气体的控制　焊接烟尘及有害气体的治理在传播途径上的控制方式包括全面通风和局部排风。全面通风也称稀释通风，它是用清洁空气稀释室内焊接空间的有害物浓度，使室内空气中有害物浓度不超过卫生标准规定的最高允许浓度，同时不断地将污染空气排至室外或收集净化，它包括自然通风和机械通风。局部排风是对局部气流进行治理，使局部工作地点不受有害物的污染，保持良好的空气环境。

（2）噪声控制　由于焊接车间的噪声主要为反射声，在条件允许的情况下，车间内的墙壁上应布置吸声材料。根据监测表明，在空间布置吸声材料可降低噪声 30dB 左右。

（3）光辐射的控制　焊接工位周围应设置防护屏。防护屏多为灰色或黑色，防止弧光对焊接工位周围人员的伤害；激光焊接时，焊接工作人员应远离激光焊接工作台，并佩戴防护镜，最好采用专门的激光焊接室，墙体表面采用吸收材料装饰，减少激光的反射，激光焊接时可以采用视频监视方法进行焊接监控。

3. 焊工个人的安全防护

焊工个人的安全防护是指在焊接过程中为保证焊工安全而采取的防护措施。焊工必备的防护用品有焊工面罩、防护眼镜、工作服、手套、脚套、鞋等。

（1）**焊工用面罩**　主要防护眼睛和面部免受紫外线、红外线和微波等电磁波的辐射，也可以避免焊接飞溅对焊工面部烫伤的危害等。焊工面罩有手持式和头戴式两种。面罩和头盔的壳体应选用难燃或阻燃的且无刺激皮肤的绝缘材料制成，罩体应遮住脸面和耳部，结构牢靠无漏光；面罩中的焊接护目镜片应选用符合焊接作业条件的遮光镜片。

（2）**防护眼镜**　在气焊、气割作业时，应选择防辐射的防护眼镜，镜片采用能反射或吸收辐射线，但能透过一定可见光的特殊玻璃制成，主要保护眼睛免受光的辐射；在焊接、切割的准备工作，如打磨坡口、清除焊渣时，应选择专用的防护眼镜，防护镜片可选用钢化玻璃、胶质黏合玻璃或铜丝网防护镜，主要用于防御金属或砂石碎屑等对眼睛的机械损伤。在激光焊接时，采用专门的防护眼镜，防止激光对人眼的伤害。

（3）**焊工工作服**　焊工工作服应根据焊接与切割工作的特点选用，如棉帆布工作服广泛用于一般焊接、切割工作，可以防止焊工在操作中熔化金属溅出被烫伤或体温增高等。工作服的颜色多为白色，可以减少电弧紫外线对人体的损伤。工作服不应潮湿，工作服的口袋应有袋盖，上身应遮住腰部，裤长应罩住鞋面。工作服不应有破损、孔洞和缝隙，不允许沾有油、脂。

（4）**焊工手套**　应选用耐磨、耐辐射热的皮革或棉帆布和皮革材料制成，其长度不应小于 300mm，要缝制结实。焊工不应戴有破损和潮湿的手套，在可能导电的焊接场所工作时，所用的手套应该用具有绝缘性能的材料（附加绝缘层）制成，并经耐电压 5000V 试验合格后方能使用。

（5）**焊工防护鞋**　应具有绝缘、抗热、不易燃、耐磨损和防滑的性能。焊工防护鞋的橡胶鞋底，应经耐电压 5000V 的试验合格后方能使用。如果在易燃易爆场合焊接时，鞋底不应有鞋钉，以免产生摩擦火星；在有积水的地面焊接、切割时，焊工应穿用经耐电压 6000V 试验合格的防水橡胶鞋。

3.3.5　焊接安全与卫生标准

为了保证焊接生产安全，国家颁布了与焊接安全、卫生有关的标准、规程和规定，如《生产过程安全卫生要求总则》（GB/T 12801—2008）、《生产设备安全卫生设计总则》（GB 5083—1999）《弧焊设备　第 1 部分：焊接电源》（GB/T 15579.1—2013）、《弧焊设备　第 5 部分：送丝装置》（GB/T 15579.5—2013）、《弧焊设备　第 7 部分：焊炬（枪）》（GB/T 15579.7—2013）、《弧焊设备　第 11 部分：电焊钳》（GB/T 15579.11—2012）、《弧焊设备　第 12 部分：焊接电缆耦合装置》（GB/T 15579.12—2012）、《弧焊电源防触电装置》（GB/T

10235—2012）、《焊接与切割安全》（GB 9448—1999）、《气瓶安全技术监察规程》（TSG R0006—2014）等。焊接生产企业必须严格遵守国家颁布的各项法规，保证焊接安全与焊接工作人员的身体健康。

📝 习题与思考题 ·

1. 什么是工程安全？
2. 工程安全与工程之间是什么关系？
3. 通过工程安全案例说明工程安全的危害。
4. 工程安全产生的原因有哪些？哪些是不可预估的？哪些是可以提前防范的？
5. 如何提升工程安全的意识，防范工程安全事故发生？
6. 如何从工程安全中理解工程师的社会责任、职业素养和职业道德？
7. 如何认知工程中的安全危险源？结合危险源应该采取哪些安全防范措施？
8. 如何理解工程安全与健康问题？

第 **4** 章 | 工程法律法规

导 读

　　任何一项工程都必须遵守相关的法律法规，也就是说，工程活动是在法律法规约束下的人类进行改造自然、适应自然的活动。而随着人类工程活动的发展对现有的法律法规又会带来冲击，又会促进法律法规的更新与完善。

　　本章主要介绍法律法规、知识产权、工程标准及其工程应用的基本概念。

4.1　法律法规的基本概念

　　法律法规是指由国家制定或认可，并由国家强制力保证实施的行为规则（规范）。法律法规具有三个构成因素：一是指明规范适用的条件；二是指明该规范允许或禁止的行为；三是指明违反规范的法律后果。

1. 法律

　　法律是国家统治者与管理者为了实现统治并管理国家的目的，制定的行为规则。法律需要经过一定的立法程序，然后颁布实施。我国的法律是由全国人民代表大会和全国人民代表大会常务委员会行使国家立法权，立法通过后，由国家主席签署主席令予以颁布实施。

　　法律包括基本法律和一般法律。基本法律是由全国人民代表大会制定的调整国家和社会生活中带有普遍性的社会关系的规范性法律文件的统称，如《宪法》《刑法》《民法》《诉讼法》等。一般法律是由全国人民代表大会常务委员会制定的调整国家和社会生活中某种具体社会关系或其中某一方面的规范性文件的统称，其调整范围较基本法律小，内容较具体，如《商标法》《文物保护法》等。

2. 法规

　　法规是指国家机关制定的规范性文件，如我国国务院制定和颁布的行政法规，省、自治区、直辖市人民代表大会及其常委会制定和公布的地方性法规。法规具有法律效力。

　　国家的行政法规是国务院为领导和管理国家各项行政工作，根据《宪法》和法律，并且按照《行政法规制定程序条例》规定而制定的政治、经济、教育、科技、文化、外事等各类法规的总称。行政法规多称为条例，可以是全国性法律的实施细则，如《治安处罚条例》《专利代理条例》等。国家行政法规也必须经过法定程序制定，发布行政法规需要国务院总理签署国务院令。国家行政法规的效力仅次于国家《宪法》和法律，高于部门规章和地方性法规。

省、自治区、直辖市人民代表大会及其常委会制定和公布的地方性法规，不得与国家《宪法》、法律、行政法规相抵触。

自 1949 年至今，我国法律法规的数量总数约为 50 万条（包含已失效的法律法规）。

3. 工程涉及的法律法规

工程是以设想目标为依据，应用有关的科学知识和技术手段，将某些现有实体转化为具有预期使用价值的人造产品的过程。在人们的工程实践中必须遵守相应的法律法规。工程中常涉及以下法律法规：

1）法律包括《中华人民共和国环境保护法》《中华人民共和国安全生产法》《中华人民共和国产品质量管理法》《中华人民共和国网络安全法》《中华人民共和国消防法》《中华人民共和国职业病防治法》《中华人民共和国专利法》《中华人民共和国劳动法》等。

2）行政法规包括《中华人民共和国产品质量管理条例》《中华人民共和国计算机信息系统安全保护条例》《工厂安全卫生规程》《化学危险品安全管理条例》《电力设施保护条例》《互联网信息服务管理办法》《缺陷汽车产品召回管理条例》等。

3）部门规章包括《企业安全生产规定》《产品质量检查规定》《重大事故报告和调查程序规定》等。

4. 法律法规的作用

法律法规就是要规范人们在社会活动、工程活动中的思想和行为，具有以下作用：

（1）法律法规的明示作用　法律法规以法律条文的形式明确告知人们，什么是可以做的，什么是不可以做的；哪些行为是合法的，哪些行为是非法的；违法者将要受到怎样的制裁等。这一作用主要是通过立法和普法工作来实现的。法律所具有的明示作用是实现知法和守法的基本前提。

（2）法律法规的预防作用　法律法规可以有效减少甚至避免人们违法违规行为的出现。预防作用主要是通过法律法规的明示作用和执法的效力以及对违法行为进行惩治的力度来实现的。法律法规的预防作用是通过人们在日常的具体活动中，根据法律法规来自觉地调节和控制自己的思想和行为，从而达到有效避免违法和犯罪现象的发生。

（3）法律法规的校正作用　也称为法律法规的规范作用。这一作用主要是通过法律的强制执行力来机械地校正社会行为中所出现的一些偏离了法律轨道的不法行为，使之回归到正常的法律轨道。例如，对于触犯了法律的违法犯罪分子所进行的强制性的法律改造，使之违法行为得到强制性的校正。

（4）法律法规具有扭转社会风气、净化人们心灵、净化社会环境的社会效益　利用法律法规可以理顺、改善和稳定人们之间的社会关系，提高整个社会运行的效率和文明程度。法制社会必是一个高度秩序、高度稳定、高度效率、高度文明的社会，这也是法制的最终目的和最根本性的作用。

5. 法律法规的工程应用案例

工程活动的全过程都必须依法依规。本书第 2 章的工程与环境保护、第 3 章的工程安全中给出了相关工程活动需要依法依规的描述，这里仅通过案例形式说明法律法规对企业生产的产品质量和对消费者利益以及安全生产的重要保障作用。

111

案例 1：汽车质量问题。我国是世界排名第一的汽车产销大国，特别是乘用车已经普及到百姓家庭，但是乘用车的质量问题，长期困扰着许多用户。为此，我国出台了《中华人民共和国产品质量管理法》《缺陷汽车产品召回管理条例》等一系列法律法规，以严格控制汽车产品的质量。

2015 年 3·15 晚会上，某品牌汽车因变速器问题被曝光。根据车主描述，车辆在正常行驶过程中，会突然发生失去动力、发动机熄火以及倒车失灵的情况，对日常使用带来了极大的安全隐患。经过车主向汽车企业总部反映后，被官方推脱告知是由于车主开车时太着急所导致……这就严重违反了相关法律法规，侵犯了消费者的权益。问题被曝光后，企业总部当晚加急发表公文，向消费者表示歉意，随后在当月 19 日开始召回问题车型，共计 36000 多辆。据企业官方宣称，对于召回范围内的部分车型，由于在某种使用的情况下，可能会产生变速器故障灯亮，并出现换档性能下降、变速器噪声等问题，相关故障是因变速器软件不匹配导致。企业将为涉及范围内所有车辆进行免费检测并进行软件升级，以优化自动变速器的性能，解决存在的问题。

安全生产是企业发展的头等大事，我国制定了《中华人民共和国安全生产法》《工厂安全卫生规程》《化学危险品安全管理条例》等法律法规，以保证安全生产。安全就是企业的生命，是生产经营的基础。在生产作业中只有提高安全生产意识，增强安全生产的责任感，及时消除事故隐患，才能最终实现安全生产无事故。安全是把双刃剑，你遵守它的规则，它就会保护你；违背它的规则，你就会付出血的代价。

案例 2：安全生产问题。2014 年 8 月 2 日上午 7 时 37 分，江苏昆山市某公司汽车轮毂抛光车间发生爆炸，造成 75 人死亡，185 人受伤。发生爆炸的抛光车间为两层厂房，面积 2000m²，爆炸造成车间房顶约 3/4 的彩钢板掀起，窗户全部碎裂。一层南墙部分倒塌，东墙中部外墙被炸出两个大洞，几台重型设备位移，设备的一部分位移到车间外。二层东墙部分倒塌。图 4-1 所示为汽车轮毂抛光车间的照片。

a) b)

图 4-1 汽车轮毂抛光车间

a) 工人工作情况 b) 事故后车间的航拍照片

事故结果分析表明，该事故为除尘系统设计不合理和粉尘清扫不足而产生的抛光粉尘爆炸事故。事故车间的除尘系统设计不符合国家强制标准，造成车间内粉尘浓度高；车间建筑设计也不符合国家现行的相关标准；车间内设备排布及安全通道也存在不合理问题。多种违规设计、操作的组合，造成了事故的发生。如果各个环节都能严格按照相关的法律规范执行，是完全可以避免此次事故发生的。

4.2　机械制造工厂的法律法规

任何一个工程领域在工程设计、工程施工、产品制造、生产管理等方面都有系列的法律法规。本节以机械制造工厂为例，介绍关于工厂环境、安全生产、工人健康等方面的法律法规，使读者对法律法规有关细节及工程应用有一个初步的了解，从而理解工程中法律法规的作用。

4.2.1　环境和职业健康安全管理体系标准

环境保护和职业健康安全（简称环保和安全）是机械制造工厂必须要关注的问题之一，需要根据有关法律法规进行管理。

为了提高工厂的环境保护和安全生产管理水平，国内外通行的做法是依据相关的法律法规构建企业的环境、职业健康、安全生产管理体系。例如，依据 ISO 14001/OHSAS 18001 标准（标准的概念将在 4.4 节中介绍），构建环境管理体系（EMS）/职业健康安全管理体系（OHSMS），实施标准化的管理，进而通过 EMS/OHSMS 认证，保证管理体系的建立和有效运行。环境及安全管理体系的规范名称及依据的认证标准见表 4-1。

表 4-1　环境及安全管理体系的规范名称及依据的认证标准

序号	管理体系		依据的认证标准		
	代号	名称	代号		名称
			国际标准	中国标准	
1	EMS	环境管理体系	ISO 14001：2015	GB/T 24001—2016	环境管理体系 要求及使用指南
2	OHSMS	职业健康安全管理体系	OHSAS 18001：2007	GB/T 45001—2020	职业健康安全管理体系要求

ISO 14001 标准和 OHSAS 18001 标准是实施 EMS/OHSMS 的依据和基础。两个标准的条款结构完全相同，条款要求也极为相似，非常适合同步实施，建立 EMS/OHSMS 一体化体系，如图 4-2 所示。

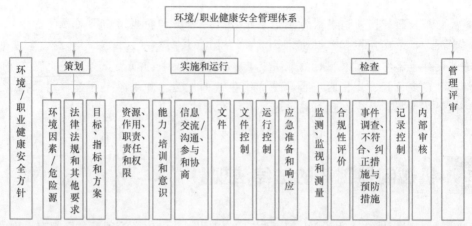

图 4-2　由两个标准（ISO 14001/OHSAS 18001）条款构成的环境/职业健康安全管理体系

图 4-3 所示是未采取环境保护的焊接生产车间与采取了环境保护的焊接生产车间对比图。图 4-4 所示是采用环境保护管理的花园式厂区的图片。通过实施环境保护措施，改善了企业的生产环境，保证了工人的健康，也促使了生产效益、产品质量的提升。

a)　　　　　　　　　　　　　　　　b)

图 4-3　焊接生产车间

a）未采取环境保护　b）采取了环境保护

a)　　　　　　　　　　　　　　　　b)

图 4-4　花园式厂区

a）三一重工集团厂区　b）昌河航空工业制造厂区

4.2.2 环境因素/危险源的类别及控制途径

在机械制造工厂里执行有关环境、安全生产的法律法规，必须要弄清影响环境的因素、识别安全生产的危险源，然后根据有关规则（标准）采取相应的措施。

1. 环境因素/危险源的类别、性质

环境因素和危险源分别影响工人的劳动环境和职业健康，甚至会引发环境事故、工伤事故和职业病。环境因素和危险源分别是 EMS/OHSMS 的控制对象，其类别、性质见表 4-2。

表 4-2　环境因素/危险源的类别、性质

环 境 因 素		危 险 源	
类别	性质	类别	性质
产品、服务中的环境因素	有利		
资源、能源节约（消耗、浪费）	有利（害）		
污染因子排放（水、气、尘、渣、噪声、辐射）	有害	作业环境恶劣（气、尘、毒害、噪声、辐射）	有害
紧急、潜在环境因素（火灾、爆炸、泄漏）	有害	紧急、潜在危险源（火灾、爆炸、泄漏）	有害
相关方（可施加影响）环境因素	有害（利）	相关方（可施加影响）危险源	有害
		物的（机、电、装置、建筑、危险品等）不安全状态	有害
		人的不安全行为	有害

2. 环境因素/危险源的有效控制途径

在 EMS/OHSMS 运行中，要综合应用 ISO 14001/OHSAS 18001 标准的"目标、指标和方案""运行控制""应急准备和响应"等三个二级条款，依据"源头预防"→"全程控制"→"末端治理"的清洁/安全生产思路，对环境因素/危险源实施有效控制。具体控制途径有如下几方面：

（1）源头预防　采用节能减排、健康安全的制造技术和装备是从源头控制环境因素/危险源，实现清洁/安全生产的治本之策，具体方法有以下两种：

1）通过技术改造，采用环保/安全的制造技术（示例见表 4-3）。

表 4-3　机械工厂可供采用的环保/安全制造技术

序号	工艺过程	环保/安全制造技术（材料、设备）	被取代技术（材料、设备）	环境效果		安全效果	
				节能降耗	少、无污染	减轻职业危害	安全
1	铸造	长炉龄无（薄）炉衬冲天炉	短炉龄冲天炉	√	√	√	√
		树脂砂造型制芯	黏土砂干型芯		√	√	√
		酯硬化水玻璃砂	CO_2 水玻璃砂	√	√	√	√
		硅溶胶熔模	水玻璃熔模		√	√	√
		铸态球墨铸铁	球墨铸铁热处理	√	√	√	√
		抛丸室清理	风铲清理		√	√	√

（续）

序号	工艺过程	环保/安全制造技术（材料、设备）	被取代技术（材料、设备）	环境效果		安全效果	
				节能降耗	少、无污染	减轻职业危害	安全
2	锻压	热模锻压力机锻造	蒸气、空气锤锻	√	√	√	√
		电液锤锻造	蒸气、空气锤锻	√	√	√	√
		锻造机械手	人工锻钳			√	√
		锻坯中频感应加热	煤、油炉加热	√	√	√	√
		抛丸去除锻件氧化皮	酸洗		√	√	√
3	焊接切割	单面焊双面成形工艺	单面成形焊接	√	√	√	√
		机器人焊接	手工焊接	√	√	√	√
		逆变焊接电源	普通焊接电源	√	√	√	√
		数控切割	手工切割	√	√	√	√
		管道输送燃气	工业气瓶供气	√	√	√	√
4	热处理	可控气氛热处理	空气热处理	√	√	√	√
		真空热处理	盐浴热处理	√	√	√	√
		铸件、锻件余热淬火	加热淬火	√	√	√	√
		水溶性淬火介质	淬火油	√	√	√	√
5	切削加工	数控加工（加工中心）	普通机床加工	√	√	√	√
		水基切削液	油基乳化液	√	√	√	√
6	电镀转化膜	镀锌层低铬无铬钝化	高铬钝化		√	√	√
		低铬酸镀硬铬	高铬酸镀硬铬		√	√	√
		钢铁工件室温氧化工艺	高温氧化工艺	√	√	√	√
7	涂装	钢铁工件室温磷化	高温磷化	√		√	√
		水溶性涂料涂装	溶剂涂料涂装		√	√	√
		粉末涂料涂装	溶剂涂料涂装		√	√	√
		静电旋杯喷涂	普通喷涂	√	√	√	√
		机器人涂装	手工涂装	√	√	√	√
8	装配	水溶性清洗	溶剂性清洗	√	√	√	√
		电磁校平	机械校平	√	√	√	√
		液压铆接	机械铆接	√	√	√	√
		液压定扭矩扳手	气动扳手	√	√	√	√
9	起重	铸造专用起重机（双制动系统）	普通起重机		√	√	√
10	动力	螺杆式空压机	活塞式空压机	√	√	√	√

2）加强设备设施维护保养，确保其完好性。

（2）全程控制　针对重要环境因素/危险源造成危害的可能性大小，分别采用下列两种全程控制措施：

1）制定操作性程序及作业文件，严格控制与重要环境因素/危险源相关的工序。以机械加工为例，既应包括铸造、锻压、焊接、热处理、切削加工、表面保护、装配等生产工序，也应包括检验试验、动力、维修、起重、危险化学品贮存运输等辅助工序。通过全体员工特别是一线操作员工严格按规定操作，杜绝因各种人员的违规行为造成的不良环境/安全后果。

2）针对重要的紧急、潜在类环境因素/危险源，建立并实施应急预案，防止火灾、爆炸、泄漏等突发的环境/安全事故发生。建立并实施应急预案的重点场所有：锅炉房、变电所、空压站、制冷站、供排水系统、液化气站、压力容器及压力管道等动力系统；危险化学品（如柴油、汽油、煤油、甲醇、工业气瓶、油漆稀料、酸碱等）的大量贮存、运输、使用场所；冲天炉、电弧炉、感应电炉、锻坯加热炉、热处理炉等工业炉窑的加热及其循环水冷却系统；大型工件（特别是红热工件、金属液）的起重作业等。

（3）**末端治理**　采用适用有效的环境污染及安全风险治理措施，这是控制"环境因素/危险源"危害的最后一道关口，一般通过采用适用的环境污染物及危险源治理措施及为操作者配发有效的劳动防护用具来实现。

4.2.3　机械工厂的污染物排放类法规及确定排放限值方法

机械制造生产中常见的污染物包括废气污染物、废水污染物、噪声污染物和固体废物。

（1）**废气污染物**　在机械加工行业中最常见的废气污染物主要是切割粉尘、焊接烟尘及喷漆废气等。

（2）**废水污染物**　主要分为生活污水和生产废水两大类。在机械制造行业中，常见的废水主要有喷漆废水、除尘废水和乳化液配制废水等。

（3）**噪声污染物**　机械制造中最常见的噪声源是各种设备（钻、刨、锯、铣、机床等）运行时产生的噪声、喷漆室风机噪声和空压机噪声等。

（4）**固体废物**　机械制造中最常见的固体废物是废边角料、废包装材料、废乳化液、废机油、废棉纱、废活性炭、焊渣和漆渣等。

1. 有关机械工厂的污染物排放类法律法规

《中华人民共和国环境保护法》是环境保护的基本法律，1989 年 12 月 26 日第七届全国人民代表大会常务委员会第十一次会议通过，2014 年 4 月 24 日，第十二届全国人民代表大会常务委员会第八次会议修订。以下各类法律法规均依其制定：

（1）**污染防治法律及法规**　主要包括《中华人民共和国水污染防治法》、《中华人民共和国大气污染防治法》、《中华人民共和国固体废物污染环境防治法》、《中华人民共和国环境噪声污染防治法》、《关于开展排放口规范化整治工作的通知》（规范污染物排放口的法规）等。

（2）**环境质量标准**　主要包括《环境空气质量标准》（适用于所有机械工厂）、《地表水环境质量标准》（污水排入江河湖、水库或污水处理场时适用）、《海水水质标准》（污水直接排入海水中适用）、《声环境质量标准》（适用于所有机械工厂）、《土壤环境质量标准》（适用于所有机械工厂）等。

（3）污染物排放标准　主要包括大气污染的排放标准、水污染物排放标准、噪声污染排放标准以及固体废物贮存、处置污染控制标准等。

1）大气污染的排放标准主要包括：

①《大气污染物综合排放标准》（GB 16297—1996），该标准规定了各种颗粒物（铸造粉尘、焊接烟尘等）、酸雾、苯系物、甲醛等33种污染物的排放限值。国家、地方近几年每年都会更新有关大气污染物排放标准。

② 国家分行业排放标准，共有16个标准，机械工厂一般适用的标准包括：《工业炉窑大气污染物排放标准》（GB 9078—1996），适用于熔炼熔化炉、热处理炉、加热炉、粉末冶金烧结炉、干燥炉窑等；《锅炉大气污染物排放标准》（GB 13271—2001），适用于厂区内的燃煤、油、气锅炉；《恶臭污染物排放标准》（GB 14554—1993），适用于产生恶臭气体的作业场所（水玻璃制壳、渗氮热处理、冷芯盒制芯等）；《电镀污染物排放标准》（GB 21900—2008），规定了铬酸雾、硫酸雾、氯化氢等六种大气污染物及单位产品基准排放量的限值，适用于电镀、阳极氧化、化学氧化、印制电路板等作业现场。

③ 地方排放标准，各个地区（如北京市）根据当地的实际情况，制定有更加严格的大气污染物排放标准。

2）水污染物排放标准主要包括：

① 国家综合排放标准，即《污水综合排放标准》（GB 8978—1996），规定了总铬、六价铬等13种一类污染物，悬浮物、石油类、COD等56种二类污染物的排放限值。

② 国家分行业排放标准，共有15个标准，机械工厂一般适用的标准包括：《电镀污染物排放标准》（GB 21900—2008），规定了总铬、六价铬、总镍、总铜、总锌、pH值、COD等20种水污染物及单位产品基准排水量的限值，适用于电镀、阳极氧化、化学氧化、印制电路板等作业现场；《船舶工业水污染物排放标准》（GB 4284—1984）、《兵器工业水污染物排放标准（火炸药、火工品、弹药装药）》（GB 14570.1~3—1993）、《航天推进剂水污染物排放标准》（GB14374—1993）等。

③ 地方排放标准，很多地区（如北京市、长三角、珠三角）都制定有严格的地方水污染物排放标准。

3）噪声污染排放标准主要包括：

① 国家综合排放标准，即《工业企业厂界噪声排放标准》（GB 12348—2008），规定了五个类别声环境功能区的昼夜噪声限值。

② 国家分行业排放标准，共有四个标准，机械工厂一般适用的标准为《建筑施工场界噪声限值》（GB 122523—1990），适用于工厂内的施工现场。

③ 地方排放标准，少数地区（如北京市）制定有更加严格的厂（场）界噪声排放标准。

4）固体废物贮存、处置污染控制标准主要包括：《一般工业固体废物贮存、处置污染控制标准》（GB 18599—2001）、《危险废物贮存污染控制标准》（GB 18597—2001）。

（4）国家危险废物名录　2008年6月6日环保部和国家发改委联合发布了《国家危险废物名录》，机械工厂应对照名录所列的498种危险废物确定本企业需依法处置的危险废物。

2. 机械工厂污染物排放标准选定及排放限值确定

选定适用的污染物排放标准及其限值的原则和具体步骤是：

（1）选定标准的原则　选定应遵守的排放标准应依据：

　　1）根据所处地区了解有无更加严格的地方排放标准，如有，则优先执行地方标准。

　　2）查阅有无更加严格的国家分行业标准，如有，则次级优先执行分行业标准。例如电镀、阳极氧化、化学氧化、印制电路板等生产现场的水、大气污染物排放就要执行更加严格的《电镀污染物排放标准》；工业炉窑、锅炉、食堂等现场的大气污染物排放要分别执行各自的国家分行业标准。

　　3）没有以上两种情况的生产现场执行国家综合排放标准。

　　（2）确定所选定排放标准中的四个要素　即选定污染物排放标准后，在应用该排放标准时，还要注意综合考虑如下四个重点要素，确定污染物排放限值。

　　1）确定排放级别。依照环境质量标准中的不同环境质量分级及企业具体污染物的排向，确定企业处于何种环境质量功能区及执行哪一级标准。

　　2）注意时间段的规定。我国对新老企业及新老污染源的污水及大气污染物的排放限值要求有所不同。老企业及其污染源给予一定的政策宽限，因而排放标准中规定了不同时间段的界限，时间的分界是以建厂时间，即项目的环境影响评价批复的时间为准。

　　3）在确定排放限值时，要注意规定中是浓度值还是总量超标。

　　4）注意标准中所规定的检测位置。如污水综合排放标准中，一类污染物检测是在车间或车间污水处理设施排放口；而二类污染物检测是在企业污水总排放口。

3. 工业废气、废水、厂界噪声排放的通用要求及排放限值

　　（1）工业废气排放　工业废气排放要满足通用要求和排放限值。

　　1）通用要求主要有：

　　① 排放同类污染物的两个或两个以上的排气筒，若其距离小于其几何高度之和，应合并成一个。

　　② 排气筒高度应高出周围 200m 半径范围内的最高建筑物 5m 以上。

　　③ 无组织排放有毒有害气体的，凡有条件的均应加装引风装置，进行收集和处理。

　　④ 排气筒应设置便于采样、监测的采样口和采样监测平台。

　　⑤ 在排放口规定的位置竖立标志牌。

　　2）排放限值。表 4-4 给出了机械工厂生产场所依据国家综合及相关分行业标准（电镀、阳极氧化、印制电路板等场所除外）确定的大气污染物主要排放场所及排放浓度限值。

　　（2）工业废水排放　工业废水排放要满足通用要求和排放限值。

　　1）通用要求包括：

　　① 凡生产场所集中在一个地点的工厂，原则上只允许设污水和"清下水"排放口各一个，并做到清（雨）污分流。

　　② 对一类污染物的监测，必须在车间或车间废水处理设施排放口设置采样点；对二类污染物的监测，在总排放口设置采样点。

　　③ 采样点上应能满足采样要求。用暗管或暗渠排污的，要设置能满足采样条件的竖井或修建一段明渠。

　　2）排放限值。表 4-5 给出了选用《污水综合排放标准》排向地表水的机械工厂工业废水污染物的主要排放场所及排放浓度限值。船舶、电镀、阳极氧化、印制电路板等选用加严的分行业排放标准或有加严的地方排放标准的工厂不在此列。

表 4-4　机械工厂常见大气污染物的主要排放场所及排放浓度限值

类别及污染因子		排放浓度/（mg/m³） （1997年1月1日前建/后建）			主要排放场所	依据标准
类别	指标因子	一级（自然保护区）	二级（混合区）	三级（特定工业区）		
工艺废气	石英粉尘（游离二氧化硅含量大于10%）	80/60			铸造（砂处理、造型制芯、清理等）、喷砂	《大气污染物综合排放标准》（GB 16297—1996）
	一般粉尘、焊接烟尘	150/120			焊接、打磨、喷丸、磨削	
	苯系物 苯	17/12			涂装、粘接	
	甲苯	60/40				
	二甲苯	90/70				
	酸雾 氯化氢	150/100			酸洗、理化检验	
	硫酸雾	70/45				
	铅烟	0.90/0.70			软钎焊、回流焊、波峰焊	
	甲醛	30/25			树脂砂造型、注塑	
	苯酚	115/100				
	氨	1.0	2.0/1.5	5.0/4.0	水玻璃熔模铸造、热处理（氮化）、冷芯盒制芯	《恶臭污染物排放标准》（GB 14554—1993）
	三乙胺	0.05	0.15/0.08	0.80/0.45		
烟尘	工业炉窑 金属熔化烟尘	100/禁排	200/150	300/200	铸造（熔炼、熔化）	《工业炉窑大气污染物排放标准》（GB 9078—1996）
	加热、热处理烟尘	100/禁排	300/200	350/300	粉末冶金、热处理、锻造、加热、干燥	
	锅炉 颗粒物	燃煤锅炉80/燃油锅炉60/燃气锅炉30			燃煤、油、气锅炉	《锅炉大气污染物排放标准》（GB 13271—2014）
	SO₂	燃煤锅炉400/燃油锅炉300/燃气锅炉100				

表 4-5　机械工厂工业废水污染物的主要排放场所及排放浓度限值

指标	排放浓度/(mg/L)（1998 年 1 月 1 日前建/后建）			主要场所	依据标准
	一级 （排入Ⅲ类水体）	二级（排入Ⅳ、 Ⅴ类水体）	三级（排入污水 处理场）		
pH	6~9			酸洗、磷化、涂装、清洗、机加、铸造、锅炉、锻造、热处理、注塑、试验检验、空压站、食堂、生活等	《污水综合排放标准》（GB 8978—1996）
悬浮物	70	200/150	400		
色度	50	80	—		
COD	100	150	/500		
石油类	10/5	10	30/20		
氨氮	15	25	—		
磷酸盐	0.5	1.0	—		
甲醛	1.0	2.0	5.0		
苯	0.1	0.2	0.5		
甲苯	0.1	0.2	0.5		
二甲苯	0.4	0.6	1.0		

（3）**厂界噪声排放**　厂界噪声排放要满足通用要求和排放限值。

1）通用要求包括：

① 测点选在厂界外 1m，高度 1.2m 以上，与任一反射面距离不少于 1m 的位置。

② 在排放口规定的位置竖立标志牌。

2）排放限值。表 4-6 给出了机械工厂噪声排放的主要场所及厂界噪声限值。

表 4-6　机械工厂噪声排放的主要场所及厂界噪声限值

检测时间	等效声级/dB(A)				主要场所
	Ⅰ（居住、 文教区）	Ⅱ（居、商、 工混杂区）	Ⅲ（工业区）	Ⅳ（交通干线 两侧）	
昼间	55	60	65	70	空压站、铸造（造型制芯、落砂清理等）、冲/剪压、锻造、铆接、切削加工、装配、试验检验、打磨、喷丸、中央空调、除尘通风系统

4. 工业固体废物分类收集、贮存、处理的通用要求

（1）**一般工业固体废物分类收集、贮存、回收、处理的通用要求**　主要包括以下内容：

1）制定并严格实施规范的分类收集、贮存、回收、处理的程序或规章制度。

2）在必要场所设置规范的固体废物分类收集容器，并给出明显标识。

3）集中贮存场所应选在防渗性能好的地基上，并设有防止雨淋及周边排水设施；贮存场所应设置环境保护图形标志，禁止危险废物和生活垃圾混入。

（2）**危险废物处理的通用要求**　主要包括以下内容：

1）对照《国家危险废物名录》法规，确定本企业的危险废物种类、产生场所和产生数量，设置规范的分类收集容器（罐、场）。列入《国家危险废物名录》的危险废物共有 49

121

类、498 种。机械工厂常见的危险废物大类有：

① 废矿物油及含油废物。主要来自切削加工、热处理、设备维修等作业，包括各种废矿物油及油棉纱、油手套等。

② 涂料涂装废物。主要来自涂装作业，包括废漆渣、废油漆桶等。

③ 废酸（碱）液、残渣及污泥。主要来自电镀、阳极氧化、化学氧化、酸（碱）洗、磷化、发蓝、理化检验等作业。

④ 石棉废物。主要来自铸造、锻造、热处理等作业产生的废石棉炉衬、包衬、隔热垫及隔热手套等。

⑤ 含重金属（铬、铜、镍、锌、铅、镉、汞等）废物。主要来自电镀、阳极氧化、化学氧化、热浸锌等作业及印制电路板、镍镉电池、含汞电池、铅酸蓄电池生产。

⑥ 其他危险废物。主要来自废充电电池、废含汞荧光灯管、废硒鼓等。

2）危险废物的集中收集及无害化处置主要采用以下方法：

① 特大型机械工厂可建立相对集中的危险废物填埋场，须经环境影响评价并经环保主管部门批准。

② 中小型机械工厂采用设置危险废物分类收集容器（罐、场）集中分类收集，并通过填报"危险废物转移处置单"，交给当地有资质处置相关危险废物的机构，实现危险废物的无害化处置。

企业的污染物没有按照相关的法律法规进行处理而任意排放会造成严重的污染事件，严重影响人民群众的生命财产安全。

例如，湖南浏阳镉污染事件。图 4-5 所示为该事件中有色金属生产造成的水污染情况。

a)　　　　　　　　　　　　　　　　b)

图 4-5　有色金属生产造成的水污染

a）污染物的排放　b）被污染的河流

湖南浏阳地区被称为"有色金属之乡"，其采选、冶炼、化工等企业多分布于湘江流域，由此导致了严重的重金属污染。2003 年，湖南省浏阳市镇头镇双桥村通过招商引资引进长沙某化工厂，次年 4 月该厂未经审批建设了 1 条炼铟生产线，并长期排放工业废物，在周边形成了大面积的镉污染，进而导致植被大片枯死，部分村民因体内镉超标出现头晕、胸闷、关节疼痛等症状，两名村民因此死亡。2009 年 7 月 29 日、30 日，当地上千名村民因不堪污染之害，围堵镇政府、派出所。事后，与制造污染有关的企业负责人、政府官员等受到刑事追究、停职等处理。

4.2.4　机械工厂的职业健康类法规及作业场所的有害因素限值

机械生产环境恶劣类危险源，也称职业健康危害因素，它的直接后果是危害机械生产加工场所内从业人员的健康甚至诱发职业病。

1. 有关机械工厂作业场所的主要职业健康类法律法规

《中华人民共和国职业病防治法（2016 修正）》（2016 年 7 月 2 日发布）是职业健康基本法律，以下各类法律法规均依其制定。

（1）**职业健康行政法规**　主要包括：《中华人民共和国尘肺病防治条例》（1987 年 12 月 3 日实施）、《使用有毒物品作业场所劳动保护条例》（2002 年 5 月 12 日实施）、《职业病目录》（2002 年 4 月 18 日实施）、《作业场所职业健康监督管理暂行规定》（2009 年 9 月 1 日实施）、《作业场所职业危害申报管理办法》（2009 年 11 月 1 日实施）等。

（2）**职业健康标准**　主要包括：《工业企业设计卫生标准》（GBZ 1—2010）、《工作场所有害因素职业接触限值 第 1 部分：化学有害因素》（GBZ 2.1—2019）、《工作场所有害因素职业接触限值 第 2 部分：物理因素》（GBZ 2.2—2007）、《劳动防护用品配备标准》（2000 年 3 月 6 日实施）等。

2. 机械工厂的主要职业危害因素与职业病

（1）**职业危害因素的性质分类**　其包括：

1）化学性职业危害因素。主要有工业粉尘和工业毒物（简称尘毒）。

2）物理性职业危害因素。主要有噪声、振动、辐射、高温、低温和照明不良。

（2）**机械工厂容易超标的职业危害因素及主要作业现场**　其包括：

1）石英粉尘超标。主要是砂型铸造、熔模精密铸造现场，特别是落砂清理和撒沙结壳作业。

2）噪声超标。主要是空压站（特别是活塞式空压机）、冲/剪压、锻造、铸造、铆接、装配、打磨及某些试验现场（如航空发动机台架试验、铁路机车的水阻试验等）。

3）焊接烟尘超标。主要是锅炉厂、金属结构厂等大规模焊接、空气流动性差的容器焊接的生产现场。

4）砂轮磨尘及一般粉尘超标。主要是喷砂、打磨现场。

5）酸雾超标。主要是大容量酸洗及各种表面处理现场。

6）苯系物超标。主要是无治理措施的涂装现场。

（3）**机械工厂易发的职业病**　其包括：

1）尘肺（硅肺病）。主要是铸工尘肺病和焊工尘肺病。

2）噪声聋。主要发生于冲/剪压、锻造、打磨、铆接及某些试验检验工种。

3）职业中毒。主要有涂装现场的苯系物慢性中毒和电焊工的锰及其化合物中毒。

4）职业性皮肤病。主要有电焊工的电光性皮炎及接触危险化学品工种的皮肤过敏等。

5）职业性眼病。主要有电焊工的电光性眼炎。

3. 化学性职业危害因素控制要求

（1）防尘、防毒的通用要求 主要包括：

1）产生粉尘、毒物的工作场所，其发生源的布置应符合下列要求：发散不同有毒物质的生产过程布置在同一建筑物内时，毒性大与毒性小的应隔开；粉尘、毒物的发生源，应布置在工作地点自然通风的下风侧；如布置在多层建筑物内时，发散有害气体的生产过程应布置在建筑物的上层，如必须布置在下层时，应采取有效措施防止污染上层的空气。

2）产生粉尘、毒物或酸碱等强腐蚀性物质的工作场所，应有冲洗地面、墙壁的设施。车间地面应平整防滑，易于清扫。

3）粉尘、烟尘、有毒有害物质产生量较大的设备设施及管道必须采取有效的密封及治理措施。

4）当机械通风系统采用部分循环空气时，送入工作场所空气中有毒气体、蒸气及粉尘的含量，不应超过规定接触限值的30%。

5）在生产中可能突然逸出大量有害物质或易造成急性中毒或易燃易爆的化学物质的作业场所，必须设计自动报警装置、事故通风设施，其通风换气次数不小于12次/h。

6）有可能泄漏液态剧毒物质的高风险度作业场所，应专设泄险区等应急措施。

7）采用热风采暖和空气调节的车间，其新风口应设置在空气清洁区，新鲜空气的补充量应达到$30m^3/h \cdot$人的标准规定。

8）尘毒作业场所的操作人员应配发有效的劳动保护用具，如防尘口罩、防毒面罩等。

（2）作业场所尘毒有害物质接触限值 尘毒有害物质的主要产生场所及接触限值见表4-7。

表 4-7　尘毒有害物质的主要产生场所及接触限值

种类	作业环境中有害物质		接触限值/（mg/m^3）	主要场所
尘毒	粉尘	矽尘	0.5~1（视 SiO_2 比例）	铸造
		木粉尘	3	木加工
		砂轮磨尘	8	干磨削、打磨
		其他粉尘	8	抛丸、喷砂
	烟尘	焊接烟尘	4	电弧焊接
		锰及其化合物	0.15	
		铅烟	0.03	铸造、波峰焊、锡焊
	酸雾	硫酸及三氧化硫	2	电镀、制版、酸洗、理化检验
		盐酸	7.5	
		铬雾	0.05	
	苯系物	苯	10	涂装、粘接
		甲苯	50	
		二甲苯	100	

4. 作业场所的噪声与振动危害因素控制要求

（1）防噪声和振动的控制要点 控制要点主要包括：

1）具有生产性噪声的车间应尽量远离其他非噪声作业车间、行政区和生活区。

2）噪声较大的设备应尽量将噪声源与操作人员隔开；工艺允许远距离控制的，可设置隔声操作（控制）室。

3）产生强烈振动的车间应有防止振动传播的措施。

4）噪声与振动强度较大的生产设备应安装在单层厂房或多层厂房的底层；对振幅、功率大的设备应设计减振基础。

5）对于机械振动和起重运输的噪声，可分别采用阻尼减振、防止共振、隔声、吸声等措施；对于空气动力噪声，采用消声器消声。

6）噪声严重的作业岗位，操作者应佩戴防声耳罩、耳塞等防护用具。

（2）噪声职业接触限值　噪声职业接触限值见表 4-8。

表 4-8　噪声职业接触限值

接触时间	接触限值/dB（A）（等效声级）	主要场所
5 天/星期，＝8h/天	85	空压站、冲/剪压、铸造、锻造、铆接、切削加工、装配、试验检验、打磨、喷丸、中央空调、通风除尘等
5 天/星期，≠8h/天	85	
≠5 天/星期	85	

表 4-8 中的 dB（A）均为每天 8h 的等效声级，非稳态噪声等效声级的限值应按 8h 计算等效声级；每星期工作 5 天，每天工作时间不等于 8h 的，需计算 8h 等效声级；每星期工作不是 5 天的，需计算 40h 等效声级。

4.2.5　机械工厂的安全生产类法规及工伤、突发事故的防治措施

减少工伤事故产生，特别是杜绝火灾、爆炸、危险化学品大量泄漏等突发事故发生，是机械工厂安全管理工作的重要任务和目标，为此要依据国家安全生产类法规要求，有效控制物的不安全状态、人的不安全行为、紧急潜在火灾爆炸等三类危险源，杜绝、减少工伤和突发事故。

1. 有关机械工厂的主要安全生产类法律法规

《中华人民共和国安全生产法》（2002 年 11 月 1 日实施），是安全生产的基本法律，以下各类法规和标准均依其制定：

（1）应对突发事故类法律法规　包括：《中华人民共和国突发事件应对法》（2007 年 11 月 1 日实施）、《中华人民共和国消防法》（2019 年 11 月 1 日实施）、《中华人民共和国道路交通安全法》（2008 年 5 月 1 日实施）、《建筑设计防火规范》（GB 50016—2014）、《爆炸危险环境电力装置设计规范》（GB 50058—2014）、《防止静电事故通用导则》（GB 12158—2006）等。

（2）消除"物的不安全状态"类法规　包括：《特种设备安全监察条例》（2003 年 6 月 1 日实施）、《起重机械安全监察规定》（2007 年 6 月 1 日实施）、《压力容器安全技术监察规程》（2000 年 1 月 1 日实施）、《气瓶安全监察规定》（2003 年 6 月 1 日实施）、《危险化学品安全管理条例》（2002 年 3 月 15 日实施）、《机械工业部电气安全管理规程》（1987 年 1 月 1 日实施）等。

（3）消除"人的不安全行为"类法规 包括：《关于特种作业人员安全技术培训考核工作的意见》（2002年12月18日实施）、《劳动防护用品的配备标准》（2000年3月6日实施）、《焊接与切割安全》（GB 9448—1999）、《冲压车间安全生产通则》（GB 8176—2012），以及涂装作业安全规程系列国家标准（GB 7691—2003、GB 14444—2006）等。

2. 机械工厂工伤、突发事故危险源及其防治措施

（1）**机械伤害** 机械工厂存在的多种复杂的能量释放及机械运动过程极易造成机械伤害。其主要包括各种冷热加工设备主机、辅助设备、工具、模具、夹具、刃具、物流设备及被加工或装配的工件，在运转时直接与人体接触引起的卷绕和绞缠、卷入和碾压、挤压、剪切和冲撞、飞物打击、重物坠落打击、切割、戳扎和擦伤、跌倒和碰撞等伤害，其中尤以冲裁操作的剪切断指伤害，切削加工的卷绕和绞缠伤害，飞物打击，起重、铸造、锻造、装配等作业的碰撞，重物坠落砸伤等较为常见。其主要防治措施如下：

1）采用安全设计方法和人机工效学方法设计各类加工设备、辅助设备、工具、模具、夹具、刃具及车间、生产线布局，确保机械及生产线的本质安全。

2）采用合理、可靠的安全装置、故障报警装置、连锁装置及急停装置，规避设备可能产生的意外不安全。

3）制定并严格遵守操作规程、作业指导书，并制定应急预案。

例如，机械压力机。图4-6所示的机械压力机是最容易发生机械伤害的设备之一，因此机械压力机上采用了多项安全措施。首先，要确保机械压力机本身安全，其离合器动作要灵敏可靠、无连冲；制动器工作可靠，与离合器相互协调且联锁；脚踏开关应有完备防护罩且防滑；传动件外露部分的防护装置要齐全可靠；紧急停止按钮灵敏、醒目。其次，压力机必须配备安全起动装置及紧急停车装置，以保证操作者的肢体进入危险区时，离合器不能结合或滑块不再继续下行；只有当操作者的肢体完全退出危险区后，压力机才能起动。安全起动装置的形式很多，光电安全装置是应用最广、较为先进的一种。此外，手推式安全保护装置（适用于小型压力机）、双手起动开关（适用于单人操作的压力机）及电磁手取件（适用于小型工件）应用也较广泛。

图4-6 机械压力机

（2）**起重运输伤害** 机械工厂配备有多种起重机械、机械化运输线和厂内机动车车辆，在操作中极易产生由于吊物坠落、吊物挤撞、绳索绞碾、桥式起重机倾翻、突然起动等事故，而造成对人体的碰撞、砸击、挤压、夹击、飞溅烫伤等伤害。图4-7所示是生产车间中桥式起重机吊运工件的图片。

起重运输伤害既存在于独立的物流运输操作中，也存在于铸造、锻压、热处理、包装、装配等主要制造过程中。其主要防治措施如下：

1）机械化运输线及起重机械应采用可靠的安全装置和防护装置（包括各类行程限位、限量开关，门舱联锁保护装置、停层保护装置等）；在相应位置设置可靠的急停开关、缓冲器和终端止挡器等停车保护装置；并在所有外露的、有卷绕碰撞伤人可能的运动构件外，安装防护罩或盖。

图 4-7 桥式起重机吊运工件

2）加强对起重运输机械的维护管理，特别是起重机械的钢丝绳、滑轮与护罩、吊钩、制动器；厂内机动车辆的离合器等关键部件的维护管理。凡吊运炽热金属、易燃易爆危险品的起重运输设备，起升设备应装设两套制动器，关键部件维护应更加严格。

3）制定并严格遵守操作规程、作业指导书，并制定应急预案。起重工正式工作前，必须进行设备点检。

（3）触电伤害　由于机械制造工艺过程及操作环境复杂，常需在潮湿、高温、风吹、日晒、雨淋、腐蚀、撞击等恶劣条件下操作，因此，常易造成触电伤害。事故较多的场所和作业有焊接、热切割、热喷涂、铸造、热处理、电镀、电加工、高能束加工等热加工、特种加工及表面保护作业，在潮湿环境工作的电动葫芦、电动工具等手持电动器具以及分布在户外的低压电气线路。其主要防治措施如下：

1）严格按照国家有关法规、规章、标准建设、配备企业的变配电站、厂内的低压电气线路及所有电路系统，并采取或配备有效的绝缘、屏护和间距、接地和接零、漏电保护装置、电工安全用具等电气安全措施。

2）严格按照国家有关标准配置动力、照明箱（柜、板），使其符合作业环境要求。触电危险性大或作业环境差的生产场所，应采用封闭式箱/柜。

3）所有用电设备及用电操作都应在作业指导书中规定电气安全的有关条款，并严格遵守。对于容易发生触电事故的设备及操作（如焊接、手持电工器具等）应制定专门的更加严格的规定。以电焊操作为例：电焊机必须装有独立的电源开关，并有过载保护装置；焊机电源进线端、一次输出端必须有安全有效的屏保罩；焊机外壳应接地；焊接变压器一、二次线圈间，绕组与外壳间的绝缘电阻要符合要求（$\geq 1\mathrm{M}\Omega$），并有定期测量记录；焊钳必须有良好的绝缘性和隔热能力。此外，电动葫芦手按开关要采用安全电压；手持电工器具要定期检测绝缘电阻。

（4）高温损害与烫伤　高温对人体的影响主要有两个方面：一是高温烫伤，当高温使皮肤温度达 41~42℃ 时，人就会感到灼痛，若温度继续上升，皮肤基本组织会受到损伤；二是高温生理反应，严重时可导致中暑、休克。最严重的高温损害存在于铸造、锻造、焊接、热处理、热喷涂等工艺过程（接近或超过千摄氏度高温）和锅炉、理化检验等过程。在注塑、粉末冶金、电镀、清洗、涂装、磨削等工艺过程也存在一定的高温损害。其主要防治措施如下：

1）高温作业工序，特别是铸造的熔化、炉前处理、浇注、落砂，锻造的工件加热和夹持，焊接的施焊，热处理的装炉、出炉等操作，尽量采用机器人、机械手或其他机械化、自动化装置，减轻操作者劳动强度及减少直接面对高温烘烤的时间。

2）采用隔热防护措施，如用水或绝热材料对高温炉体、工件或操作进行隔热。

3）加强高温作业现场的通风和降温（自然和人工方法）。

4）加强劳动保护，操作者穿戴好防护衣、帽、鞋，供应好防暑降温饮料。

（5）爆炸与火灾　爆炸与火灾，两者之一可以单独发生，也可能同时发生或相互引发。爆炸能诱发火灾，火灾甚至星星之火也可能引起易爆物质爆炸。这类事故虽然发生的频次不高，但一旦发生将是灾难性的，因而应把其视为一种重大危险源，并通过运行控制程序及应急准备与响应程序加以控制。

机械工厂发生爆炸与火灾的重点场所及作业有：易燃易爆危险品的仓储、运输作业；锅炉房、空压站、压力容器及压力管道等场所；电路及用电设备的短路；使用易燃易爆品或产生易燃易爆物质的作业，特别是同时又在高温下的作业（如焊接、铸造、热处理、锻造、热喷涂、涂装、复合材料成形等）。其主要防治措施如下：

1）一些容易产生爆炸与火灾的生产和生活设施及场所，包括易燃易爆化学品仓库、油库、工业气瓶、液化气站、煤气站、制氧站、乙炔发生站、锅炉房、空压站、压力容器、工业管道、木料场所等，都要严格按照国家有关法规、规章、标准建设及管理，制定并严格遵守操作规程、管理制度，并作为安全管理体系的监测、监控重点。

2）严格执行《爆炸和火灾危险环境电力装置设计规范》《防止静电事故通用导则》等国家标准，在有导电性粉尘或产生易燃易爆气体的危险作业场所（如油库、涂装、铸造、复合材料成形等），必须采用密闭式或防爆型的电气设备及可靠的静电屏蔽、接地措施。

3）爆炸、火灾高发场所必须制定严格有效的应急预案，配备有效的自动监视报警系统和消防设备，定期搞好防火防爆演练，相关员工熟知应急措施，熟练掌握应急响应方法。

4.3　知识产权

知识产权，是关于人类在社会实践中创造的智力劳动成果的专有权利。在工程实践中必须要考虑相关知识产权问题，既要通过获得知识产权来保护自己的利益，也要避免工程中的侵权行为。

4.3.1　知识产权概念与范围

知识产权（Intellectual Property），也称知识所属权，是指权利人对其智力劳动所创作的成果和经营活动中的标记、信誉所依法享有的专有权利。

知识产权是指人们就其智力劳动成果所依法享有的专有权利。依照各国法律赋予符合条件的著作者、发明者或成果拥有者在一定期限内享有的独占权利。根据《中华人民共和国民法典》的规定，知识产权属于民事权利，是基于创造性智力成果和工商业标记依法产生的权利的统称。

知识产权本质上是一种无形财产权，他的客体是智力成果或是知识产品，是一种无形财产或者一种没有形体的精神财富，是创造性的智力劳动所创造的劳动成果。它与房屋、汽车等有形财产一样，都受到国家法律的保护，都具有价值和使用价值。有些重大专利、驰名商标或作品的价值也远远高于房屋、汽车等有形财产。

1. 知识产权特征

（1）知识产权的非物质性　知识产权的客体是智力成果或工商业标记，是一种没有形体的财富，是非物质性的。这也是知识产权区别于其他财产权的最主要的法律特征。

（2）知识产权的法定性　知识产权的范围由法律规定，权利人所拥有的知识产权必须通过法律加以确认。

（3）知识产权的专有性　一是知识产权为权利人所独占，没有法律规定或未经权利人许可，任何人不得使用其知识产品；二是同样的智力成果或工商业标记，只能有一个成为知识产权的对象。

（4）知识产权的地域性　知识产权的效力仅限于在其取得法律承认的国家境内有效，即受该国的法律保护。

（5）知识产权的时间性　知识产权只有在法律规定的期限内受到保护，一旦超过法律规定的有效期限，这一权利就自行消失，而其客体就成为整个社会的共同财富，为全人类所共同使用。

2. 知识产权范围

知识产权范围是指知识产权涉及哪些对象。尽管各国相关法规及国际公约对此不尽相同，但目前公认，1967 年缔结的《建立世界知识产权组织公约》（简称《WIPO 公约》）和1993 年签订的《与贸易有关的知识产权协议》（简称《TRIPS 协议》），对知识产权范围的规定最具权威。我国分别于 1980 年 6 月 3 日和 2001 年 12 月 11 日加入《WIPO 公约》和《TRIPS 协议》。

《WIPO 公约》界定的"知识产权"包括：

1）文学、艺术和科学作品。

2）表演艺术家的表演以及唱片和广播节目。

3）人类一切活动领域内的发明。

4）科学发现。

5）工业品外观设计。

6）商标、服务标记以及商业名称和标记。

7）制止不正当竞争。

8）在工业、科学、文学或艺术领域内由于智力活动而产生的一切其他权利。

《与贸易有关的知识产权协议》规定的"知识产权"包括：

1）版权和邻接权。

2）商标权。

3）地理标志权。

4）工业品外观设计权。

5）专利权。

6）集成电路布图设计权。

7）未披露过的信息专有权。

1992 年在东京召开的"国际保护工业产权协会"大会提出将涉及工业的知识产权划分为"创造性成果权利"和"识别性标记权利"。"创造性成果权利"包括发明专利权、集成电路权、植物新品种权、版权、软件权；"识别性标记权利"包括商标权、商号权、其他与制止不正当竞争有关的识别性标记权。

4.3.2 知识产权相关的法律法规

为了保护知识产权，各个国家都采取了法律保护的方法，制定了相应的法律法规。

1. 知识产权制度

制度是指明确界定人们权利义务归属关系的法律系统。知识产权制度是智力成果所有人在一定的期限内依法对其智力成果享有的独占权，并受到保护的法律制度。没有权利人的许可，任何人都不得擅自使用其智力成果。

知识产权制度具有以下特征：

（1）智力成果创造激励制度 其核心是确立知识产权专有性，即知识产权权利人在法律规定的范围内享有对其智力成果的垄断性支配，确认他人使用该智力成果的许可。其主旨在于激励人们开发智力成果的积极性。

（2）主体权利受国家调控制度 其核心是确立知识产权的法定性，即确立国家在知识产权制度中的重要地位和作用，将知识产权的取得、授予和权属争议解决纳入法定轨道。其主旨在于提升知识产权的质量，为知识产权提供法律保障。

（3）权利专用性限制制度 其核心是维持知识产权权利人利益和社会公共利益之间的平衡，对权利人独占性权利加以一定的限制。其主旨在于促进全社会经济、科技、文化等各方面的进步。

（4）权利流转秩序维持制度 其核心是规范知识产权交易（如许可使用、让渡、转让等）流程。其主旨在于维持知识产权流转的良好秩序，促进知识产权的有效利用。

（5）侵权行为阻止制度 其核心是制裁侵权行为，为知识产权提供切实可靠的保障。其主旨在于保护权利人开发知识产权的积极性和拥有的权利，促进社会经济秩序的正常运行。

实施知识产权制度可以起到激励创新，保护人们的智力劳动成果，并促进其转化为现实生产力的作用。它是一种推动科技进步、经济发展、文化繁荣的一种激励和保护机制。

知识产权制度的特点：

（1）知识产权保护对象（客体）不断扩展性 当前，其已由传统的文学艺术作品、专利、商标扩展到商业秘密、集成电路布图设计、植物新品种、数据库和地理标志等。今后，随着经济技术的发展，知识产权保护对象也将不断扩展。

（2）法律法规单行性 至今，尚无一部包罗各类知识产权保护对象的知识产权法典，而采用针对不同知识产权保护对象分别立法。

（3）保护知识产权国际性　知识产权国际保护实际上就是知识产权制度的国际协调。知识产权虽具有地域性特征，但在经济全球化趋势下，知识产权国际保护的发展趋势明显加强，并已取得明显成效。

知识产权是知识经济的一个重要特征，对社会经济发展起到了积极的促进作用。据报道，2018年，中国对外知识产权付费高达358亿美元，已成为全球第四大专利进口国。

世界上最早建立起专利制度的是威尼斯共和国，1474年，威尼斯共和国制定了世界上第一部专利法，并依法颁发了世界上的第一号专利，科学家伽利略在威尼斯共和国获得了扬水灌溉机的20年专利权；英国1624年制定的《垄断法规》是现代专利法的启蒙法规，对各国乃至现在的专利法规的影响都十分深刻，德国法学家J.柯勒曾称之为"发明人权利的大宪章"。

创建于1886年的美国著名品牌"可口可乐"饮料，目前，全球每天有17亿人次的消费者在畅饮可口可乐公司的产品，大约每秒钟售出19400瓶饮料，其商标品牌价值已达到700亿美元。

2. 我国知识产权法律保护制度系统

目前，我国已相继制定和颁布实施了一系列有关知识产权的法律法规，已建立了一套较为完整的知识产权法律保护制度系统。这套保护制度系统是依据《中华人民共和国宪法》，由法律、行政法规、地方性法规、自治条例和单行条例、国务院各部委制定的部门规章、地方性规章、司法解释，以及我国加入的知识产权国际条约构成。

我国已颁布实施的专门的知识产权法律主要有：《中华人民共和国商标法》（简称《商标法》）、《中华人民共和国专利法》（简称《专利法》）和《中华人民共和国著作权法》（简称《著作权法》）。

与知识产权有关的法律主要有：《中华人民共和国民法典》（简称《民法典》）、《中华人民共和国反不正当竞争法》（简称《反不正当竞争法》）、《中华人民共和国保守国家秘密法》（简称《保密法》）和《中华人民共和国环境保护法》（简称《环境保护法》）等。

我国已颁布实施的有关知识产权的主要行政法规有：《计算机软件保护条例》《集成电路布图设计保护条例》《集成电路布图设计保护条例实施细则》《专利法实施细则》《中华人民共和国著作权法实施条例》等。

我国已颁布实施的有关知识产权的司法解释有：《关于办理侵犯知识产权刑事案件具体应用法律若干问题的解释》等。

我国已加入的保护知识产权国际体系主要有：《建立世界知识产权组织公约》《保护工业产权巴黎公约》《保护文学艺术作品伯尔尼公约》《关于集成电路知识产权保护公约》《商标注册国际马德里协定》《保护文学和艺术作品伯尔尼公约》《世界版权公约》《保护录音制品制作者防止未经许可复制其录音制品公约》《专利合作条约》《商标注册用商品和服务国际分期分类尼斯协定》《国际承认用于专利程序微生物保存布达佩斯条约》《国际专利分类斯特拉斯堡协定》《建立工业品外观设计国际分类洛迦诺协定》《国际植物新品种保护公约》《世界贸易组织与贸易有关的知识产权协定》《世界知识产权组织版权条约》《世界知识产权组织表演和录音制品条约》等。

4.3.3 专利权

知识产权可以以专利权的方式获得。专利权是指由国家专利机关依据法律授予专利权人对其所获得专利的发明创造，在一定期限内享有的专有权利。专利权是重要的知识产权，专利权受到《专利法》的保护，《专利法》保护的对象是依法可以取得专利权的发明创造。

1. 专利权分类

（1）发明专利 发明专利是指对产品、方法或者其改进所提出的新的技术方案。

发明专利的特点：①发明是一项新的技术方案，是利用自然规律解决生产、科研、实验中各种问题的技术解决方案，一般由若干技术特征组成；②按照性质划分，发明权利要求有两种基本类型，分为产品权利要求和方法权利要求。产品权利要求包括人类技术生产的物（产品、设备）；③方法权利要求包括有时间过程要素的活动，又可以分成方法和用途两种类型。《专利法》保护的发明也可以是对现有产品或方法的改进。

（2）实用新型专利 实用新型专利是指对产品的形状、构造或者其结合所提出的适于实用的新的技术方案。

实用新型专利与发明专利的不同之处在于：

1）实用新型专利只限于具有一定形状的产品，不能是一种方法，也不能是没有固定形状的产品。

2）对实用新型专利的创造性要求不太高，而实用性较强。

针对实用新型专利对创造性要求不高这一特点，人们一般将其称为小发明、小创造。但是，需要理解的是，对于创造性高的发明创造，只要是符合实用新型的保护客体，也是可以申请实用新型专利的。

实用新型专利中的产品的形状是指产品所具有的、可以观察到的确定的空间形状。对产品形状所提出的技术方案可以是对产品的三维形态的空间外形所提出的技术方案，例如对凸轮形状、刀具形状做出的改进；也可以是对产品的二维形态所提出的技术方案，例如对型材的断面形状的改进。

实用新型专利中的产品的构造是指产品的各个组成部分的安排、组织和相互关系。产品的构造可以是机械构造，也可以是线路构造。机械构造是指构成产品的零部件的相对位置关系、连接关系和必要的机械配合关系等；线路构造是指构成产品的元器件之间的确定的连接关系。产品中的复合层可以认为是产品的构造，例如产品的渗碳层、氧化层等属于复合层结构。

（3）外观设计专利 外观设计专利是指对产品的形状、图案或者其结合以及色彩与形状、图案的结合所做出的富有美感并适于工业应用的新设计。

外观设计专利与发明专利或实用新型专利完全不同，外观设计专利应当符合以下要求：

1）是指形状、图案或者其结合以及色彩与形状、图案的结合的设计。

2）必须是对产品的外观所做的设计。

3）必须富有美感。

4）必须是适于工业上的应用。

通常，可以构成外观设计的组合有：产品的形状；产品的图案；产品的形状和图案；产品的形状和色彩；产品的图案和色彩；产品的形状、图案和色彩。

工业产品外观形状是指对产品造型的设计，也就是指产品外部的点、线、面的移动、变化、组合而呈现的外表轮廓，即对产品的结构、外形等同时进行设计、制造的结果。

工业产品外观图案是指由任何线条、文字、符号、色块的排列或组合而在产品的表面构成的图形。产品的外观图案应当是固定、可见的，而不应是时有时无的或者需要在特定的条件下才能看见的。

工业产品的色彩是指用于产品上的颜色或者颜色的组合，制造该产品所用材料的本色不是外观设计的色彩。产品的色彩不能独立构成外观设计，除非产品色彩变化的本身已形成一种图案。

2. 专利权人类型

（1）**单位**　执行本单位的任务或者主要是利用本单位的物质技术条件所完成的发明创造为职务发明创造。职务发明创造申请专利的权利属于该单位，申请被批准后，该单位为专利权人（有合同约定的，从其约定）。

（2）**发明人或设计人**　非职务发明创造，申请专利的权利属于发明人或者设计人，申请被批准后，发明人或设计人为专利权人。应当着重指出的是，对非职务发明创造专利申请，任何单位或者个人不得压制。

（3）**共同完成单位或者个人**　两个以上单位或个人合作完成的发明创造、一个单位或个人接受其他单位或个人委托所完成的发明创造，除另有协议的以外，申请专利的权利属于完成或共同完成的单位或个人，申请被批准后，申请的单位或个人为专利权人。

3. 授予专利权的条件

（1）**授予专利权的发明和实用新型专利**　授予专利权的发明和实用新型专利应当具备新颖性、创造性和实用性。

1）**新颖性**。新颖性是指该发明或者实用新型不属于现有技术（即该专利申请日以前在国内外为公众所知的技术），也没有任何单位或者个人就同样的发明或者实用新型在申请日以前向国务院专利行政部门提出过申请，并记载在申请日以后公布的专利申请文件或者公告的专利文件中。应当指出，申请专利的发明创造在申请日以前六个月内，有下列情况之一的，不丧失新颖性：

① 在中国政府主办或者承认的国际展览会上首次展出的。

② 在规定的学术会议或者技术会议上首次发表的。

③ 他人未经申请人同意而泄露其内容的。

2）**创造性**。创造性是指与现有技术相比，该发明具有突出的实质性特点和显著的进步，该实用新型具有实质性特点和进步。

3）**实用性**。实用性是指该发明或者实用新型能够制造或者使用，并且能够产生积极效果。

（2）**授予专利权的外观设计**　授予专利权的外观设计应当不属于现有技术；也没有任何单位或者个人就同样的外观设计在申请日以前向国务院专利行政部门提出过申请，并记载在申请日以后公告的专利文件中；与现有设计（即申请日以前在国内外为公众所知的设计）或者现有设计特征的组合相比，应具有明显区别；不得与他人在申请日以前已经取得的合法权利相冲突。应当同申请日以前在国内外出版物上公开发表过或者国内公开使用过的外观设

133

计不相同和不相近似，并不得与他人在先取得的合法权利相冲突。

4. 不授予专利权的申请项目

不授予专利权的申请项目包括：科学发现；智力活动的规则和方法；疾病的诊断和治疗方法；动物和植物品种（动物和植物品种的产品生产方法除外）；用原子核变换方法获得的物质；对平面印刷品的图案、色彩或者二者的结合做出的主要起标识作用的设计；违反法律、社会公德或者妨害公共利益的发明创造；违反法律、行政法规的规定获取或者利用遗传资源，并依赖该遗传资源完成的发明创造。

5. 专利申请的原则

（1）先申请原则 两个以上的申请人分别就同样的发明创造申请专利的，专利权授予最先申请的人。

（2）优先权原则 申请人自发明或者实用新型在外国第一次提出专利申请之日起十二个月内，或者自外观设计在外国第一次提出专利申请之日起六个月内，又在中国就相同主题提出专利申请的，依该外国同中国签订的协议或者共同参加的国际条约，或者依照相互承认优先权的原则，可以享有优先权；申请人自发明或实用新型在中国第一次提出专利申请之日起十二个月内，又向国务院专利行政部门就相同主题提出专利申请的，也可以享有优先权。应当指出，优先权不是自动获得的，申请人要求优先权的，应当在申请时提出书面声明，并且在三个月内提交第一次提出的专利申请文件的副本，否则视为未要求优先权。

（3）一件专利申请只限一项专利原则 一件发明或者实用新型专利申请应当限于一项发明或者实用新型，属于一个总的发明构思的两项以上的发明或者实用新型，可以作为一件申请提出；一件外观设计专利申请应当限于一项外观设计，同一产品两项以上的相似外观设计，或者用于同一类别并且成套出售或者使用的产品的两项以上外观设计，可以作为一件申请提出。

6. 专利权的期限、终止和无效

（1）专利权的期限 发明专利权的期限为20年，实用新型和外观设计专利权的期限为10年，均自申请日起计算。

（2）专利权的终止与无效 有下列情形之一的，专利权在期限届满前终止：①没有按照规定缴纳年费的；②专利权人以书面声明放弃其专利权的。

专利权的无效：自国务院专利行政部门公告授予专利权之日起，任何单位或者个人认为该专利权的授予不符合本法有关规定的，可以请求专利复审委员会宣告该专利权无效。专利复审委员会对宣告专利权无效的请求应当及时审查和做出决定。宣告专利无效的决定，由国务院专利行政部门登记和公告。对专利复审委员会审议后宣告该专利权无效或者维持专利权的决定不服者，可以自收到通知之日起三个月内向人民法院起诉。应当指出的是，被宣告无效的专利权视为自始即不存在。

7. 专利实施的强制许可

有下列情形之一的，国务院专利行政部门根据具备实施条件的单位或个人的申请，可以给予实施发明专利或者实用新型专利的强制许可：一是专利权人自专利权被授予之日起满三年，且自提出申请之日起满四年，无正当理由未实施或者未充分实施其专利的；二是专利权人行使专利权的行为被依法认定为垄断行为，为消除或者减少该行为对竞争产生的不利影响的。此外，在国家出现紧急状态或者非常情况时，或者为了公共利益的目的，国务院专利行

政部门可以给予实施发明专利或者实用新型专利的强制许可；为了公共健康的目的，对取得专利权的药品，国务院专利行政部门可以给予制造并将其出口到符合中华人民共和国参加的有关国际条约规定的国家或者地区的强制许可；一项取得专利权的发明或者实用新型比前已取得专利权的发明或者实用新型具有显著经济意义的重大技术进步，其实施又有赖于前一发明或者实用新型的实施的，国务院专利行政部门根据后一专利权人的申请，可以给予实施前一发明或者实用新型的强制许可；在依据规定给予后一专利权人强制许可的情形下，国务院专利行政部门根据前一专利权人的申请，也可以给予实施后一发明或者实用新型的强制许可。

8. 专利权的保护

（1）**专利权的保护范围**　发明或实用新型专利权的保护范围以其权利要求的内容为准。外观设计专利权的保护范围以表示在图片或者照片中的该产品的外观设计为准。

（2）**专利权的保护方法**　未经专利权人许可，实施其专利，即侵犯其专利权，引起纠纷的，由当事人协商解决，也可以请求管理专利工作的部门处理。不愿协商或者协商不成的，专利权人或者利害关系人可以向人民法院起诉。

（3）**侵犯专利权的赔偿数额**　按照权利人因被侵权所受到的损失或者侵权人因侵权所获得的利益确定。

（4）**专利权的诉讼时效**　侵犯专利权的诉讼时效为 2 年，自专利权人或者利害关系人得知或者应当得知侵权行为之日起计算。

专利是知识经济发展的产物，其发展史已超过 600 年。世界最伟大的发明家爱迪生（1847—1931）一生中获得专利 1300 多项（也有人统计实际上有 2000 多项）。早期，他主要从事发报机方面的研究。他在一重发报机的基础上，先后发明了二重发报机、自动发报机、四重发报机。在门罗公园，他发明了会说话的机器——留声机，以及为人类黑夜带来光明的电灯。他还在原有基础上，改进了电话机、电影摄像机以及蓄电池等。爱迪生的发明是人类一笔巨大的宝贵财富。图 4-8 所示的是爱迪生和他发明的留声机。

135

a)　　　　　　　　　　　　b)

图 4-8　爱迪生和他发明的留声机

a）年轻时的爱迪生（1878 年）　b）爱迪生发明的留声机

联合国世界知识产权组织（WIPO）公布了 2018 年全球企业专利申请数据，在该项数据中，中国华为技术有限公司以 5405 份的专利申请，成为世界上专利申请最多的企业。截至 2017 年 12 月 31 日，华为技术有限公司累计专利授权 74307 件；申请中国专利 64091 件，外国专利申请累计 48758 件，其中 90% 以上均为发明型专利。

始建于 1975 年的微软公司是一家美国跨国科技公司，也是世界 PC（Personal Computer，个人计算机）软件开发的先导，以研发、制造、授权和提供广泛的计算机软件服务业务为主，是《财富》世界 500 强企业。微软公司拥有大量的专利，每年收取的专利使用费超过千亿美元。有分析师估算，微软公司可以从每台安卓手机设备处收取 5~15 美元的专利授权费用，一年从安卓厂商收来的专利授权费就高达 16 亿美元。

近年来我国以发明专利数量为代表的知识产权事业蓬勃发展，据统计，截至 2020 年 6 月底，我国国内发明专利有效量达 199.6 万件，每万人口发明专利拥有量达到 14.3 件。

2019 年 1 月 1 日中华人民共和国最高人民法院知识产权法庭在北京揭牌，全国专利等技术类知识产权民事、行政案件将向最高人民法院上诉，统一由最高人民法院知识产权法庭审理。

4.3.4　其他知识产权

知识产权除了专利权以外，主要还有以下几种知识产权：

著作权又称为版权，是指作者及其他著作权人基于文学、艺术和科学作品依法享有的一种专有权利。

计算机软件著作权，是指软件的开发者或者其他权利人依据有关著作权法律的规定，对于软件作品所享有的各项专有权利。

集成电路布图设计权，是一项独立的知识产权，是权利持有人对其布图设计进行复制和商业利用的专有权利。

商标权也属于知识产权的一种，商标权含义为经国家商标局核准注册的商标为注册商标，包括商品商标、服务商标和集体商标、证明商标；商标注册人享有商标专用权，受法律保护。

相关的详细内容请读者阅读国家的有关法律法规。

4.3.5　知识产权保护

1. 知识产权权益

知识产权由人身权利和财产权利两部分构成，也称为精神权利和经济权利。

（1）人身权利　人身权利是指权利同取得智力成果的人的人身不可分离，是人身关系在法律上的反映。例如，作者在其作品上署名的权利，或对其作品的发表权、修改权等，即为精神权利。

（2）财产权利　财产权利是指智力成果被法律承认以后，权利人可利用这些智力成果取得报酬或者得到奖励的权利，这种权利也称为经济权利。它是指智力创造性劳动取得的成果，并且是由智力劳动者对其成果依法享有的一种权利。

2. 知识产权保护

《中华人民共和国民法典》中规定了专利权、著作权、商标权等知识产权的民法保护制度。《中华人民共和国刑法》第七节，以八条的篇幅，确定了知识产权犯罪的有关内容，从而确定了中国知识产权的刑法保护制度。此外，《中华人民共和国专利法》《中华人民共和国商标法》《中华人民共和国著作权法》《中华人民共和国发明奖励条例》等单行法和行政法规也都对相关的知识产权保护做出了规定。

据国家知识产权局统计，2019 年我国申请发明专利超过 140 万件，获授权发明专利45.3 万件，其中华为技术有限公司获授权发明专利 4510 件，国内排名第一。

自 1985 年中华人民共和国《专利法》实施以来，我国专利申请总量第一个 100 万件花了 15 年，第二个 100 万件历时 4 年 2 个月，第三个 100 万件用了 2 年 3 个月，第四个 100 万件仅用 1 年 6 个月，第五个 100 万件只用了 1 年 4 个月时间。

随着专利数量和质量的快速提升，专利权的保护成为知识产权保护的重要内容。

3. 专利权保护案例

　案例 1： 请求人某株式会社于 2012 年 9 月 28 日向国家知识产权局提交名称为"充气轮胎"的发明专利申请，2016 年 8 月 17 日获得授权，专利号为 ZL201280046691.8。该专利权在请求人提起侵权纠纷处理请求时合法有效。

　请求人认为，被请求人天津某轮胎公司未经请求人许可，生产、销售、许诺销售落入涉案发明专利权保护范围的产品 WS1002 轮胎，侵犯了请求人的合法权利。2019 年 6 月，请求人向天津市知识产权局提起专利侵权纠纷处理请求。被请求人辩称，涉案产品与请求人涉案专利花纹样式完全不同，不落入涉案专利权保护范围。

　天津市知识产权局认为，被请求人对轮胎花纹样式的更改确实对视觉效果产生一定影响，但外形区别并不能构成没有侵害请求人发明专利权的依据。经将被控侵权产品与涉案专利权利要求比对后认定，涉案被控侵权产品落入涉案专利权保护范围。经审理，双方对争议点达成一致，均请求调解。2019 年 10 月，双方在天津市知识产权局主持下达成调解协议，被请求人给付请求人赔偿金 30 万元。

　案例 2： 2018 年 4 月 24 日，对于 A 电器股份有限公司（以下简称"A 公司"）诉 B 空调有限公司（以下简称"B 公司"）侵犯专利权的 6 个案件，广州知识产权法院进行了一审宣判，其中 3 个案件构成专利侵权，判令 B 公司共计赔偿 A 公司 4600 万元；另外 3 个案件不构成专利侵权，A 公司的诉讼请求被驳回。这一判决金额刷新了至今为止空调行业专利诉讼案赔偿金额的最高纪录，也再次引发业内人士对专利诉讼的讨论。

　在构成专利侵权的 3 个案件中，其中一件专利赔偿金额为 4000 万元的案件受到业内的极大关注。该件专利是 A 公司于 2008 年 4 月 25 日向国家知识产权局申请的"一种空调机的室内机"实用新型专利，2009 年 5 月 20 日获得授权公告。在该案中，A 公司诉称第一被告 B 公司以及第二被告 C 贸易有限公司未经许可，生产、销售、许诺销售使用 A 公

137

司该项专利技术的 8 个型号空调产品，侵犯了 A 公司的专利权。故请求法院判令两被告立即停止侵权，被告 B 公司赔偿 A 公司经济损失及合理费用合计 4000 万元。

案例 3：AutoCAD 软件是工程设计中常用的软件，使用正版的 AutoCAD 软件是对软件著作权的重要保护。AutoCAD 计算机软件著作权侵权案时有发生，如美国欧特克公司告山东某数控机械股份有限公司（以下简称"某公司"）案件。欧特克公司是 AutoCAD 系列计算机软件的著作权人，欧特克公司认为某公司擅自在其办公系统中使用 AutoCAD 系列计算机软件的行为侵害了其计算机软件著作权，请求法院判令某公司停止侵权行为并赔偿经济损失。法院应欧特克公司的申请对某公司的被诉侵权软件进行了诉前证据保全。法院经审理认为，根据《保护文学艺术作品伯尔尼公约》，欧特克公司的 AutoCAD 系列计算机软件受中国法律保护。某公司未经欧特克公司许可，商业使用欧特克公司的计算机软件，其行为侵害了欧特克公司的计算机软件著作权，故判决某公司停止侵权行为并赔偿经济损失 50 万元。本案的裁判，打击了商业使用盗版软件的侵权行为，体现了我国加大知识产权司法保护力度的决心，充分实现了知识产权的市场价值，平等保护了中外当事人的合法权益，树立了我国知识产权司法保护的良好国际形象。

随着中国加入世界贸易组织（WTO）以来，我国企业开始向境外市场阔步推进，中国品牌在世界上的影响力越来越大，中国的著名商标也正在成为海外商人垂涎的对象，一些恶意利用注册商标的案件不断发生。

案例 4：上海英雄金笔厂的前身是成立于 1931 年的华孚金笔厂，"英雄"商标是 1955 年公私合营时并入华孚金笔厂的大同英雄金笔厂，为了抵制美货派克笔在中国市场的倾销、提倡"国人爱国货"而于 1939 年向当时的"经济部商标局"申请注册的商标，1966 年随着华孚金笔厂改名为上海英雄金笔厂后，"英雄"开始成为企业绝大部分产品所用的主要品牌，在国内外享有很高的声誉，图 4-9 为上海英雄金笔。上海英雄金笔同样深受日本消费者的欢迎，但其商标被日本商人抢先在日本注册，从而要求中方按英雄金笔在日本的销售量向他们支付 5% 的佣金，致使中方在日本的代销商因无利可图而停止代销，中方为此付出了巨大的代价。

图 4-9 上海英雄金笔

案例 5：五粮液酒以高粱、大米、糯米、小麦和玉米五种粮食为原料，经陈年老窖发酵，长年陈酿，精心勾兑而成。它以"香气悠久、味醇厚、入口甘美、入喉净爽、各味协调、恰到好处、酒味全面"的独特风格闻名于世，以独有的自然生态环境、600 多年明代古窖、五种粮食配方、古传秘方工艺、和谐品质、"十里酒城"宏大规模等六大优势，成为当今酒类产品中出类拔萃的珍品，如图 4-10 所示。2003 年 1 月 23 日，韩国人就通过将五粮液的汉语拼音"WULIANGYE"注册成商标的方式，把这个品牌价值高达 358.26 亿元的中国历史名酒揽入了自己的怀里。经过长达 14 个月的拉锯战和三个回合的举证，五粮液集团公司凭借其极高的品牌知名度、无可争议的市场地位和强大的专业支持，最终争回了属于自己的商标权利，并将中文标识和汉语拼音一起向韩国商标总局提起了注册申请，这也是中国白酒企业首次在跨国商标纠纷中获胜。

图 4-10　五粮液名酒

4.4　工程标准与应用

　　标准是对重复性事物和概念所做的统一规定，它以科学技术和实践经验的结合成果为基础，经有关方面协商一致，由主管机构批准，以特定形式发布作为共同遵守的准则和依据。

　　在工程设计、工程施工、产品生产等工程活动中必须依照相关的标准。熟悉标准、应用标准是工程师从事工程活动的基本要求和能力。

4.4.1　标准与标准化的概念

1. 标准的概念

　　标准是对重复性事物和概念在一定范围内，为了获得最佳秩序，通过科学简化、优选后，做出统一规定，制成规范性文件，通过主管机构批准发布。标准一般采用文字、图表的形式表现。

2. 标准的分类

　　按适用范围分为国际标准、区域标准、国家标准、行业（专业）标准、地方标准和企业标准。

　　按标准的工作对象分为技术标准、管理标准和工作标准。

　　按标准的性质分为强制性标准、推荐性标准和试行性标准。其中强制性标准最多，涉及人身财产安全、人体健康和技术表达统一等方面，如产品及产品制造、储运、使用中的安全、卫生、环境保护和污染物排放标准等均属国家强制性标准。此外，还包括标准化工作导则、管理方法、统计方法、术语等标准。

按技术专业的不同，标准可以分为：

（1）基础标准　　基础标准是指在指定范围内是其他标准的基础并普遍使用的标准。如机械制图、极限与配合、优先数系、计量单位等标准。

（2）产品标准　　产品标准是指为保证产品的适用性，对产品必须达到的某些或全部要求制定的标准。如品种、规格、技术性能、参数、试验方法、制造要求技术文件编制等标准。

（3）方法标准　　方法标准是指对试验、检查、分析、抽样、统计、计算等方法所制定的标准。

（4）安全标准　　安全标准是指有关人身生命财产安全和环保标准或可持续发展的标准。

3. 标准化的概念

标准化是标准制定、发布和贯彻实施的全部过程的统称。标准化是以标准的形式体现，也是一个不断循环、不断提高的过程。标准化是遵循规范、简化、协调、优化的统一体。

标准化的具体实施方法可分为：

（1）统一化　　如符号表达、程序编制、产品规格、工艺规程等均在每个标准中统一使用。

（2）通用化和组合化　　以统一为前提，在产品中大量使用通用零件、标准件或功能部件（模块），提高产品的标准化系数。

（3）系列化　　按一定规律（如优先数系），将产品合理分级、分档，使产品的规格、性能、结构形成某种系列以满足各种使用要求。

国际标准化理事会把每年的 10 月 14 日定为"世界标准日"，目的是提高人们对国际标准化在世界经济活动中重要性的认识，促进国际标准化工作适应世界范围内的商业、工业、政府和消费者的需要。

4.4.2　国家标准

国家标准是需要在全国范围内通用的技术要求，由国家标准机构通过并公开发布的标准。

国家标准的代号是 GB，推荐性标准代号为 GB/T，国家标准化指导性技术文件的代号为GB/Z。国家标准是我国市场准入的基本依据，是最基本最重要的标准，是在全国范围内统一使用的标准，对全国范围内统一的技术要求。国家标准由国务院标准化行政管理部门制定。

1. 国家标准体系

我国的国家标准体系是以国家标准为基础，行业标准与地方标准为补充，企业标准为主体的标准体系，如图 4-11 所示。

行业是生产同类产品或提供同类服务的经济活动基本单位总和，与实现某个行业的标准化目的有关的标准，可以形成该行业的标准化体系。

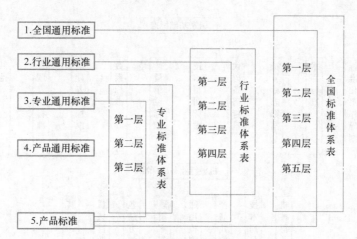

图 4-11　国家标准体系结构图

专业通用标准是指中小行业中的专业技术标准体系。

国家标准体系体现了全面成套、层次恰当、划分明确、简便易懂、适用有效的特点。

2. 国家通用基础标准

国家标准中，通用基础标准占有重要地位，它是共性标准，对其他标准具有制约性或强制性。图 4-12 所示是国家基础标准、机械行业基础标准和企业基础标准体系的层次结构。

3. 机械工程相关的国家标准

我国机械行业的标准经过多年的行业验证，对通用性较强的标准已申报并由国家发布为国家标准或国家推荐性标准。

（1）**基础标准**　该类标准为适应机械工程的技术语言统一，根据 ISO 国际标准制定为我国标准，其中包括通用规则（图形、符号等）、设备用图形符号、简图用图形符号（如连接杆、测量与控制装置等）、工艺及系统用图形符号（如 GB/T 16901.3—2009《技术文件用图形符号表示规则 第 3 部分：连接点、网络的分类及其编码》）等。

（2）**共性技术标准**　该类标准涉及各行各业的使用，包括设计（管理、计算、安全、图形）、工艺（铸、锻、焊、切、压、热处理等）、工艺装备（刀具、磨具、量具、模具、工具及工位器具等）、通用零部件（滚动轴承和滑动轴承、紧固件、管接头、齿轮、链轮、联轴器、弹簧、操作件、液压与气动元件等）、材料等。

（3）**安全、卫生及环保标准**　该类标准既是共性技术标准，又是国家强制性标准，包括安全管理、环境保护、安全控制、安全包装、安全检测、安全认证、安全噪声和环境、污染物排放等。常用的国家标准有 GB 15760—2004《金属切削机床 安全防护通用技术条件》、GB/T 19891—2005《机械安全 机械设计的卫生要求》。

（4）**产品标准**　该类标准大多是各行各业中大量使用的通用产品，如机床、发动机、内燃机、农业机械、林业机械、畜牧机械、通用机械、工程、建筑机械、重型机械、汽车、摩托车、电动机、仪器仪表、兵器等。产品标准中还包括产品技术参数标准、产品制造要求、产品精度性能标准、产品随机技术文件编制标准、产品包装标准等。如常用的有 GB/T 9061—2006《金属切削机床 通用技术条件》、GB/T 23571—2009《金属切削机床 随机技术文件的编制》。

141

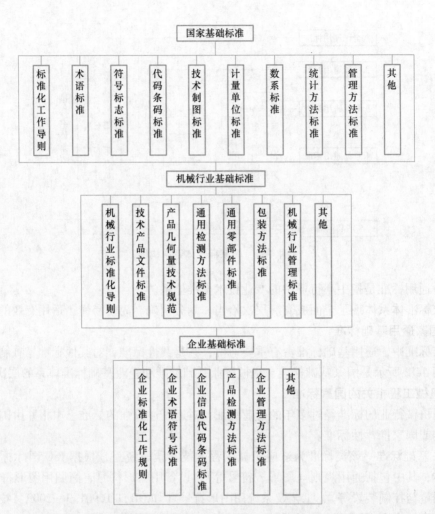

图 4-12 国家基础标准、机械行业基础标准和企业基础标准体系的层次结构

4. 国家标准制定的原则

《中华人民共和国标准化法》（以下简称《标准化法》）规定在制定标准时，应遵守：

1）有利于保障安全和人民的身体健康。

2）有利于合理利用国家资源，推行科技成果，提高经济效益。

3）有利于产品的通用互换。

4）有利于促进对外经济技术合作和对外贸易。

5）要保护消费者利益和保护环境。

6）符合使用要求、技术先进、经济合理，并与有关标准协调配套。

4.4.3 行业（专业）标准和企业标准

行业标准是指没有国家标准而又需要在全国某个行业范围内统一的技术要求，可以制定行业标准。行业标准由有关行政部门制定，并报国务院标准化行政部门备案。在公布国家相关标准之后，该项行业标准即行废止。

企业标准是指某个企、事业单位自行制定、审批和发布的标准。企业生产的产品没有国家标准和行业标准的，应制定企业标准，作为组织生产的依据，但必须报当地政府标准化行政部门备案。企业标准制定应严于国际标准、国家标准或行业标准，以提高产品的市场竞争力。

1. 机械工程相关的行业标准

机械工程领域是为国民经济各部门行业提供技术装备的重要基础工业，目前已发展有通用机械、石化机械、重型与矿山机械、机床与工具、能源、路桥机械、汽车、机车、冶炼、电工、仪器仪表、农机、包装、印刷、食品、卫生等 180 多个行业，20 多万种产品。各行业之间又有比较广泛、复杂的生产协作和产品配套关系。该领域的产品、方法标准很多都已上升为国家标准。我国与机械工程相关各行业的标准，有机械（JB）、冶金（YB）、兵器（WJ）、船舶（CB）、化工（HG）、航空（HB）、电力（DL）、医药（YY）、水利（SL）等行业标准。

机械行业标准（JB）中仍有大量的管理标准、共性技术标准、产品标准及计量方法标准，此类标准均属专业性较强的标准，有待在行业中扩展、使用和验证。

2. 机械行业标准体系

机械行业的标准体系是为生产同类产品或提供同类服务的经济活动，实现机械行业标准化而建立的标准体系。图 4-13 所示为部分机械行业标准体系结构图。

图 4-13　部分机械行业标准体系结构图

3. 行业（专业）标准和企业标准制定的原则

行业标准是在国家标准基础上建立起来的，凡是需要而又可能在全国若干个专业范围内统一的标准化对象，则应制定为国家标准，不能制定成行业标准。凡是需要在一个专业范围内统一的标准化对象，只能制定为行业（专业）标准。

行业（专业）标准和企业标准制定的原则应符合国家标准制定的原则。

此外，行业标准和企业标准不能与国家标准相抵触，只能是国家标准的进一步补充或制定，其质量指标更高，技术更先进。同时，行业标准应与其他行业、地方乃至全国的各类各级标准都要衔接和配套，如尺寸参数、性能参数、整机和零部件检验方法、包装、工装等应协调配套。

4.4.4 国际标准与国外先进标准

国际标准是指国际标准化组织（ISO）、国际电工委员会（IEC）和国际电信联盟（ITU）制定的标准，以及国际标准化组织确认并公布的其他国际组织制定的标准。

1. ISO、IEC 和 ISO 认可的部分国际标准

（1）**ISO 标准** ISO 是世界上最大的国际标准化机构，是拥有超过 150 多个成员的团体。其主要任务是组织制定和发布国际标准。此外，还依据市场经济的客观需要制定和发布一些指南（Guide）、技术规范（TS）和技术报告（TR）等。

（2）**IEC 标准** 国际电工委员会（IEC）是世界上成立最早的国际标准化组织，专门负责制定电工、电子与相关领域的国际标准。

（3）**SI 国际单位标准** 国际计量局（BIPM）发布的标准。

（4）**IAEA 标准和指南** 国际原子能机构（IAEA）发布的标准，以安全标准为主。

2. 国外先进标准

国外先进标准是指除我国标准之外，相对于我国标准处于先进技术水平，即相关科学、技术和经验的总和成果。该类标准包括区域标准、国家标准、地方标准、协会标准和企业标准。与机械工程行业有关的标准有：

（1）**EN 欧洲区域标准** 该区域标准推行 CE 安全认证制度。已发布有关低压设备、压力容器、机械、人体保护设备等产品的一系列指令（EC），对达到指令要求的即可贴附 CE 标准的规范。我国为了机械设备的出口，已制定了贯彻 CE 标准的规范。

（2）**工业发达国家的国家标准** 该类标准主要是指美国、英国、德国、法国、日本等工业发达国家的标准，主要有以下几种标准：

1）美国 ANSI 标准。美国标准学会（ANSI）制定发布的标准是美国国家标准。ANSI 标准多数采用美国标准团体，如 ASTM、ASME 等制定的标准，发布时编号采用 ANSI-ASME 等。我国进口美国的装备绝大部分采用 ANSI 的标准。

2）英国 BS 标准。英国国家标准（BS）由英国标准学会（BSI）制定和发布。所发布的标准广泛应用于所有技术专业领域。

3）德国 DIN 标准。德国 DIN 标准由德国标准化学会（DIN）制定。DIN 标准中大约有60%采用国际标准，其中，常见的位置精度的检测标准是 DIN-VDI/DGQ3441。

4）法国 NF 标准。法国 NF 标准由法国标准化协会（AFNOR）组织制定，实行 NF 标志认证制度。

5）日本 JIS 标准。日本 JIS 标准由日本工业标准调查会（JISC）制定，从日本进口的设备均贯彻 JIS 标准。

（3）**先进协会/团体标准** 一些协会、学会等行业性组织都在制定先进标准，并在本行业中享有较高的信誉。其主要有美国材料与试验协会标准（ASTM）、机械工程师协会标准（ASME）和德国工程物理研究所标准（PTB）等。

（4）**先进的企业标准**　与机械工程领域有关的先进企业标准有：美国波音飞机公司标准，德国西门子公司标准，大众汽车公司标准，日本松下、丰田公司等企业的标准。

3. 采用国际标准和国外先进标准

采用国际标准已成为世界各国标准化工作的一项共同原则和准则，我国始终把采用国际标准作为标准化工作的一项重要政策和原则。《标准化法》总则和《标准化法实施条例》中明确规定，国家鼓励积极采用国际标准和国外先进标准，积极参与制定国际标准。

采用国际标准是指将国际标准的内容，经过分析研究和试验验证，等同或修改转化为我国标准，并按审批程序发布。

采用国际标准和国外先进标准，应遵循：

1）符合我国有关法律、法规、国际惯例，做到技术先进、经济合理、安全可靠。

2）制定我国标准时，应以相关国际标准为基础。

3）应与技术引进、技术改造、新产品开发、老产品改造相结合。采用国际标准的产品，可通过产品的技术消化，将产品的国际标准要求转化为国家标准或行业标准要求，如基础标准、材料标准、零部件标准、配套件标准和检验方法等。

4）为了提高产品质量的技术水平，提高产品在国际市场上的竞争力，应采用国际标准。

4.4.5　标准实施案例

案例1：火车的标准轨距。在世界各国，火车钢轨的轨距并不是完全一样的。现在世界上有约60%的铁路是普轨，也就是轨距为1435mm的钢轨，如中国的普速和高速铁路。而世界上的一些国家有比这个宽的也有窄的，比较宽的有俄罗斯，轨距达1524mm；更宽的有印度、巴基斯坦，多数轨距都是1676mm。相反，有些国家的轨距很窄，如东南亚的缅甸、越南，都是1000mm的轨距。

在中国的满洲里国门，是离俄罗斯最近的地方，除了有两国的界碑外，还能看到两国火车在国门中穿过，如图4-14所示。但是，火车在经过国门时都要停下来，过一段时间后再驶出。在这里除了例行检查需要办一些手续外，更重要的一点是要换车轮，因为俄罗斯的轨距和中国的不一样，要将全部车厢吊装至各自轨距的车轮上，这一过程，需耗费数小时。

图4-14　满洲里口岸的火车轨道

案例2：汽车的标准化。汽车标准是政府制定汽车法规的立法基础，不少重要的汽车标准实际上已经成为各国正式的汽车法规。各国汽车标准从等级上大致可分为国家级、行业级和企业级三个级别。国家标准是全国都应遵循的标准；行业标准用于汽车行业内部；企业标准则由各厂家自行制定和执行。

为了保证汽车产品的质量，特别是为了满足有关安全、环境保护和节约能源等方面的要求，促进汽车生产的系列化、通用化和标准化，各国都制定了一系列的汽车标准，作为汽车厂家、销售商和使用者必须共同遵守的准则。

图 4-15　乘用车结构

汽车标准的内容很多，主要包括汽车及发动机的名词术语、连接尺寸、试验方法、各种涉及环境、安全及资源保护的强制性标准，整车、发动机及各部件的技术条件，以及有关产品设计、工艺、原材料及企业管理等方面的标准等。图 4-15 所示为乘用车结构。

特别指出，汽车行业有必须执行的"强制性国家标准"，如安全性标准、节能与环保标准等，目前我国汽车行业已有超过百项的汽车强制性国家标准。

我国成立有"全国汽车标准化技术委员会"，下设 30 多个分技术委员会，负责完善汽车标准体系，提高标准水平，推动标准的实施。

案例3：模具设计中的标准化应用。模具标准化体系包括四大类标准，即模具基础标准、模具工艺质量标准、模具零部件标准及与模具生产相关的技术标准。模具标准按模具主要类别分为冲压模具标准、塑料注射模具标准、压铸模具标准、锻造模具标准、紧固件冷镦模具标准、拉丝模具标准、冷挤压模具标准、橡胶模具标准、玻璃制品模具标准和汽车冲模标准等十大类。目前，我国已有 50 多项模具标准共 300 多个标准号。除国家标准外，模具设计中还会采用一些国际标准和先进企业的标准，如日本"富特巴"、美国"DME"、德国"哈斯考"等公司的标准等。图 4-16 所示为部分模具用标准件。

图 4-16　部分模具用标准件

模具标准化程度是指"模具标准件使用覆盖率"，目前我国模具企业的这一比例大致为40%～45%，距离国际先进水平还存在一定差距。

采用模具设计标准化，不但能有效提高模具质量，而且能降低模具生产成本及大大缩短模具生产周期。有关统计资料表明：采用模具标准件可使企业的模具加工工时节约25%～45%，能缩短模具生产周期30%～40%。随着工业产品多品种、小批量、个性化、快周期生产的发展，为了提高市场经济中的快速应变能力和竞争能力，模具生产周期显得越来越重要，因此，模具设计标准化的意义更为重大。

案例4： 在钢结构焊接制造中，必须执行有关标准。《钢结构焊接规范》（GB 50661—2011）是我国钢结构制造行业标准，其中明确了钢结构焊接连接构造设计、制作、材料、工艺、质量控制、人员等技术要求。同时，为贯彻执行国家技术经济政策，反映钢结构建设领域可持续发展理念，该规范在控制钢结构焊接质量的同时，加强了节能、节材与环境保护等要求。该规范的主要内容包括总则、术语符号、基本规定、材料、焊接连接构造设计、焊接工艺评定、焊接工艺、焊接质量控制、焊接补强与加固、焊工考试等。钢结构的焊接工程师在进行钢结构设计、钢结构焊接工艺制定以及钢结构焊接施工中，必须严格执行该标准，从而保证钢结构的焊接质量，同时保证焊接施工过程中节能、节材与环境保护。

📝 习题与思考题 ·················

147

1. 了解工程中涉及的法律法规。

2. 了解环境和职业健康安全管理体系标准。

3. 列举我国有关环境保护、职业健康、安全生产三个领域的基本法律名称。

4. 机械工厂生产中粉尘、有毒有害气体、噪声会造成哪些环境影响和人体伤害？

5. 机械工厂造成环境污染的主要污染物有哪些类型？举例说明各种环境污染主要产生在哪些场所？

6. 何谓知识产权？试述知识产权的主要特征。

7. 我国对知识产权保护制定了哪些法律？

8. 专利权如何分类？各有何特点？

9. 专利申请的原则是什么？

10. 什么是计算机软件著作权？

11. 商标权的内容包括哪些？

12. 什么是标准？什么是标准化？在企业中标准化的实施方法有哪些？

13. 简述我国的国家标准体系。

14. 机械工程相关的国家标准分为哪几类？国家标准制定的原则是什么？

15. 行业（专业）标准和企业标准的特点是什么？机械行业标准和企业标准制定的原则是什么？

16. 什么是国际标准？什么是国际先进标准？了解机械行业中常见的国际标准和国际先进标准。

第5章 工程师职业素养与能力

导读

工程是人们应用科学知识与技术手段，在社会、法律、安全、经济、文化以及环境等约束条件下，为满足人类、社会的某种需要而创造新的物质产品的过程。从事工程设计、工程活动的工程师在进行工程方案的选择和实施过程中，不仅需要运用各种理论知识、专业知识，而且还要考虑相关的约束，还要与不同专业背景的工程师、施工人员进行交流与合作。因此，工程创造、工程活动不仅需要工程师个体的技术能力和创造力，更需要团队合作的能力，而且，工程师应该具有社会责任感和敬业精神，在工程活动中关注自然环境的保护、可持续发展，要遵守职业道德与工程伦理。

本章主要介绍有关工程师职业能力与素养的概念。

5.1 工程师的概念与分类

随着现代科技的发展，人类进入了一个新时代，即工程时代。工程是科学技术转化为生产力的重要环节，工程技术人员则是实现这种转化的中坚力量，是联系科学技术与经济的桥梁，是社会发展的重要建设者和创造者。

1. 工程师的概念

工程师主要是指具有从事工程系统操作、设计、管理、评估能力的人员。工程师的称谓，通常用于在工程领域某一个范畴持有专业性学位或相等工作经验的技术人员。

根据工程师的概念，可以看出工程师从事的主要工作，就是工程的设计、工程的建设或实施、工程方案的评估以及工程项目的管理。

2. 工程师的分类

工程师有不同的分类方法：

按照等级分类，工程师可以分为助理工程师、工程师（中级职称）、高级工程师（副高级职称）、正高级工程师（教授级高级职称）。

「工程师」

按照所从事的工程领域分类，工程师可以分为土木工程师、机械工程师、电气工程师、计算机工程师、软件工程师、化工工程师、工业自动化工程师等。机械工程师中，又可以分为机电工程师、焊接工程师、模具工程师、铸造工程师等。

按照工程师从事的具体工作分类，可以分为：

（1）**主要从事研究工作的工程师**　主要是面向工程问题，探索解决工程问题的新知识、新技术或新方法。从事该类工作的工程师往往具有扎实的数学与科学理论基础，熟练的实验及分析能力和严谨的书面表达能力。

（2）**主要从事开发工作的工程师**　主要是能够应用科学知识与技术开发新的产品或制造工艺。从事该类工作的工程师应该具有对新知识、新技术及新方法的敏锐捕捉能力，能够将新知识、新技术及新方法，特别是将交叉学科的发展与本领域的产品、工艺相结合，开发出新的产品或制造工艺。

（3）**主要从事设计工作的工程师**　主要是根据特定的需求，进行产品结构设计、系统及模块或单元设计、制造工艺设计等。从事该类工作的工程师除了应该具有很强的专业能力外，还应具有系统集成的技术能力。

（4）**主要从事产品生产、制造、工艺的工程师**　主要从事产品制造工艺的设计和实施，主要任务就是将所设计的产品，通过设计制造工艺及规划资源，落实产品生产。

（5）**主要从事测试工作的工程师**　主要是负责测试产品的可靠性和对特定场合的适用性。从事该类工作的工程师应该具备相关产品的专业背景，掌握产品的性能，具有实验及试验设计、数据采集及分析能力。

（6）**主要从事销售工作的工程师**　主要是协助销售人员解决产品销售过程中的技术问题。

除从事上述工作的工程师以外，还有主要从事运营、管理、咨询等方面工作的工程师。

5.2　工程师的职业素养

素养是在人类遗传基因的基础上，受后天环境、教育的影响，通过个体自身体验、实践磨炼，形成比较稳定的、内在的，对人的思维与行为长期发生作用的综合品质，包括人的思想品质和道德观念，以及知识、能力、心理素质等。

5.2.1　工程师职业素养的概念

工程师职业素养是指工程职业内在的规范和要求，是在工程活动中表现出来的综合品质，包括工程师职业道德、职业信念、职业技能、职业行为规范等。

1. 工程师职业道德

工程师职业道德是与工程师在从事工程活动密切联系的符合职业特点所要求的道德准则、道德情操及专业职业品质的总和，是工程师在从事职业过程中形成的一种内在的、非强制性的约束机制。工程师职业道德是工程师职业素养的基础，是工程师职业素养最重要的组成部分。

2. 工程师职业信念

工程师职业信念是指具有工程师职业特征的职业精神和职业态度。良好的职业信念应该是由爱岗、敬业、忠诚、奉献、正面、乐观、用心、开放、合作及始终如一等方面构成。工程师的自我职业定位，对职业的忠诚度，以及履行岗位职责、达成工作目标的态度和责任心等，是一个合格工程师必须具备的核心素养。

3. 工程师职业技能

工程师职业技能是指工程师在从事工程活动中所具有的专业技术与能力。从事不同工程领域工作的工程师具有不同的职业技能，但是在现代工程领域大多要求工程师必备的职业技能包括学习知识、应用知识、问题分析、设计解决方案、具体工程设计、实验设计与实施、数据分析、使用现代工程工具和现代信息工具、工程方案评价、团队合作、交流、管理等能力。

「工程师的职业认同感」

4. 工程师职业行为规范

工程师职业行为规范是指工程师在长期工作中形成的职业行为习惯，是在维持职业活动正常进行或合理状态的成文和不成文的行为要求，这些行为要求是工程师在职场上、工程中通过长时间地学习、改变而形成和发展起来的，并为大家共同遵守的各种制度、规章、秩序、纪律、风气及习惯等。了解并认真遵守工程师职业行为规范是实现工程师自身可持续发展的重要保证。

作为一名工程师还应该具有人文素养、审美素养、身体素养等。

5.2.2　工程师职业素养培养

1. 工程师的工程意识

工程师的工程意识表现在具有良好的质量、安全、效益、环境、职业健康和服务意识。

（1）质量意识　作为工程师首先要具备质量意识。在国际标准化组织（International Organization for Standardization，ISO）质量体系中"质量"被定义为：一组固有特性满足明示的、通常隐含的或必须履行的需求或期望的程度。作为工程师首先要保证生产的产品是合格的，符合产品的规格要求；另外整个生产流程要严格遵照企业生产流程的管理规定。

产品质量责任是工程师最重要的责任之一，工程师要负责产品的设计及生产过程，在这一过程中任何环节出现问题都会影响产品质量。《中华人民共和国民法典》规定：因产品质量不合格造成他人财产、人身损害的，产品制造者应当依法承担民事责任。

（2）安全意识　工程师必须具有高度的安全意识，《中华人民共和国安全生产法》明确规定，安全生产管理工作必须贯彻"安全第一，预防为主，综合治理"的方针，作为一名工程师要主动承担安全责任，树立正确的安全意识。

（3）效益意识　效益意识是指工程师在从事相关的工程项目中对经济效益和社会效益的重视程度。创造经济效益是衡量工程项目的一个重要指标，人们都希望工程项目可以最大限度地获取经济效益。控制成本是实现经济效益的重要基础，只有合理地控制成本，才能保证经济效益的实现。

（4）环境意识　人类的工程活动会对环境产生影响，保护好生态环境是全人类的共识。作为工程师就应该树立良好的环境意识，坚持可持续发展理念，提倡"绿色工程"，爱护和保护好自然生态环境。

（5）职业健康意识　世界卫生组织提出："健康不仅是没有疾病或不虚弱，而是身体的、精神的健康和社会幸福的完美状态"。职业健康是指人们在职业工作中有效预防职业病，保持身心健康、乐观向上的社会适应能力。工程师在工程项目实施中必须树立良好的职业健康意识。

（6）服务意识　在竞争日趋激烈的市场经济中，是否拥有良好的服务意识关系到企业的发展和生存，坚持"客户第一，服务至上"的理念已经成为大家的共识。作为工程师只有树立良好的服务意识，才能创造出优质的产品。

2. 工程师职业技能的培养

工程师应具备的职业技能包括：具有扎实的工程基础、专业基础与专业知识，掌握生产工艺、设备与制造系统，知晓专业的发展现状和趋势；具有分析、提出方案并解决工程实际问题的能力，能够参与生产及运作系统的设计，并具有运行和维护能力；具有创新意识和进行产品开发和设计、技术改造与创新的能力；具有信息获取和职业发展学习能力；熟悉本专业领域技术标准，相关行业的政策、法律和法规等。

工程师工程能力的培养可以通过多种渠道来实现，如在高等学校的教育中培养扎实的工程基础知识和本专业的基本理论知识；在研究工作中提高发现问题、分析问题和解决问题的能力；在自主学习中巩固和更新基础知识与专业知识，培养观察力、注意力、思维力和想象力，了解本专业的发展现状和趋势，培养信息获取和职业发展学习能力；在工程实践中培养解决工程实际问题的能力，以及创新意识和进行产品开发和设计、技术改造与创新的能力。加深对本专业领域技术标准，相关行业的政策、法律和法规等的理解和掌握。

3. 工程师工程品质的培养

工程师应具备的工程品质包括：具有组织管理、交流沟通、环境适应和团队合作的能力；具有应对危机与突发事件的能力；具有国际视野和跨文化环境下的交流、竞争与合作的能力等。

工程师工程品质培养从人文素养的培养、心理素养的培养、团队协作及交往沟通能力的培养等方面进行。

工程师的人文素养是其能力构成的一个重要组成部分。人文素养主要是指人类在社会发展中逐步形成的社会道德、价值观念、审美情趣和思维方式等内容。加强工程师的人文素养教育，对于实现具有较强的社会责任感、较高的文化品位、健全的人格、科学的思维创新能力有着重要的现实意义。

工程师在迅速发展的现代社会中面临着越来越多的挑战和困难，需要承受很大的竞争压力，极易导致工程师性格的畸形发展和心理创伤。良好心理素养的培养对保持心理平衡，变压力为动力，具有重要的作用。

团队是一个共同体，有共同的理想目标，愿意共同承担责任，共享荣辱，在团队发展过程中，经过长期的学习、磨合、调整和创新，形成主动、高效、合作且有创意的团体，解决问题，达到共同的目标；沟通是人与人之间、人与群体之间思想与感情的传递和反馈的过程，以求思想达成一致和感情的通畅。团队协作及交往沟通能力是工程师承担工程项目所必须具备的能力，良好的团队合作，顺畅的沟通交流，包括跨文化背景的沟通交流、危机沟通交流等，是对工程项目成功的重要保证。

5.3　工程师的社会责任与职业道德

2013 年 7 月 17 日习近平总书记到中国科学院考察工作时强调：具有强烈的爱国情怀，

是对我国科技人员第一位的要求。科学没有国界，科学家有祖国。广大科技人员要牢固树立创新科技、服务国家、造福人民的思想，把科技成果应用在实现国家现代化的伟大事业中，把人生理想融入为实现中华民族伟大复兴的中国梦的奋斗中。习近平总书记的话明确了我国工程师的社会责任与职业道德。

著名的航空工程学家、美国加利福尼亚理工学院的冯·卡门教授曾经说过："科学家研究已有的世界，工程师在创造未来的世界。"工程师通过工程产品的设计和工程建设来表达自己对自然、对社会的理解；通过产品或工程给人们生活带来种种方便，甚至在一定程度上改变人们的生活方式。

随着时代的变迁，科学技术的飞速发展，人类工程能力的提升，工程师对人类、社会的影响越来越大。社会对工程师的要求也与时俱进，由以前要求工程师"把工程做好"，到今天要求工程师"做好的工程"。因此，工程师的社会责任、职业道德日益凸显出来。

5.3.1　工程师的社会责任

1895 年，美国著名的桥梁工程师莫里森（Gorge S. Morison），在他担任美国土木工程学会主席的就职典礼上就说过："工程师是技术变迁和人类进步的主要力量，他们不受利益集团（政治集团和商业集团）偏见影响，对确保技术变革最终造福人类负有广泛责任。"

随着科技、工程在社会生活中的作用日益增大，许多工程事故引发工程师对社会责任和工程伦理的强烈反思，因而在 20 世纪 70 年代后，许多工程师学会已经强调"工程师应当将公众的安全、健康和福祉置于至高无上的地位"。也就是说，工程师肩负着公众的安全、健康和造福人类的社会责任。

工程师的社会责任强调的是工程师作为责任主体对社会的责任，即工程师在从事工程活动时，应当使其通过技术手段开展工程活动有利于社会和承担因工程活动带来的影响社会的后果，它要求工程师应用技术、开展工程活动时要充分预见技术应用、工程活动可能带来的各种后果，不能对自然、社会和他人造成危害，用对人类、社会负责任的态度推进技术的合理应用，做好的工程。因此，工程师的社会责任就是在应用技术开展工程活动中，要肩负对"社会安全、环境保护、人类福祉、可持续发展"的责任。

工程师要承担社会责任，即工程师在开展工程活动时，不仅要考虑技术问题，更要考虑工程对社会带来的不良后果。例如，化工厂的建设可以提供很多化工产品改善人们的生活，但是化工厂排出的气体和废水会对空气和水体产生污染；新型能源的开发使用会使传统能源的利用率降低，从而造成自然资源浪费的可能。因此，工程师不只局限于应用先进的技术开发产品、进行工程项目建设，而且有责任准确和有效地说明新建工程或新技术可能带来的后果，从而避免对社会、自然环境的危害。同时，在资源开发和提取环节，工程师可以开发和利用新技术，减少开采过程对资源环境的影响；在资源的加工和处理环节，工程师可以通过采用新的生产方式与新技术，把加工和处理环节的资源损耗降到最低限度。如今的工程师，起着保护环境和发展人类社会的重要作用，工程师必须充分意识到自己对社会所肩负的责任。在工程设计、工程实施中，在考虑技术的同时，必须充分考虑社会、健康、安全、环境、法律、文化等方面的因素，承担社会责任。

当前的中国是一个工业化进程中的国家，大型的工程项目正在为我国科技高速发展、经

152

济迅速腾飞做出重要贡献，密切而深远地改变着国人的生产、生活方式，如"西气东输工程""高速铁路工程"等。这些工程对于沿线"贫困地区"人口摆脱贫困、走向小康也发挥了重要作用。毋庸置疑，在这些工程项目实施中还必须考虑工程对人类健康、安全和环境等方面的影响问题。技术造福人类、保护自然环境和可持续发展是工程师的社会责任。

5.3.2　工程师的职业道德

德国古典哲学的创始人康德在《实践理性批判》中指出："有两件事物越思考就越觉得震撼与敬畏，那便是我们头上的星空和我们心中的道德准则。"这句话后来被刻到他的墓碑上（见图 5-1）。

图 5-1　康德和他的墓碑

1. 职业道德的概念

职业道德从广义上讲，是指从业人员在职业活动中应该遵循的行为准则，涵盖了从业人员与服务对象、职业与职工、职业与职业之间的关系。从狭义上讲，是指在一定职业活动中应遵循的、体现一定职业特征的、调整一定职业关系的职业行为准则和规范。

职业道德的内涵主要包括以下几个方面：

1）职业道德是一种职业规范，受社会普遍的认可。

2）职业道德是长期以来自然形成的。

3）职业道德没有确定形式，通常体现为观念、习惯、信念等。

4）职业道德依靠文化、内心信念和习惯，通过从事该职业人员的自律实现。

5）职业道德大多没有实质的约束力和强制力。

6）职业道德的主要内容是对该职业人员义务的要求。

7）职业道德标准多元化，代表了不同企业可能具有不同的价值观。

8）职业道德承载着企业文化和凝聚力，影响深远。

2. 职业道德的基本内容

职业道德的基本内容：爱岗敬业，诚实守信，办事公道，服务群众，奉献社会，素质修养。

（1）**爱岗敬业** 爱岗敬业是爱岗与敬业的总称。"爱岗"是"敬业"的基石，"敬业"是"爱岗"的升华。爱岗敬业指的是忠于职守的事业精神，是最基本的职业道德规范。爱岗就是热爱自己的工作岗位，热爱本职工作；敬业就是要用一种恭敬严肃的态度对待自己的工作。

爱岗敬业是平凡的奉献精神，因为它是每个人都可以做到的，而且也是应该具备的；爱岗敬业又是伟大的奉献精神，因为伟大出自平凡，没有平凡的爱岗敬业，就没有伟大的奉献。

只有爱岗敬业的人，才会在自己的工作岗位上勤勤恳恳，不断地钻研学习，一丝不苟，精益求精，才有可能为社会为国家做出崇高而伟大的奉献。

只有爱岗敬业，才会奋发进取。奋发进取才能不惧失败，取得成功。"失败乃成功之母"，这是成功的必由之路。成功者之所以能够成功，最主要的原因是他们不怕失败，在失败中发现自己的缺点和不足，最终才能取得事业上的成功。

（2）**诚实守信** 诚实守信是做人的基本准则，也是职业道德的一个基本规范。在现代经济活动中，诚信是立身之本，诚信体现了一种责任感。

诚实是人的一种品质，作为工程师要诚实、忠实、老实，要说老实话、办老实事、做老实人。守信就是信守承诺，讲信誉、重信用，忠实履行自己承担的义务。诚信是衡量人品的试金石，正直和诚信是不可分割的，是人格的核心。做人最基本的一条就是正直，敢于坚持真理，敢于说真话，做实事，坚持原则。

诚实守信说起来容易，做起来难。在工程中目前仍然存在着"不诚不信"的现象，一些人在私利的驱使下，偷工减料、假冒伪劣、不讲信誉、不履行合同，给社会和人们生活带来了很大的伤害。

（3）**办事公道** 办事公道是指对于人和事的一种态度，也是千百年来人们所称道的职业道德。它体现了人们待人处事要公正、公平。办事公道在很多职业是尤为重要的职业道德，其是以国家法律、法规以及公共道德准则为标准，包括秉公执法，不徇私情；买卖公平，童叟无欺；一视同仁，照章办事等。

（4）**服务群众** 服务群众实质上就是为人民服务，是职业道德要求的基本内容。服务群众是社会主义职业道德的核心，是贯穿于社会共同的职业道德之中的基本精神。无论从事什么职业，都应该树立全心全意为人民服务的思想，做好本职工作，为人民谋福祉。

（5）**奉献社会** 奉献社会就是积极自觉地为社会做贡献，这是社会主义职业道德的本质特征。奉献社会自始至终体现在爱岗敬业中，在自己的岗位上努力工作，就是在为社会做贡献。奉献社会就是要自觉自愿地为他人、为社会贡献自己的聪明才智。在社会主义精神文明建设中，大力提倡和发扬奉献社会的职业道德。

（6）**素质修养** 素质修养就是需要有高尚的素质，良好的修养，这就需要修身立德。修身就是陶冶身心，涵养德行，努力提高自身的思想道德修养水平；立德，即树立德业，是个人的修为，也是人存在这个世间的根本。立业先立德，做事先做人。

3. 职业道德的特点

职业道德具有以下特点：

（1）**职业道德具有适用范围的有限性** 每种职业都担负着一种特定的职业责任和职业义务。由于各种职业的职业责任和义务不同，从而形成了各自特定的职业道德的具体规范。

（2）**职业道德具有发展的历史继承性**　由于职业具有不断发展和世代延续的特征，不仅其技术世代延续，其管理员工的方法、与服务对象打交道的方法，也有一定的历史继承性。如"有教无类""学而不厌，诲人不倦"，始终是教师的职业道德。

（3）**职业道德表达形式多种多样**　由于各种职业道德的要求都较为具体、细致，因此其表达形式多种多样。

（4）**职业道德兼有强烈的纪律性**　纪律也是一种行为规范，但它是介于法律和道德之间的一种特殊的规范。它既要求人们能自觉遵守，又带有一定的强制性。就前者而言，它具有道德色彩；就后者而言，又带有一定的法律色彩。

就是说，一方面遵守纪律是一种美德，另一方面，遵守纪律又带有强制性，具有法令的要求。例如，工人必须执行操作规程和安全规定；军人要有严明的纪律等。因此，职业道德有时又以制度、章程、条例的形式表达，让从业人员认识到职业道德又具有纪律的规范性。

4. 机械工程师的职业道德

工程师的职业道德是所有工程师在工程活动中应该遵循的基本行为准则。

不同领域的工程师具有不同的职业道德规范要求。下面通过机械领域的工程师职业道德规范要求来了解工程师的职业道德规范。

中国机械工程学会 2003 年制定的《机械工程师职业道德规范（试行）》指出：《机械工程师职业道德规范》（以下简称《规范》）是机械工程师职业道德行为的标准。机械工程师应具备诚实、守信、正直、公正、爱岗、敬业、刻苦、友善、对科技进步永远充满信心、勇于攀登的品德；服务于公众、用户、组织及与专业人士协调共事的能力；勇于承担责任，保护公众的健康、安全，促进社会进步、环保和可持续发展的意识。

其具体内容包括：

第一条　以国家现行法律、法规和中国机械工程学会规章制度规范个人行为，承担自身行为的责任。

1）不损害公众利益，尤其是不损害公众的环境、福利、健康和安全。

2）重视自身职业的重要性，工作中寻求与可持续发展原则相适应的解决方案和办法。正式规劝组织或用户终止影响和可能影响公众健康和安全的情况发生。

3）应向致力于公众的环境、福利、健康、安全和可持续发展的他人提供支持。如果被授权，可进一步考虑利用媒体作用。

第二条　应在自身能力和专业领域内提供服务并明示其具有的资格。

1）只能承接接受过培训并有实践经验因而能够胜任的工作。

2）在描述职业资格、能力或刊登广告招揽业务时，应实事求是，不得夸大其词。

3）只能签署亲自准备或在直接监控下准备的报告、方案和文件。

4）对机械工程领域的事物只能在充分认识和客观论证的基础上出示意见。

5）应保持自身知识、技能水平与对应的技术、法规、管理发展相一致，对于委托方要求的服务应采用相应技能，若所负责的专业工作意见被其他权威驳回，应及时通知委托方。

第三条　依靠职业表现和服务水准，维护职业尊严和自身名誉。

1）提供信息或以职业身份公开做业务报告时应信守诚实和公正的原则。

2）反对不公平竞争或者金钱至上的行为。

3）不得以担保为理由提供或接受秘密酬金。

4）不得故意、无意、直接、间接有损于或可能有损于他人的职业名誉，以促进共同发展。

5）引用他人的文章或成果时，要注明出处，反对剽窃行为。

第四条　处理职业关系不应有种族、宗教、性别、年龄、国籍或残疾等歧视与偏见。

第五条　在为组织或用户承办业务时要做忠实的代理人或委托人。

1）为委托人的合法权益行使其职责，忠诚地进行职业服务。

2）未获得特别允许（除非有悖公共利益），不得披露信息机密（任何他人现在或以前的所有商业或技术信息）。

3）提示委托人行使委托权利时可能引起的潜在利益冲突。在委托人或组织不知情或不同意的情况下，不得从事与其利益冲突的活动。

4）代表委托人或组织的自主行动，要公平、公正对待各方。

第六条　诚信对待同事和专业人士。

1）有责任在事业上发展业务能力，并鼓励同事从事类似活动。

2）有义务为接受培训的同行演示、传授专业技术知识。

3）主动征求和虚心接受对自身工作的建设性评论；为他人工作诚恳提出建设性意见；充分相信他人的贡献，同时接受他人的信任；诚实对待下属员工。

4）在被邀请对他人工作进行评价时，应客观公正，不夸大，不贬低，注重礼节。

从以上内容可以看出，工程师就是要为人类谋福祉，"做好的工程"，要有职业操守，要诚实守信，要有工程安全质量意识、环境保护与可持续发展意识、知识产权意识。

5.3.3　工程实践中的职业道德

在工程实践中自觉遵守和践行职业道德是每个工程师的基本职责，违背职业道德会给社会带来危害，甚至会给人们的生命财产带来巨大的损失。

1912年下水的泰坦尼克号轮船（见图5-2）是当时世界上体积最庞大、内部设施最豪华的客运轮船，有"永不沉没"的美誉。然而不幸的是，在它的处女航中，泰坦尼克号轮船便遭厄运，首次航行过程中就与一座冰山相撞沉没。当时船上有2224名船员及乘客，但是只有20艘救生艇，仅仅能够容纳大约一半的乘客，这不是设计上的疏忽，而是船舶设计师错误地认为这艘巨轮是不可能沉没的，因而固执地认为不需要过多的救生艇。泰坦尼克号轮船的设计师显然忘记了人身安全第一这一工程职业道德的基本原则，从而造成了泰坦尼克号轮船上的1500余人丧生，其中仅300多具罹难者遗体被寻回。

2008年5月12日汶川地震，北川中学的两栋五层教学楼垮塌，多名师生不幸遇难。在倒塌的教学楼废墟（见图5-3a）中看不见应有的建筑用钢筋。这就足以说明了承担该工程建设的人们缺乏工程职业道德，没有充分考虑人身安全。原来北川中学的废墟现在成了北川祭奠5·12汶川地震遇难者的主要场所（见图5-3b）。

2019年爆出了"汉芯"系列芯片造假事件。某教授托在摩托罗拉公司工作的弟弟，偷偷买回了10块摩托罗拉公司生产的芯片。之后，他找到给自己办公室做装修的公司，将自己已经打磨掉摩托罗拉公司标志的芯片，交至这家装修公司，由这家公司在$1cm^2$的芯片上把"汉芯一号"的标志印在了上边。通过虚假的"汉芯一号"，"发明人"骗取了国家上亿元科研经费。该人严重违背了职业道德，给我国的芯片产业发展造成了巨大损失。

图 5-2　泰坦尼克号轮船

a）轮船航行　b）海底轮船残骸

图 5-3　汶川地震后的北川中学

a）倒塌教学楼废墟　b）北川祭奠汶川地震遇难者场所

2015 年美国环保局公布公告，德国某汽车公司在尾气检测中造假。美国环保局表示，某汽车公司在柴油车中安装了一种特殊软件，该软件能识别出汽车是否在接受尾气排放检测，如果发现汽车在接受检测，就会启动汽车的全部排放控制系统，使汽车的尾气排放达标，但汽车在日常使用时，则不会启动，从而导致汽车日常的氮氧化物排放量最高可至法定标准的 40 倍。最后德国汽车制造商承认了人为操纵柴油车辆排放测试。某汽车公司的此种造假行为严重违反了美国《清洁空气法案》，美国政府拟每辆车罚款 37500 美元，总计达 180 亿美元，成为汽车行业历史上金额最大的罚单。该造假事件对某汽车公司的企业形象产生了巨大的负面效应。

1985 年，海尔公司从德国引进了世界一流的冰箱生产线。一年后，有用户反映海尔冰箱存在质量问题。海尔公司在给用户换货后，对全厂冰箱进行了检查，发现库存的 76 台冰箱外观有划痕，虽然它不影响冰箱的制冷功能，但也表明存在有外观质量问题。时任厂长的张瑞敏决定将这些冰箱当众砸毁，并提出"有缺陷的产品就是不合格产品"的观点，在社会上引起极大的震动。海尔砸冰箱事件不仅改变了海尔公司员工的质量观念，为企业赢得了美誉，也奠定了海尔公司发展成为世界第一白色家电品牌的坚实基础。

5.4 工程师的职业伦理

工程伦理学是随着科学技术的发展而产生的一门新兴科学，它是工程技术与伦理学交叉而产生的新学科。它的内容不仅涉及职业道德的基本原则和主要规范，而且还涉及现代工程技术提出的新的伦理问题。工程伦理学作为一门交叉学科，主要研究工程技术与伦理道德的关系，即研究人与自然的道德关系、研究工程技术的伦理本质、研究工程技术发展与道德进步的互动及其机制。

工程师是一种重要的职业，工程师应表现出高水平的诚实和正直，工程师在提供服务时必须诚实、公正、公平和公道，并且必须致力于保护公众健康、安全和福祉。工程师必须按照职业行为规范履行其职责，这就要求他们遵守工程师职业伦理行为的准则。违反工程师的职业伦理会造成不可估量的损失。

本书第2章曾经给出过挑战者号爆炸事件。挑战者号航天飞机是美国正式使用的第二架航天飞机，于1983年4月4日正式进行首航。1986年1月28日，挑战者号在执行代号为STS-51-L的第10次太空任务时，因为固态火箭推进器的一个O形密封圈失效，导致航天飞机升空后73s时，爆炸解体坠毁。机上的7名宇航员都在该次事故中丧生。负责O形密封圈的首席工程师罗杰·博伊斯乔利早就密封圈的问题发出过警告，作为一名工程师，他有保护宇航员健康和安全的责任，虽然他践行了自己的职业责任，但是未能阻止这场灾难的发生。

1986年的"切尔诺贝利事件"是发生在苏联境内切尔诺贝利核电站的核子反应堆事故。该事故被认为是历史上最严重的核电事故，也是首例被国际核事件分级表评为第七级事件的特大事故（第二例是2011年3月11日发生在日本福岛县的福岛第一核电站事故）。该核事故造成了普里皮亚季城被废弃。

1986年4月26日凌晨1点23分，普里皮亚季邻近的切尔诺贝利核电厂的第四号反应堆发生了爆炸。连续的爆炸引发了大火并散发出大量高能辐射物质到大气层中，这些辐射尘涵盖了大面积区域。这次灾难所释放出的辐射线剂量是第二次世界大战时期爆炸于广岛的原子弹的400倍以上。图5-4所示为切尔诺贝利核事故现场。

图5-4 切尔诺贝利核事故现场

　　该起事故的起因，官方解释认为事故是由于压力管式石墨慢化沸水反应堆（RBMK）的设计缺陷导致，尤其是控制棒的设计。另外，核电站操纵技术人员闭锁了许多反应堆的安全保护系统，严重违反了操作技术规范。

　　因为反应堆有巨大的体积，所以，为了降低成本，建造该核电站时，反应堆周围并没有建筑任何作为屏障用的安全壳。这使得蒸汽爆炸造成反应堆破损后，放射性污染物得以直接进入环境之中。也就是说，核电站建造时，设计工程师没有考虑一旦发生核泄漏会给人们的生命带来危险。

　　这场灾难造成 31 人当场死亡，200 多人受到严重的放射性辐射，之后 15 年内有 6 万~8 万人死亡，13.4 万人遭受各种程度的辐射疾病折磨，方圆 30km 地区的 11.5 万多民众被迫疏散。

　　1997 年 2 月 27 日的英国《自然》杂志报道了一项震惊世界的研究成果：1996 年 7 月 5 日，英国爱丁堡罗斯林研究所（Roslin）的伊恩·维尔穆特（Wilmut）领导的一个科研小组，利用克隆技术培育出一只小母羊——多莉（见图 5-5）。这是世界上第一只用已经分化的成熟的体细胞核（乳腺细胞）通过核移植技术克隆出的羊。

　　对于多莉的问世，引起了很多的争议，不知道这是一项重大的突破，还是世界的一场灾难。对于克隆技术每个科学家都在研究渴望有新的突破，可是又担心克隆技术不断地改进，会让有些人利用这一技术制造克隆人。谁知道克隆生物的出现是利大于弊，还是弊大于利呢？

　　2003 年 2 月，兽医检查时发现多莉患有严重的进行性肺病，这种病在目前还是不治之症，于是研究人员对多莉实施了安乐死。绵羊通常能活 12 年左右，而多莉只活了 6 岁，它的早夭再次引起了人们对克隆动物是否会早衰的担忧。

图 5-5　克隆羊——多莉

　　2018 年 11 月 26 日，南方某大学某副教授对外宣布，一对基因编辑婴儿诞生。随即，广东省对"基因编辑婴儿事件"展开调查。据调查组介绍，2016 年 6 月开始，这名副教授私自组织包括境外人员参加的项目团队，蓄意逃避监管，使用安全性、有效性不确切的技术，实施国家明令禁止的以生殖为目的的人类胚胎基因编辑活动。2017 年 3 月至 2018 年 11 月，该副教授通过他人伪造伦理审查书，招募 8 对夫妇志愿者（艾滋病病毒抗体男方阳性、女方阴性）参与实验。为规避艾滋病病毒携带者不得实施辅助生殖的相关规定，策划他人顶替志愿者验血，指使个别从业人员违规在人类胚胎上进行基因编辑并植入母体，最终有 2 名志愿者怀孕，其中 1 名已生下双胞胎女婴"露露"和"娜娜"，另 1 名在怀孕中。其余 6 对志愿者有 1 对中途退出实验，另外 5 对均未受孕。该行为严重违背伦理道德和科研诚信，严重违反国家有关规定，在国内外造成恶劣影响。

　　人类在基因研究领域已经取得了巨大的进步，并通过基因工程技术在改变自然以服务人们的需要。作为一种工具，它给人类带来福利与便利的同时，又可能造成某种灾难与危机。因此必须在工程伦理上加以控制，以达到趋利避害、造福人类的目的。

5.5 工程师的职业能力

工程师的职业能力是工程师从事工程设计、建设、管理、评估的多种能力的综合。工程师的职业能力主要包括专业技术能力、团队合作能力、交流能力、学习能力、项目管理能力，还包括职业道德等。

5.5.1 工程师的专业技术能力

所谓专业技术能力可以理解为，应用知识解决有关专业技术问题的能力。知识是解决专业技术问题的基础，包括数学知识、自然科学知识，工程基础知识，专业基础与专业知识，甚至包括交叉学科的知识。专业技术能力包括观察、识别、应用知识分析专业问题的能力；工程设计能力；工程问题的研究能力；工程方案的评估与评价能力；选择、应用、开发现代工程工具、信息技术工具，解决专业工程技术问题的能力等。

在实际工程中，技术问题既有具体、简单的问题，更会有复杂工程问题，也就是需要通过基于理论的深入分析才能解决的问题，甚至需要某些工程经验，理论联系实际才能解决的问题。解决实际工程问题往往是工程师分析、设计、研究、评价等专业技术能力的综合体现。

在专业技术能力中，特别要提出的是，各个领域工程师应该具备应用数学、计算机解决工程问题的能力。

（1）应用数学的能力　主要是指能综合应用所学数学知识、思想和方法解决工程问题的能力，包括应用数学思想、思维方式分析、解决实际工程问题；实际工程中简单数学问题的运算与求解；将工程问题抽象为数学问题，建立数学模型；利用数学模型对实际工程问题进行定量、定性分析，并获得有效结论等。

（2）应用计算机的能力　主要是指应用计算机解决工程问题的能力。例如，借助计算机软件（如 MATLAB 软件）进行建模、分析、仿真实验等，从而得出数量指标，为工程师提供关于这一过程的定量分析结果，作为工程方案决策的理论依据；借助计算机软件（如 SolidWorks 软件）进行工程设计，可以大大提高设计水平和效率；能够应用计算机有限元软件（如 ANSYS 软件）分析机械、电磁、热力学等多学科工程问题等。除此之外，还应掌握计算机网络技术、信息检索技术等。

5.5.2 工程师的通用职业能力

这里所说的通用职业能力实际上是指除了专业技术能力以外的职业能力，包括团队合作能力、交流能力、学习能力、项目管理能力等。

（1）团队合作能力　现代"工程"的概念，就是团队合作达到某种目的的过程。特别是科技快速发展的今天，任何一个工程都必须由团队合作才能完成。例如，一个机电产品的设计与制造，必须有机械工程师、材料工程师、电气工程师，甚至软件工程师合作才能完成。因此，任何一个工程师都必须有团队合作的意识与能力，既能够独立地完成工程中的具体任务，又能合作完成工程中的系统任务。

（2）交流能力　工程的协作或合作属性决定了工程师需要和不同思维方式、不同技术领域、不同需求甚至不同价值观的人进行沟通和交流，以实现工程目标。还需要与普通大众交流与接触，能够以通俗、非技术性的语言向他们介绍和解释工程问题。

交流能力包括语言、书面的表达能力。书面表达能力是工程师的一项基本职业技能，涉及项目建议书、项目可行性分析报告、设计报告、研究报告、实验报告、项目阶段报告、项目总结报告、专利申请书、期刊或会议论文等。书面材料的撰写需要基于工程的事实或实验数据，禁止捏造事实与数据。

（3）学习能力　学习能力是指能够进行学习的各种能力和潜力的总和，在这里更强调的是终身学习意识和自主学习能力。终身学习是工程师为了适应社会发展和实现个体发展的需要，学习贯穿于人的一生。自主学习能力就是根据需求，通过自己学习获取知识、技能的能力，包括自主获取知识的学习途径和方法，以及个人的感知和观察能力、记忆能力、阅读能力、归纳总结能力、知识迁移能力等。工程师必须具有针对工程需要进行自主学习的能力，能够应用新的知识、科学技术解决实际工程问题。

（4）项目管理能力　主要是指工程项目的过程管理能力，即在工程项目活动中，能够运用管理的知识、技能、工具和方法，使工程项目能够在有限资源限定条件下，实现或超过设定的需求和期望的过程管理能力。项目管理包含领导、组织、用人、计划、控制等五项主要工作，包括项目策划、项目进度计划、项目组织实施、项目成本控制、时间与节点控制、项目风险管理、项目沟通管理等。

5.5.3　机械工程师的职业能力

中国机械工程学会技术资格认证中心按照 ISO9001 质量管理体系的要求，制定了对机械工程师的职业能力要求，包括以下内容：

1）对工程学科有广泛的了解，具有认识现代社会问题的知识，足以认识工程对于世界和社会的影响；深刻了解相关工程领域的特点。

2）具有灵活处理工程问题的意识，能从容应对科技发展带来的挑战，开展自主学习，发展职业技能。

3）在设计、开发、生产、设备、工艺、系统、基建、操作或维修产品、代理服务等工程实践中，能够应用科学方法和观点，使用现代技术、工具或新兴技术，发现、分析和解决工程实践活动中的问题。能够参与工程解决方案的设计、开发；或能够提出、审查、选择为完成工程任务所需的工艺、步骤和方法，能够实施设计解决方案；能够参与相关评价，具有判断力和创新意识，提出专业的独立技术见解。

4）制订各种技术工程计划时，能够全面考虑技术、经济、财政、环境、社会及其他相关因素。

5）在管理方面具有有效的沟通和监督能力；具备筹划项目实施能力，能够进行计划管理、计划预算以及人力和资源的组织。

6）有良好的工程实践经历和责任经验。

上述要求不仅是对机械工程师的要求，实际上也适用于其他领域的工程师。

作为一名机械工程师要实现自己的职业能力，应具备以下三个方面的条件：

1. 基础知识条件

机械工程师应具有的基础知识主要包括：

（1）工程制图、极限与配合、机械工程相关标准　要求熟悉尺寸、极限与配合、几何公差、表面粗糙度的标注和选用；熟悉零件图和装配图的绘制和标注；掌握机械制图标准和各种机械图样视图的表示方法和选用；掌握典型零件、部件的画法和标注；了解机械工程相关标准。

（2）工程材料　了解常用工程塑料、特种陶瓷、复合材料的种类及应用；熟悉常用金属材料的性能、试验方法及选用；熟悉钢的热处理原理，掌握常用金属材料的热处理方法及选用。

2. 专业知识条件

机械工程师应具有的专业知识主要包括：

（1）机械产品设计　了解新产品开发程序及机械设计包含的主要内容；了解主要现代设计方法的基本概念、适用场合和设计原则；熟悉液压传动和气压传动的基本原理和设计要点；熟悉电动机的工作原理及其电气调速制动的方法；熟悉常用机械零部件设计的共性问题和基本原则；掌握常用机械传动的工作原理和特点、主要失效形式、适用场合、设计准则和设计方法；掌握常用机械零部件的功能、结构特点、主要失效形式、设计计算的准则和方法。

（2）机械制造工艺　了解特种加工、表面工程技术的基本技术内容、方法和特点；了解生产线设计和车间平面布置的原则和知识；熟悉铸造、压力加工、焊接、切（磨）削加工、装配等机械制造工艺的基本技术内容、方法和特点；熟悉工艺方案和工艺装备的设计知识；掌握制定工艺规程的基本知识与技能，制定典型零件的加工工艺过程，加工工艺尺寸链、装配尺寸链的计算，以及分析解决生产现场出现的一般工艺问题。

（3）机械产品质量控制　了解质量管理、质量保证体系及质量管理体系的要求；熟悉机械产品及零、部件的检测技术；熟悉各种几何量、机械量、物理量及形位误差的检测量具及检测方法；熟悉产品生产过程质量控制的基本方法、统计分析、控制方法及相关分析。

（4）数字控制技术及机械制造自动化　了解计算机基本知识；了解数字控制（NC）和计算机数控（CNC）的基本知识；了解可编程序逻辑控制器（PLC）的基本知识；了解物流自动化、信息流自动化、管理自动化和机器人的基本概念；了解典型机械制造自动化系统的基本组成和工作过程；了解计算机辅助工艺规划（CAPP）、计算机辅助制造（CAM）、计算机辅助工程（CAE）和计算机集成制造系统（CIMS）的基本知识及应用；了解计算机网络技术在机械工程中的应用；了解计算机仿真技术和计算机虚拟制造技术在机械工程中的应用；了解工业机器人性能及应用；熟悉机械零件加工的数控编程方法及 PLC 编程；熟悉机械制造自动化技术有关知识、柔性自动化加工设备和各类数控机床；熟悉基本的机械零、部件计算机辅助设计（CAD）。

3. 实践能力条件

了解现代管理的理念及在工程实践中的应用。熟悉机械制造企业的职业健康与安全、环保的法律法规、标准知识；熟悉设备维修管理的基本知识；熟悉与职业相关的道德、法律法规知识；熟悉工程项目的评价方法；熟悉生产率提高的方法和现场管理方法等，并能应用于工程实践中。

5.6　工程思维与创造力

工程活动是一种创造性的活动，在工程活动中不仅要考虑技术创新问题，还要考虑工程对社会、健康、安全、法律、文化以及环境的影响和约束。因此，工程师必须具有创造力，必须应用工程思维来分析解决工程问题。

5.6.1　工程思维

思维方式是看待事物的角度、方式和方法，它对人们的言行起决定性作用。人的思维与实践活动是密切联系在一起的，根据不同的实践方式会有不同的思维方式，例如，与科学实践、技术实践、工程实践方式对应的有科学思维、技术思维、工程思维。

科学家通过科学思维而"发现"外部世界中已经存在着的事物和自然规律；技术专家通过技术思维而不断"创新"人类改造自然的方法、技能和工具；工程师通过工程思维、工程活动"创造"出自然界中从来没有过而且永远也不可能自发出现的新的存在物。

1. 工程思维的概念

工程的目的和意义，是解决现实生活中的某些实际问题，所以必然受到约束。而所谓的约束不仅有技术因素的约束，还有所谓的非技术因素的约束。

工程活动是技术要素和非技术要素的集成，而所谓集成，它的核心就是工程是一个系统的概念，而不是技术要素和非技术要素的简单加和。作为一个系统，工程有整体性的特征，有技术要素和非技术要素的非线性相关机制。

所以，工程思维是指在约束条件下，解决工程问题的思维，是为了实现工程目的而进行的系统思维。

任何一项工程，无论是宏观的，机械、建筑工程等，还是微观的，化学、生物工程等，在将书面的或头脑中的原理、设想进行工程化，也就是，付诸实现造物活动的时候，不仅要考虑技术的可行性，还要考虑设备、资金、人员配备、社会、安全、健康、文化、环境、多种方案的决策，以及工程风险等诸多问题，这些问题哪个环节出错都会使工程无法有效实施。

具体地说，作为现代工程活动的主体，工程师必须全面把握人与自然、与其他成员，乃至整个人类社会的互动关系，避免单纯从技术的角度考虑工程问题，避免仅仅着眼于工程对象本身而忽视工程"系统"与"环境"的相互作用。每当面对工程问题时，就非常"自然地"以系统论的视角，综合、全面地思考、处理工程问题，审视工程的价值问题；在考虑技术问题的同时，"附带地"统筹考虑其他一切相关方面的问题；从人类社会和自然界安全的角度，从短期利益与长期利益一致的角度，从局部利益与整体利益一致的角度，从追求性能与经济性比值最大化的角度，把相关事物联系到一起，综合考察并驾驭它们之间的相互作用。

2. 工程思维的特征

工程实践中，在规划、决策、设计、制造、运行和维护等各个环节，都需要工程思维。工程思维具有以下几方面的特征：

（1）**工程思维的筹划性和集成性**　工程思维的筹划性体现为：以选择和制定工程目标、计划、模式、实现的路径以及筹划做什么、如何做，并进行多种约束条件下的运筹为思维内容与核心，它是人类改变自然、适应自然的实践智慧的集中体现和生动展示。因此，在工程思维中，如何对各种资源进行统筹协调以寻求最优的解决方案，并考虑可行性、可操作性等成为工程思维活动的核心。例如，上海地铁1号线的设计，设计工程师考虑到上海地处华东，夏季炎热且雨水较多的情况，所以在地铁1号线的每一个室外出口都设计了三级台阶，要进入地铁口，就必须踏上这三级台阶，然后再继续往下进入地铁站（见图5-6）。就是这三级台阶，在下雨天可以阻挡雨水倒灌，从而减轻地铁的防洪压力；而且地铁1号线的每一个出口都会转一个弯，不会直接通到室外，这一个转弯大大减少了地铁站台和外部的热量交换，从而减轻了空调的压力，降低了电能的消耗。

工程活动是在一定的经济、社会、文化、生态环境下各种技术与非技术因素的集成体，即把不同要素、技术、资源、信息汇集在一起，合为一体，在综合集成的基础上实现系统创新。因此，集成思维就成为工程思维的显著特性之一。现在的工程活动需要越来越多的多学科、多领域的科学技术的集成思维。

（2）**工程思维分逻辑性和非逻辑性**　工程活动中包含很多的逻辑思维，工程师常常依据科学原理进行思考、推理，做出符合逻辑的判断。例如，机械工程师设计和制造机械产品时，必须遵守机械运动的原理，根据工程需求、目标、使用条件和环境约束，利用已有的知识、经验进行推理和判断，选择并确定机械产品设计方案。

同时，工程活动中也存在着大量的非逻辑思维，例如，在机械产品规划、设计过程中，经验、直觉、想象、直观、灵感、顿悟等往往发挥重要的作用，产生很好的思维效果。例如，本书第2章介绍的天津世纪钟（见图5-7），就是将时间与空间、古典与现代、力与美、人与自然充分融合的典型作品。

图5-6　上海地铁1号线出站口

图5-7　天津世纪钟

在工程活动中，工程思维往往是在逻辑思维与非逻辑思维的鲜活交织、渗透、融合与贯通过程中实现的。

（3）**工程思维的科学性和艺术性**　工程思维往往是以科学技术作为支撑，其想象、计划、设计与模型建构都要有科学依据。遵循科学原理，符合科学规律，工程从始至终必须由理性或理智主导。同时，科学规律为工程师的工程思维设置了工程活动中存在着"不可能目标"和"不可能行为"的"严格限制"。因此，合格的工程师不会存在以违反科学规律的方法进行工程设计的幻想。

同时，由于工程师思维主体的个性化与创造性品格，工程思维又表现出艺术性。现实中的每一个工程建构、机械产品都有自己的独特性与不同模式，呈现出不同的艺术特色与魅力。工程思维的艺术性突出地表现为工程系统各个要素的不同组合、选择和集成。例如，同样是天津海河的开启桥，天津解放桥采用的是图 5-8 所示的桥梁两边吊起的模式；而天津金汤桥采用的是图 5-9 所示的中间桥梁旋转的模式。两座桥梁表现出了不同的桥梁个性与艺术魅力。

图 5-8　天津解放桥

图 5-9　天津金汤桥

（4）**工程思维中问题求解的非唯一性**　科学思维与工程思维都可以认为是一个问题的求解过程，科学思维需要解答的是某种自然规律，而工程思维解答的是如何"创造"新的存在物。两种问题求解在性质上有很大不同，其中最根本的区别之一就是工程问题的答案是非唯一的；而科学问题的答案一般具有唯一性。工程思维需要考虑工程系统的所有技术因素和非技术因素，工程中采用的技术路线不是唯一的；非技术因素中，社会、经济、环境等更是因时因地而不同，再有由于工程思维的主体——工程师对问题的思维方式、经验等差异，使工程思维问题的求解具有非唯一性，导致同类工程的设计、施工不同。在当代社会中，业主一方之所以常常对工程项目采用招标的方法，就是因为工程思维中问题求解的非唯一性。

（5）**工程思维的可靠性和容错性**　任何工程都有一定程度的风险，这是因为工程实施的客观条件具有不确定性因素，而且主观方面的工程师的思维、认识也常常存在一定的盲区甚至缺陷，这就使工程思维带有一定的风险和不确定性。

工程风险和失败往往来源于两个方面：一方面是工程的客观条件造成的，例如，发生地震等自然灾害导致的工程风险；另一方面则是因为工程师的认识和思维中出现错误而导致的。但是，对于关乎社会、安全、生命的重大工程是不允许失败的，因为该工程的失败会给社会、人民的生命财产带来巨大损失。重大工程"不允许失败"的要求与工程师认识、思维的容错性状况就是尖锐的矛盾，而如何认识和解决这个矛盾就成为推动工程思维进步的重要动因之一。

为了提高工程思维和工程活动的可靠性，工程师要加强对工程"容错性"问题的研究。所谓"容错性"就是指在出现了某些错误的情况和条件下，工程仍能够继续"正常"地工作或运行。例如，载客飞机上一般都有两个以上的发动机，当一台发动机出现故障时，其他发动机可以取而代之，从而保证飞机飞行的安全性，这就是"容错性"在发挥作用。

5.6.2 创造力

创造力是人类特有的一种综合性本领。创造力是指产生新思想，发现和创造新事物的能力。它是成功地完成某种创造性活动所必需的心理品质。它是知识、智力、能力及优良的个性品质等复杂多因素综合优化构成的。

创造力贯穿于个人生活和职业活动的方方面面。在现今时代，信息技术飞速发展，创造力的重要作用被提高到了前所未有的地位，成为一个国家兴旺发达的不竭动力。

一个人是否具有创造力，是区分人才的重要标志。例如，创造新概念、新理论，更新技术，发明新设备、新方法，创作新作品都是创造力的表现。创造力是一系列连续的复杂的高水平的心理活动。它要求人的全部体力和智力的高度紧张，以及创造性思维在最高水平上进行。

创造力有两种表现形式：一是发明，二是发现。发明是制造新事物，如瓦特发明蒸汽机、鲁班发明锯子。发现是找出本来就存在但尚未被人了解的事物和规律，如门捷列夫发现元素周期律、马克思发现剩余价值规律等。

真正的创造活动总是给社会产生有价值的成果。工程就是创造性活动，在工程活动中可以展示工程师的创造力。

理解创造力的概念要把握以下几点：

1）创造力是一种有别于智力的能力，对创造力测验的内容是在智力测验内容上没有的，是用智力测验测不出来的能力。

2）创造力指在各种创造性活动中的能力，既有科学创造和技术创造活动，又有工程创造和艺术创造活动，还有其他方面的创造活动。

3）新颖独特是指前所未有、与众不同，这是创造力的根本特征。

4）发挥创造力而创造的产品（包括物质的和精神的）具有社会或个人价值。

影响一个人创造力的因素主要有以下几个方面：

1）知识。这里所说的知识不仅仅是知识基础和范围，还包括学习与吸收知识的能力、理解与记忆知识的能力、应用知识的能力。具有坚实的自然科学理论基础知识，为学习与吸收新知识提供了可能；具有很好的学习能力、理解能力，可以不断丰富自己的知识领域；不仅要具有扎实的基础理论、系统的专业知识，还应具有一定的交叉学科知识，并且能够运用相关知识思考、分析和解决问题。知识是创造力的基础。

2）智能。智能是智力和多种能力的综合，既包括敏锐、独特的洞察力，高度集中的注意力，高效持久的记忆力和灵活自如的操作力，还包括掌握和运用创造原理、技巧和方法的能力等。这是构成创造力的重要部分。

3）品格。品格又称为"性格""人格"，是指人的内在的、道德或伦理方面的修养。品格是一个人的基本素质，它决定了这个人回应人生处境、处理问题的模式。人的品格主要是在一定的社会历史条件下，通过社会实践活动形成和发展起来的。性格是品格的重要内容，性格对人的创造力影响很大，积极的性格，如勤奋、自信、进取心、好奇心、探究性、批判性思维等，对创造力有促进作用；而消极的性格，如怠惰、自卑、安于现状、墨守成规等，则抑制创造力的发展。

创造力可以认为是人们在创造性解决问题过程中表现出来的一种个性心理特征，是根据一定的目的，运用一切已知信息，产生出某种新颖、独特、有社会或个人价值的产品的能力，其核心是创造性思维能力。每个工程师都应具有这种能力。

既然创造力的核心是创造性思维能力，那么，创造性思维能力又指的是什么呢？

创造性思维是一种具有开创意义的思维活动，即开拓人类认识新领域、开创人类认识新成果的思维活动。

创造性思维是以感知、记忆、思考、联想、理解等能力为基础，以综合性、探索性和求新性为特征的高级心理活动。

人的创造性思维能力需要经过长期的知识积累、素质磨砺才能具备。创造性思维过程，离不开灵感、直觉、预感、想象等思维活动。

（1）灵感　灵感是指人们在从事某项活动的思维过程中，头脑在一段时间处于活跃状态，思维极度敏捷，创造力十分高涨，但仍"百思不得其解"毫无收获后，人的头脑处于一种"放松"状态，此时却突然受到某种外在或内在的随机因素的激发，对正在思考的问题有了领悟，感到思想豁然开朗、茅塞顿开，这就是"灵感"出现了。灵感具有瞬间偶然性的意识感应、稍纵即逝的领悟认知等特征。

在工业化的服装生产出现之前，人们概念中的缝纫针都是一样的，那就是穿线的洞开在与针尖相反的一头，当针带着线穿过布料的时候，线是最后穿的。对手工缝纫来说，这当然没问题，但是工业化的缝纫机需要让线先穿过布料。为此，发明家们采用了很多方法，但效果都不理想。19 世纪 40 年代，美国人伊莱亚斯·豪（Elias Howe）也为此冥思苦想了很久，多次试验都失败了。一天他在苦闷中睡着了，睡梦中，他梦见一群野蛮人要砍掉他的头，把他煮了吃。伊莱亚斯·豪在梦中拼命地想爬出锅或躲过砍刀，但是被这群野蛮人用长矛恐吓着，在这时他突然看到了长矛的尖头上开着孔，一下子触发了他的"灵感"。他很激动，醒来后立即设计出了针眼靠近尖端的缝纫机针。1845 年，他的第一台缝纫机模型机问世，每分钟能缝 250 针，比好几个熟练工人还要快。图 5-10 所示的就是伊莱亚斯·豪与他申请专利的缝纫机原理图。

（2）直觉　直觉是指人们从事某项活动中主观意识对客观事物直接的观察和感受，对于新事物、新现象，在证据不充分的条件下，凭着丰富的知识和经验，通过非逻辑思维，快速做出直接判断的行为过程。

直觉思维是不受某种固定的逻辑规则约束而直接领悟事物本质的一种思维模式，直觉思维具有迅捷性、直接性、本能意识等特征。

著名物理学家、化学家居里夫人发现钋和镭元素的故事就是直觉思维的故事。在居里夫人进行矿物放射性测定研究中，她发现一种沥青油矿的放射性强度比当时已知的铀、钍放射性元素要大得多。凭直觉，她大胆地假定：这些矿物中一定含有一种放射性物质，是今日还不知道的一种化学元素。有一天，她用一种勉强克制着的激动的声音对她的姐姐布罗妮雅说："你知道，我不能解释的那种辐射，是由一种未知的化学元素产生的……这种元素一定

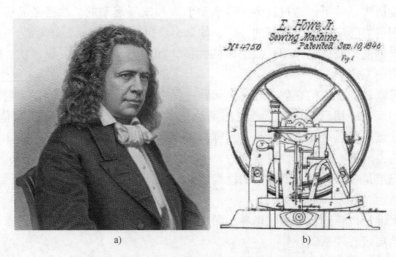

图 5-10　伊莱亚斯·豪与他申请专利的缝纫机原理图
a）伊莱亚斯·豪　b）申请专利的缝纫机原理图

存在，只要去找出来就行了。我确信它存在！我对一些物理学家谈到过，他们都以为是试验的错误，并且劝我们谨慎。但是我深信我没有弄错。"在这种信念的驱使下，经过不懈的努力，居里夫人终于和她丈夫一起发现了新的放射性元素：钋和镭。图 5-11 是玛丽·居里和皮埃尔·居里及亨利·贝克勒尔 1898 年在实验室的照片。

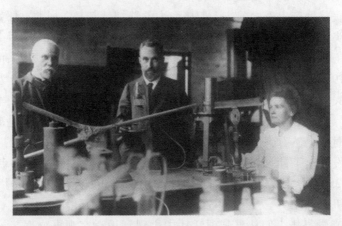

图 5-11　玛丽·居里和皮埃尔·居里及亨利·贝克勒尔在实验室

爱因斯坦曾说："真正可贵的因素是直觉。"在创造发明等活动中可以凭直觉抓住思维的"闪光点"，直接发现事物的本质和规律。

尽管直觉的产生往往极为突然，但是其生成绝非偶然。直觉的生成有极为复杂的原因和条件。

首先，直觉的生成必须要有相关知识的积累。知识的积累是指经过人们反复实践和认知而沉淀并存储于大脑中，形成了下意识的反应。再者，直觉的生成须有一种特定的情景，思维主体或者处于特定的场景之中，或者观察到特定的现象，或者在突发性的压力之下等，使思维出现了突发性的脉动，就出现了直觉。

直觉的出现，一是靠灵感，二是靠顿悟，三是靠直观。

一个人具有良好的直觉能力，首先要有广博而坚实的基础理论知识，因为直觉不是凭主观意愿，而是凭科学知识、规律；二是要有丰富的实践经验，因为产生直觉仅凭书本知识是不够的，直觉思维迅速、灵活、机智，需要有较多的实践与解决各种复杂问题的经历；三是要有敏锐的观察力，因为做出直觉的判断，需要能够迅速地看清问题、现象的全貌。

（3）预感　预感是事先的感觉，是人们从事某项活动时，头脑中产生的一种非逻辑的创造性思维形式，是人们在科学研究、工程实践中的一种强烈的具有创造性、智慧性的思维。

科技改变人类生活，每次大的科技突破都会引发人们生活方式的变革，从电灯、电话到计算机、手机，结合现在的科技发展趋势，就可以预感到对未来人类生活的影响，从而激发人们的创造欲望，去设计、开发、制造更多更新的工程产品，造福于人类。

例如，现在可以预感到人工智能将会对未来人类生活产生影响。人工智能，从最强大脑的角度看来，其应用模式逐渐清晰化，并且将渗透到人类生活的每一个角落，从图像分析、声音分析到人脸识别等，都将是对人类生活改变的源头，相应的工程产品即将出现。图 5-12 展示了用脑电波控制机械手臂的研究，由此可以预感到不久的将来，有生理缺陷的人就可以通过脑电波控制机械假肢等辅助物来更好地进行生活自理。

再有，精准治疗，这个对大多数人来说还比较陌生，但是在现代科技医疗领域已经开始逐渐发展，可以预感，精准治疗将会在医疗领域取得成功。精准治疗与其说是治疗，倒不如说它的精准更令人敬佩。以前人们是身体出了问题才想到就医，而精准治疗则会在人们的身体出现问题之前就做出准确的判断，从而得出一套最有效、最个性化的预防与治疗方案，这在将来的人类健康领域会得到长足的利用。

图 5-13 所示是发表在国际期刊 *SCIENCE* 上的研究论文截图，展示的是人的乳腺癌细胞。科技工作者开展了大规模癌症基因组研究，揭示了 DNA 错误如何驱动肿瘤生长的机制，为今后的精准治疗奠定了基础。

图 5-12　脑电波控制机械手臂

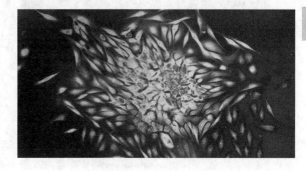

图 5-13　人的乳腺癌细胞

随着人的年龄增长，工程经验阅历的不断丰富，会逐步出现"预感"这种心理活动。可以说，预感就是根据经验对事情的出现做出提前的判断，与经验是密切相关的。所以，要培养"预感"就要不断地积累经验、丰富阅历，要养成观察问题、分析问题的习惯，要训练自己思维的逻辑性和敏捷性。这样，就会时常有预感，而且会不断提高预感的准确性。

（4）想象　想象是在已有形象的基础上，在头脑中创造出新形象的思维。

按照对事物的客观描述在头脑中构成形象叫再造想象；新形象的独立创造叫创造想象。

想象是人们将通过联想得来的知觉材料或有效信息进行加工、改造和重组的非逻辑思维过程，即人脑对记忆中原有形象经加工、改造、重组后，创造出新形象的思维方式。

想象是科学研究、工程活动中不可或缺的创造性思维，是打开多路思考的通道之门，是大胆提出假设的重要组成部分。所谓"只有想不到，没有做不到"。

要揭示事物的本质，研究事物的发展，不仅要把握能直接感知的材料，更要把握那些尚未直接感知、仍处于隐蔽状态之中的联系，而要设想事物内部的联系和运动机制，就要依靠想象。

18世纪中期，英国商品越来越多地销往海外，手工工场的生产技术不能满足需求。为了提高产量，人们想方设法地改进生产技术。对于纺织也是一样，传统的纺织技术效率低，工人劳动强度大。詹姆斯·哈格里夫斯（James Hargreaves）是一名普通的纺织工，妻子也是纺织工人。他总想把旧式手摇纺车改一下，使棉纱能够出得快一点多一点。由于他具有一些机械方面的知识，便一面思索琢磨，一面利用木工工具进行设计和试验，以至达到废寝忘食的程度。

一天晚上回家，哈格里夫斯无意中踢翻了正在使用的纺纱机，当他弯下腰要把纺纱机扶正时，意外地发现，那被踢倒的纺纱机还在转，只是原先横着的纱锭变成直立的了。这个极其平常的现象却引起了他的注意。他没有立即把纺纱机扶起来，而是面对着翻倒在地的纺纱机进行了认真的观察和思考。他想，如果把几个纱锭都竖直地排列起来，由一个轮子来带动，不是就可以提高纺纱的效率了吗？于是，他着手设计并制成了一架用一个纺轮带动八个竖直纱锭的新纺纱机，功效一下子提高了八倍。他以他女儿的名字命名了该纺纱机，也就是珍妮纺纱机（见图5-14）。

a)　　　　　　　　　　　　　　　　　b)

图5-14　珍妮纺纱机

a）纺织机模型　b）改进后的珍妮纺纱机（约1770年）

由此可见，创造力是工程师必须具有的能力之一。创造力的提升，需要坚实、宽广的理论知识作为基础，需要工程实践经验的积累，以及创造性思维的养成。

习题与思考题

1. 工程师按照等级如何分类？
2. 工程师所从事的具体工作可以分为哪些？
3. 工程师的职业道德包括哪些基本内容？
4. 工程师的工程意识表现在哪些方面？
5. 如何培养工程师的工程品质？
6. 为什么工程师在工程活动中要承担社会责任？
7. 机械工程师职业道德规范包括哪些内容？
8. 机械工程师应具备哪些职业能力？
9. 什么是工程思维？其特征有哪些？
10. 什么是创造力？如何培养创造力？
11. 你有过灵感或直觉的体验吗？
12. 结合目前的科技发展，你预感到将来会有哪些幻想中的工程产品会出现？

第6章 工程设计

导读

　　工程设计是工程活动的重要环节，工程设计不仅要考虑科学技术问题，满足工程的使用要求，而且要考虑工程产品、工程活动带来的社会、安全以及环境等方面的问题。工程问题既有能不能做的技术问题，也有可不可以做的非技术问题，也就是说工程更要考虑社会、安全、环境等诸多非技术因素，要考虑对人们生活、社会发展利害关系权衡等问题。

　　本章主要介绍工程设计的概念，并结合具体的工程产品设计，介绍在工程设计中如何将多学科技术进行融合，体现创新意识，以及在工程设计中如何考虑社会、健康、安全、法律、文化、经济以及环境等因素。

6.1　工程设计的概念

　　设计是把一种设想、创意通过某种方式表达出来的过程。人类通过工程活动改造世界，创造文明，创造物质财富和精神财富，而最基础、最主要的创造活动是造物。工程设计便是造物活动预先的计划或者规划，说明造什么样的物，如何造物。

6.1.1　工程设计的基本概念

　　工程活动也可以理解为是为了某种目的，利用资源造物的活动。而设计就是为了所造的物体以及造物活动提出设想、计划，为实际的造物活动提供目标、方法、手段、途径以及时间安排等。

1. 工程设计的基本理解

工程设计可以从以下几个方面去理解：

　　1）工程设计是人们运用科技知识和方法，有目的地创造工程产品构思和计划的过程，几乎涉及人类工程活动的全部领域。

　　2）工程设计是根据工程的要求对工程所需的技术、经济、资源、环境等条件进行综合分析、论证，编制工程设计文件的活动。

3）工程设计是为工程项目的建造（生产）提供有技术依据的设计文件和图样的整个活动过程；是建造（生产）项目进行整体规划、体现具体实施意图的重要过程，是科学技术转化为生产力的纽带，是处理技术与经济关系的关键性环节，是确定与控制工程或产品造价、成本的重要阶段。工程设计包括质量设计，决定了工程质量的成本、实现路径和最终水平。

2. 工程设计的基本含义

工程设计是把一种工程项目、产品的设想、创意通过某种方式表达出来的过程，工程设计是一种"有目的的创作行为"，其基本含义包括以下几方面：

（1）明确工程的目的要求及约束条件　工程的目的往往是达到或满足人类某种期望或者需要，也就是工程设计的动机。同时，要知晓有关限制和约束条件，包括技术、社会、安全、经济等方面的限制和约束条件，要在约束条件下开展工程设计。

（2）提出工程建造（生产）规划　也就是在约束条件下，将期望、知识、手段等转化为对工程产品或作品的规划，使得工程产品的形式、内容和行为变得有用、能用，而且不仅在技术方面可行，在社会、安全、经济等方面也可行。这是工程设计的意义和基本要求。

（3）编制设计文件　要根据工程建造（生产）和所涉及的法律法规要求，对工程建造（生产）所需的技术、经济、资源、环境等条件进行综合分析、论证；编制设计文件，提供相关服务的活动，包括设计总图，工程材料、制造工艺、制造设备的选择，环境评价，制造成本、经济效益与社会效益分析等。

6.1.2　工程设计的一般流程

工程产品或作品的设计方法在不同的工程领域会有一些差异，但是一般的流程差异不大。图 6-1 所示为工程产品设计或者说创造产品的基本流程。

如图 6-1 所示，工程设计从需求出发，到设计出的产品满足需求为止，总体大约需要 11 步。考虑需求主要是前四步。

第一步：发现需求并定义问题。发现需求是工程产品设计、创新点的起因和目标。

所有的工程产品都应该是为了满足人们生活的需求。不仅仅是满足人们现实的需求，而是要引领人们的需求，使人们生活得更加美好、幸福。例如，一代又一代手机产品，其功能不断地更新，手机有了上网、图像识别等功能，使得手机在人们的生活中发挥了越来越多的作用，人们有了新的生活模式。现在大多数人或者说年轻人的生活已经离不开手机了。而未来的手机，其功能还在更新。现在比较先进的手机已经具有了投影仪功能（见图 6-2）、医疗检测仪功能等。在手机里内置生物传感器，如心电传感器等，使用手机就能监测用户心率、血压、运动、睡眠状态等生理指标，可以将信息数据自动上传到云端保存（见图 6-3），并抄送给您的私人医生。所以，要创新产品，必须对人们的需求有预判，必须明确要解决的问题，才能在产品设计中针对问题提出解决方案。

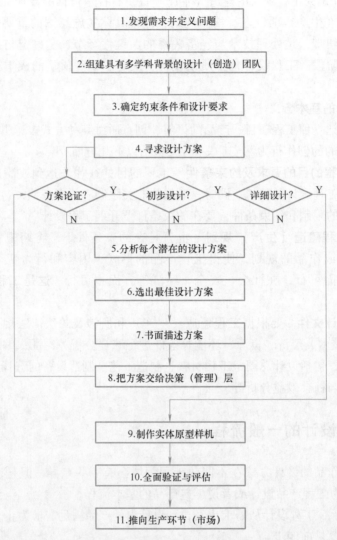

图 6-1 工程产品设计的基本流程

图 6-2 可以作投影仪的手机

图 6-3 可以上传人体生理信息的手机

174

第二步：组建具有多学科背景的设计（创造）团队。

随着科技的进步，任何一个工程产品都涉及了不同领域的科学技术，因此，针对产品设计的需求与要解决的问题，必须组建具有多学科背景人员参加的团队，共同完成设计任务。例如，新型汽车产品设计，需要造型设计师进行汽车外形设计；机械工程师进行车体结构设计；电气工程师进行电子控制系统设计；软件工程师进行软件和智能化设计；制造工程师进行工艺过程设计、生产线设计等。而且所有的设计都需要相关工程师的相互配合才能完成，例如，机械工程师进行结构设计时，制造工程师必须参与其间，因为相关的结构、材料都需要制造工艺来保证其可实施性。图6-4所示为传统燃油汽车的主要结构，图6-5所示为车身的机器人焊接生产线。

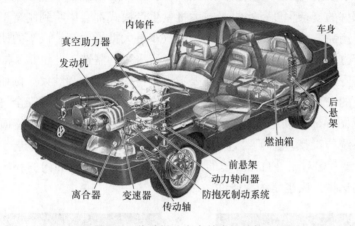

图6-4　传统燃油汽车的主要结构

第三步：确定约束条件和设计要求。

因为技术与资源是有限的，每个工程产品都会对社会、资源、人们的生活带来影响，都存在着技术、经济以及社会等方面因素的限制。因此，在设计环节中不仅要考虑技术问题，还要考虑社会、健康、安全、法律、文化、经济以及环境的约束或限制。

每个工程产品的约束和限制是不一样的，典型的约束可能有以下几个方面：

图6-5　车身的机器人焊接生产线

1）开发预算、经济成本的限制。任何一个产品的设计、开发、制造都需要消耗成本。一个产品在设计开发阶段的经费往往是有限的，而且产品投入到市场后，都希望实现利益的最大化，因此，产品制造成本也是产品设计中必须考虑的约束或限制因素之一。

2）时间限制。由于现代产品更新换代迅速，市场需求瞬息万变，都要求产品设计开发在短时间完成。

3）法律法规的约束。任何一个产品的开发都具有社会性，必然会受到社会有关法律法规的约束，如《中华人民共和国环境保护法》、知识产权法，以及与工程设计有关的标准等。

4）产品涉及技术的成熟度与可用性的限制。一般的工程都会形成物化的产品，都需要采用一定的技术手段制造出来，而这些技术都应该是现有的、成熟可靠的。而对于高新技术的采用需要考虑其是否成熟、可靠。

5）材料性能和可用性的限制。从某种意义上来讲，工程就是将现有材料转化为人们使用的物化产品。在产品设计中经常受到材料性能的限制，如飞机发动机材料需要承受高温，这是飞机发动机必须面对的约束条件。研究室里开发的新材料，在商业化应用之前，还不能应用于实际的产品设计中，因为从实验室走向大规模工程应用还需要相当长的路程。所以，作为一名材料研究人员绝不能满足于实验室中的研究，新材料真正地用于工程产品、解决相关问题才是材料科学技术研究的目的和动机。

6）制造工艺的限制。制造工艺性涉及产品及零部件的制造或制备的方法与难易程度。产品的材料、零部件的复杂程度、小批量或大批量生产模式都会影响到制造工艺。例如，火箭是小批量制造，产品寿命只是一次性使用；而汽车是大批量生产，汽车的使用周期、频率很高。两者的生产方式、使用范围是完全不同的，所采用的制造工艺也是不同的。

除上述约束与限制外，不同的产品还需要考虑其特殊性需求和约束。例如，在汽车产品设计中，车内成员的安全性是必须要考虑的。现在在汽车设计中除了选用安全气囊外，还包括胎压自动监测（见图6-6）、防抱死制动系统（ABS）、电子制动分配、防碰撞预警、夜视辅助、变道辅助等系统的设计。除了要进行汽车前后的碰撞试验外，还要进行侧面碰撞试验（见图6-7）；不仅要考虑对车外自然环境的污染问题，还要考虑车厢内的环境保护问题，这在汽车内饰材料的选择方面也是约束条件。

图6-6 汽车的胎压自动监测

图6-7 汽车侧面碰撞试验

明确了工程设计的约束条件后，需要确定工程产品的设计要求和评价标准。工程产品的设计要求很多，主要有产品外观的要求、产品使用性能的要求，包括产品的性能与规格、安全性的要求、对环境影响的要求、产品运行与使用的要求、产品可靠性的要求、可维护性的要求、与其他系统兼容性与匹配的要求，还有经济成本的要求等。

第四步：寻求设计方案，也就是进行方案设计。

根据产品设计目的、要求或者说要解决的问题以及约束限制条件，形成产品设计与解决问题的想法与思路，也就是设计方案，即人们常说的"概念设计"。形成设计方案的过程实质上就是一个创造性的过程，需要通过产品设计团队不断地设想、分析、验证及完善来完成。在这个阶段，往往会提出多个设计方案，需要对比分析、讨论甚至争论、论证，最后形成优化的方案。该阶段一般不涉及产品细节的设计，经常采用模仿法、模块法、集成法、假设法、空间想象法、类比法、联想法、移植法、逆向思维法等多种方法进行设计。根据工程实际情况，采取合理有效的方法进行设计，其核心是创新。图 6-8 所示为某汽车外形设计的草图。

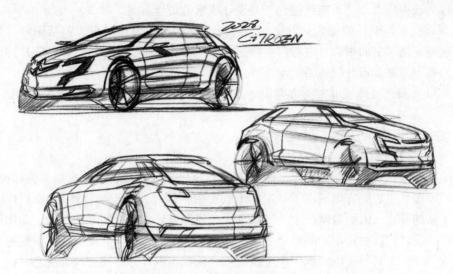

图 6-8 某汽车外形设计草图

图 6-1 所示的设计流程中的第五步到第八步，实际上是要进行以下三次循环：

第一次循环为方案论证循环，即基于初步的设想，提出一些概念或方案，然后对此进行可行性分析与论证。这一循环往往需要重复多次，才能形成可行方案。该阶段提出的可行方案不是唯一的，有可能是多个可行方案。方案论证通过后进入初步设计循环。

第二次循环为初步设计循环，即对方案论证循环获得的一些可行方案进行初步设计，需要建立相应的模型（通常是数学模型），进行分析与验证，然后进行更细致的分析与论证。本循环通常也要重复多次才能达到预期的目标。如果达不到预期目标，则有可能回到方案论证循环，也就是第一次循环。初步设计通过后进入详细设计循环。

第三次循环为详细设计循环，即基于方案初步设计循环获得的一些信息与数据，以及初步验证的模型，进行详细设计，包括产品（或作品）细节与单元设计，并进行必要的验证。本循环也会重复，但相比前两次循环，结果比较稳定。

这三次循环实际上是设计程序中的关键步骤，完成了三次循环，就会得到详细的设计方案。详细设计方案通过后即进入后面的流程：制作实体原型样机并进行全面验证与评估，评估符合设计要求后，就可以投入生产或直接投入市场使用了。

从广义来讲，工程设计的最终结果可以是满足人类需求的产品、作品、服务或工艺过程。当按照图 6-1 完成整个工程产品设计流程后，其最终结果仍然可以不断地改进，这时就需要重新回到流程的起点，如此反复进行，让产品不断地升级和完善，这也就形成了所谓第一代产品、第二代产品、第三代产品等。

从工程设计的流程可以看出，产品设计的过程也就是产品创造的过程，它主要包含以下几个要点：

（1）综合 将多学科的技术进行交叉融合，特别是在科技迅速发展的今天，不同科学领域的科技进步会带动相关领域产品的创新与发展；同时，将不同的部件、子系统进行集成，将不同的技术进行集成，形成一个整体。

177

（2）分析　运用数学、自然科学、工程技术和经济学、工程伦理等对不同的方案进行分析、比较，获得约束条件下能够达到产品设计要求的最佳方案。

（3）交流　要将设计的概念、方案变为可以交流的形式表述出来，包括图样、数学模型或实体模型、撰写书面报告、进行口头陈述，让同事、同行、决策者甚至是用户理解并支持产品的构思、方案及设计。

（4）执行　最终要落实并实施方案设计，形成最终的产品或作品服务于人类和社会。

6.1.3　全生命周期设计概述

随着科技的进步，大量的工程产品服务于人类和社会，给人们带来幸福、美好的同时，也给资源、环境、生态等方面造成了一定的不利影响，因此，对于工程产品的设计、制造、使用提出了新的要求，因而也就产生了产品全生命周期设计的理念和方法。全生命周期设计是一种在产品设计阶段就考虑产品整个生命周期价值的设计方法，它提供了一系列的产品设计质量和价值评价工具与手段，成为产生高质量、低成本设计方案的有效方法之一。

1. 全生命周期设计的基本概念

工程活动或者说产品的全生命周期主要包括产品的计划、设计、建造（制造）、使用（包括维护）、结束（报废与回收）五个环节。图6-9所示为汽车设计-制造-运输-销售-使用-报废的全生命周期示意图。

图6-9　汽车设计-制造-运输-销售-使用-报废的全生命周期

也有人将产品的全生命周期分为孕育期（市场需求调研、产品规划、设计）、生产期（材料选择与制备、产品制造、装配）、储运销售期（仓储、包装、运输、销售、安装调试）、服役期（产品运行、检修、待工）和转化再生产期（产品报废、零部件再用、废件的再生制造、原材料的回收再利用、材料的降解处理等）的五个阶段，形成产品全生命周期的闭环。

可见，产品的全生命周期是指产品从自然界获取资源、能源，经开采、冶炼、加工、制造等生产过程，又经储存、销售、使用消费，直至报废处置各阶段的全过程，即产品进行物质转化的整个生命周期。

全生命周期设计是指在设计阶段就考虑到产品生命历程的所有环节，将所有相关因素在产品设计阶段得到综合规划和优化的一种设计理论和方法。

传统的产品设计通常包括可加工性设计、可靠性设计和可维护性设计，而全生命周期设计并不只是从技术角度考虑问题，还包括对产品可装配性、耐用性甚至产品报废处理等方面的考虑，即把产品放在开发商、用户和整个使用环境中加以综合考虑。

2. 全生命周期设计的特点

产品全生命周期设计的特点是全过程、全系统、集成化和信息化。

（1）全过程 产品设计不仅仅是设计产品的结构和功能，还包括产品的规划、设计、生产、经销、使用、维修保养，直到回收再利用处置的产品生命全过程的设计。要统筹把握产品的全生命过程，使其各个阶段互相衔接，相辅相成，以达到"优生、优育、优用"的目的。特别是在产品规划和设计阶段，就要充分考虑产品使用、维护，乃至报废处理阶段的问题。同时，在使用、维修阶段，要充分利用和依靠在设计及生产阶段形成的特性和数据，正确地使用、维护产品，充分发挥其效能，并在使用保障中积累有关数据和反馈信息，以便通过改进提高产品质量或者提出后续新产品。

（2）全系统 所谓全系统，是将产品的全生命周期过程视为一个系统工程过程，以系统工程的观点和方法全面考虑产品、人、辅助设施、环境等条件，弄清它们之间的联系及外界的约束条件，通过综合权衡，密切协调，力求系统地整体优化。以汽车产品为例，必须全面考虑人、汽车、道路、气候以及对环境的影响，全面权衡舒适、安全、美观、环保、维修、经济等诸方面因素。整个设计过程是一个不断综合、分析和评价的过程，通过反复循环，直到确定最终的设计方案。

（3）集成化 产品全生命周期设计包括产品的各个阶段，涉及各个方面，往往采用模块化设计、标准化设计，还要考虑个性化设计、多样化设计，最终根据需求进行集成。其设计包括了多学科技术的融合与集成、多学科背景设计人员的集成。在网络时代的今天，使分散在不同工作地点的具有多学科背景科技人员的分工协作、最终集成的设计模式成为可能。

（4）信息化 由于产品全生命周期的设计涉及产品规划、设计、生产、经销、使用、维修保养，直到回收再利用处置的全过程，产品每个阶段的信息、数据都是相互关联的，对于每个阶段产品的状态、出现的问题、解决情况等各种信息与数据都是非常有价值的，因此，产品全过程的信息、数据都必须完整，随时可以调用、处理、应用。所以，产品全生命周期设计只有在信息化的今天才成为可能。

3. 全生命周期设计的主要内容

全生命周期设计实际上是面向全生命周期所有环节、所有方面的设计。

以机械产品为例，包括面向产品功能的设计、面向材料及其加工成形工艺的设计、面向制造与装配的设计、面向产品安全使用寿命的设计、面向产品经济寿命的设计、面向产品安全可监测性的设计、面向产品资源环境的设计、面向产品事故-安全的设计、面向产品维修-再制造的设计等。

每一个面向的设计都需要专门的知识、技术作为支撑。可以采用专家系统、分析系统或仿真系统等智能方法来评判概念设计与详细设计满足产品全生命周期不同方面需求的程度，发现所存在的问题，提出改进方案。

179

产品全生命周期设计是多学科、多技术在人类生产、社会发展、与自然界共存等多层次上的融合，所涉及的问题十分广博、深远，是今后工程设计的重要方法之一。

4. 全生命周期设计与管理

产品的全生命周期设计涉及产品的各个阶段，只有形成了一个完整的整体，才能促进产品全生命周期的管理，因为只有产品全生命周期的管理落实到了实处，全生命周期设计才有意义。而全生命周期的设计、建造过程必须为全生命周期管理创造必要的技术基础，例如，要获取、监测产品服役过程中的状态数据，就必须在产品设计时，考虑各种信息传感器的设置、信息传递装置的设计等。同时，企业要有各种数据获取、存储、数据处理等技术平台以及相应响应机制的建立，也就是相应管理机制的建立。

5. 工程应用实例

实例1：大数据平台在产品全生命周期设计与管理中的应用。

三一重工股份有限公司（简称三一重工）是一家传统制造企业，从 2008 年开始构建企业的"终端+云端"工业大数据平台，借助大数据、云计算和物联网等先进技术，将制造、服务和生产所有环节实现数字化，实现了包括设计、制造、服役、维修等在内的产品全生命周期设计与管理。

图 6-10 所示的是三一重工智能化车间。通过图 6-11 所示的三一重工智能工厂数据大屏，能够实时追踪智能制造生产线的物料配送、产品生产参数以及质量信息等。图 6-12 所示的是自动小车根据需求，将零部件从立体仓库运送到相应的物料区。

图 6-10　三一重工智能化车间

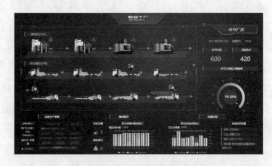

图 6-11　智能工厂数据大屏

a)

b)

图 6-12　自动小车输送物料

a）立体仓库取料　b）输送到车间物料区

　　智能化控制可以提高工作效率、保证精细加工、实现安全生产，而且可以将产品加工过程中的有关信息存储到大数据平台。这些信息与数据对于产品服役阶段的维护与寿命评估都是非常重要的。

　　图6-13所示的是三一重工的泵车装配生产线。该泵车装配生产线采用智能系统进行派工作业。一条泵车装配线有10个工位，每完成一道工序，泵车便由传送带运至下一个工位。装配流水线上，每隔一段距离就有一台终端显示屏，工人们在上面进行物料管理、库存查询、设备报修等操作。随着自动化、智能化水平的提升，装配生产线下线一台泵车仅需1h，生产效率比以前大幅提升。

a)　　　　　　　　　　　　　　　　b)

图6-13　泵车装配生产线
a) 装配生产线　b) 装配生产线工位

　　三一重工的产品主要是用于工程项目施工的工程机械。图6-14所示的是施工中的工程机械。如果工程机械在工程施工现场出现故障，会直接影响工程建设项目的实施。三一重工建立了企业控制中心，依托"云端+终端"大数据平台将地面的设备维护人员位置、工程机械开工信息、配件库存信息等进行集中管理，建立了一套"天地人合一，一二三线协同"的服务体系。三一重工具有全球业务运营情况的数据系统，通过该数据系统可以实时了解企业的全球业务运营情况，并且可以基于精确的地理位置信息，实时掌握各地设备的运行状态，针对设备运行故障情况以及该设备生产过程的历史信息，企业可以做出及时有效的处理和预警。

a)　　　　　　　　　　　　　　　　b)

181

图6-14　施工中的工程机械
a) 挖掘机　b) 泵车

图 6-15 所示的是三一重工自主研发的被称为"黑匣子"的 SYMC 控制器，将其安装在工程机械上。该控制器通过 50~200 多个传感器可以实时采集工程机械使用过程中的各项数据，包括工程机械所在的地理位置、运行轨迹、油压、转速等，再由无线通信模块传输给企业的控制中心。

a) 控制器 b) 控制器安装在工程机械上

图 6-15　SYMC 控制器

a）控制器　b）控制器安装在工程机械上　c）工人在安装控制器　d）控制器面板

在三一重工的企业控制中心（见图 6-16），通过大数据平台可以实时监控国内外任何地方的任意一台设备运行情况。安装在工程机械上的 SYMC 控制器可以实时传递设备位置、开工小时数、运行状态以及故障等信息。超过 45 万台设备汇集而成的大数据，能够帮助企业技术人员对设备进行远程诊断，为客户提供服务。如果某台工程机械发生故障时，控制中心的技术人员可以根据该工程机械历史开工情况及相关数据判断故障，利用 GPS 卫星回传的该工程机械的位置，选择企业最近的服务车，带着解决设备故障所需的配件，2h 内到达发生故障的工程机械现场。三一重工实现了 2h 到达，24h 完工的服务承诺。

要实现这种承诺，企业在产品规划阶段就要考虑产品全生命周期设计问题，包括产品服役期间的维修服务等。因此，就要求在产品设计阶段对于产品服役期间有可能出现的故障有清楚的预判，并对事故出现引起的有关设备性能指标数据变化有清楚的认识，确定相应的检测信号，选择相应的传感器，并给出传感器的数量、安装位置；设计传感器信息检测系统，包括软硬件系统设计等；在制造阶段，就要将传感器安装到设备上，并进行传感器系统的调试；在设备使用阶段，或者说设备的服役阶段，基于三一重工自主研发的智能监测、无线传

图 6-16　企业控制中心

a）企业控制中心数据大屏　b）控制中心工作人员

输系统进行在线实时监测，实现了泵车、挖掘机、路面机械、港口机械等 132 类工程机械的位置、油温、油位、压力、温度、工作时长等上万条状态信息的低成本实时采集，实现了全球范围内超过 45 万台工程机械数据接入，积累了 1000 多亿条的工程机械工业大数据。根据这些数据就能够快速、准确地实施设备维护，保证设备服役期间的正常运行。

通过大数据分析，不仅可以用于正在服役的工程机械的维护，还可以通过故障率统计、分析进行预见性维护及下一代工程机械产品优化改进。例如，三一重工的第五代起重机与第四代起重机相比，吊臂看上去单薄了不少，但是力量却增加了 10%，每根吊臂的生产周期还缩短了 1h。

一台台工程机械通过机载"黑匣子"、传感器和无线通信模块与网络连接，工程机械每挥动一铲、行动一步，都形成了数据痕迹。企业可以基于这些数据，对企业进行风险管理、指导研发和销售。这些大数据还能在一定程度上反映国家 GDP 走势，研究表明，以挖掘机、泵车等工程机械为代表的开工小时数与宏观经济趋势有着高度的正相关。这些数据由于其采集样本大、实时准确，也成了政府部门进行决策的参考依据之一。

实例 2：全生命周期设计与管理在压力容器中的应用。

本书第 3 章曾经讲述了压力容器是指在工业生产中用于完成化学反应、传质、传热、分离和储存等生产工艺过程，并能承受压力载荷（内力、外力）的密闭容器。压力容器工作条件具有特殊性，如高温、高压，介质具有强腐蚀性、毒性及易燃、易爆性等，有的压力容器工作在寒冷地域，环境温度的下降，也会使压力容器的材料、焊接接头性能变差，容易发生安全事故。且事故一旦发生，就具有很强的破坏性，给人们的生命财产安全构成重大威胁。而压力容器使用过程中的安全问题与设计、施工质量密切相关。因此，对压力容器采取全生命周期设计与管理是完全必要的。

所谓全生命周期的设计与管理，就是在设计过程中就要考虑对压力容器的设计、制造、安装、运行（服役）、检验、维修和改造，直至报废回收再利用等各个阶段，进行系统的、综合的规划和优化设计，在整个生命周期内，运用系统工程的观点进行严格的检查和管理，对压力容器的危险因素进行分析，以指导压力容器的设计、制造、运行管理，确保压力容器的安全可靠运行，防止安全事故的发生。

在设计阶段，要按照国家、相关行业压力容器的设计标准进行结构设计与工艺设计，合理地选用材料，设计合理的结构形式。为了对压力容器进行全生命周期的管理，需要增加压力容器运行过程中有关压力、温度等传感器，以及信息的无线传输系统的设计等。

压力容器在制造过程中主要采用的是焊接工艺，而焊接质量对于压力容器的服役安全至关重要，很多压力容器的安全事故都与焊接施工质量差有关，因此，除了进行合理的焊接工艺设计外，更要加强焊接制造过程中的质量管理。压力容器的制造工艺过程一般包括施工准备、材料下料、组装焊接、无损检测、焊接后热处理、压力试验等。对于特殊用途的压力容器还需要进行特殊工艺处理。为了加强施工过程中的焊接质量管理以及压力容器服役期间的事故预测与诊断，可以采用信息管理的方法，将每道焊缝施工的信息提取并存储在压力容器的大数据、全生命周期管理平台中。在压力容器制造过程中，焊工凭证打卡进入焊接工位、开启焊机，每道焊缝的电流、电压等相关焊接参数、焊接过程以及该条焊缝的焊接质量检测信息与数据都实时存入大数据平台。每道焊缝都有专门的二维码（见图 6-17），通过扫描该二维码就可以在系统中获得该条焊缝的焊工人员信息、焊接时间、焊接过程及参数、焊接质量检测等所有信息，进而可以追溯焊接质量与责任。图 6-18 所示的是智能焊接管理系统，可以记录焊接过程的参数。

a)   b)

图 6-17　压力容器焊接

a）埋弧焊　b）焊缝二维码

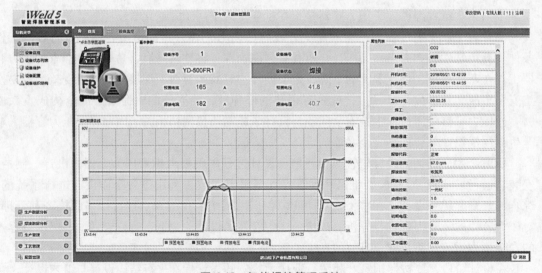

图 6-18　智能焊接管理系统

在服役阶段，压力容器的安全运行至关重要，压力容器使用企业应根据生产工艺需要和容器的技术性能制定各种压力容器的安全操作规程，并对操作人员进行安全教育操作培训。压力容器在运行过程中，既会受到反复升压、卸压等疲劳载荷的影响，又会受到外部环境的影响，如夏天太阳的暴晒、冬天寒冷的空气等，还可能会受到腐蚀性介质的腐蚀，或在高温深冷等工艺条件下工作，压力容器的力学性能会有所下降，容器制造（焊接）过程中的小缺陷也会随之扩展增大。对压力容器运行状态进行实时监测、定期检测（见图 6-19），并将获得的数据与制造过程中的数据进行对比，可以及早发现容器存在缺陷的变化，提前预警并采取措施消除隐患，避免事故发生，保证压力容器的安全运行。相关的数据信息还可以进行压力容器使用寿命的预测与评估。图 6-20 所示的是某压力容器封头受力情况下应力分布的数值模拟图。由此可见，将检测技术、信息技术、计算机技术、压力容器延寿理论与技术用于压力容器全生命周期的设计与管理中，可以大幅提升设备运行的安全性，不仅有重要的经济效益，而且具有重大的社会效益。

图 6-19 压力容器运行过程中的定期检测

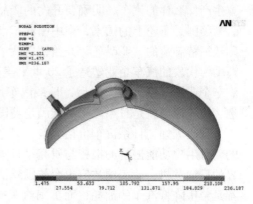

图 6-20 某压力容器封头受力情况下
应力分布数值模拟图

6.2 工程设计实例分析

工程设计是工程活动中的关键环节，在工程设计中既要考虑科学技术，也要考虑社会、环境、健康、安全、文化、经济成本、可持续发展等因素，还要体现创新。本节结合实际的工程设计进行介绍，感受工程设计中多学科技术的融合、创新意识以及如何考虑多种因素对工程的影响与制约。

6.2.1 汽车设计的基本步骤

汽车现已成为人们生活、工作中重要的交通工具之一。现以汽车设计为例，介绍一下工程项目的设计流程。

基于产品全生命周期设计的理念，在汽车产品设计中，并不只是从技术角度考虑设计问题，还要从汽车的美观性、耐用性，甚至汽车报废后的处理等方面考虑问题，即把汽车放在开发商、用户和整个使用环境中加以综合考虑。

汽车产品设计的主要流程如下：

1. 制定产品规划——考虑市场需求、法律法规

在汽车产品开始设计之前，要制定产品的开发规划。要进行产品需求的社会调研，明确产品的粗略定位、目标用户也就是客户群，细分市场、竞品范围、价格与销量估计等。还要分析国家的有关法律法规，特别是新的政策法规，例如，随着汽车对环境的影响越来越大，21 世纪以来，国家出台了一系列政策法规，鼓励新能源汽车的研究与应用，全国大、中城市都推出了新能源汽车示范工程，这对于企业的汽车产品规划有很大影响。

对于汽车产品的规划要进行可行性分析，包括产品的技术可行性分析以及经济、环境保护等方面的可行性分析。

（1）市场调研　通过对市场情况的调研，发现用户需求，确定具体的车型，也就是打算生产什么样的汽车，明确要开发的产品类型及需要解决的问题。

美国是车轮上的国家，在中国汽车市场崛起之前，一直是全球最大的汽车销售市场。美国从福特制造的"T 型车"开始，造就了全球最悠久的汽车文化，以美国福特、通用、克莱斯勒为代表的汽车企业塑造了 20 世纪美国汽车的荣光。但是在 20 世纪 70 年代左右，日本汽车企业大规模进入美国后，日系汽车逐渐取代了美国本土的产品，成为美国消费者的首选，主要原因就是日系汽车更能满足美国消费者的需求。

众所周知，日系汽车价格低廉，但是，仅仅凭借低廉的价格是无法取悦挑剔的美国用户的，对用户功能需求的把控与研究是日本汽车企业制胜的关键。在 20 世纪 60 年代，由于世界的石油危机，从美国政府出台鼓励降低油耗的政策到美国人民降低汽车使用成本的愿望，都是希望降低汽车的油耗，而美国汽车被认为是"油老虎"，日本汽车则是以低油耗著称，特别是在中低档汽车领域，经济型轿车是日本的优势。不仅如此，日本车企为了能够进入美国市场，进行了广泛的市场调研，大量收集美国家庭的日常生活数据，如家庭收入，家庭结构，作息时间，都使用哪些日用品，这些日用品的形状、规格，甚至菜篮子的大小、形状等。然后针对美国人的文化习俗和实际需求，设计出了针对美国用户的车型，美国人一看，这车型简直就是给自己量身定做的呀！因此，日本车在美国大卖。

图 6-21 所示的是 20 世纪 70 年代的美国汽车，其特点是豪华、动力强劲，但是其油耗大且容易出小毛病。图 6-22 所示为同时代在美国市场上的日本车，其车身流线更优美，油耗低且质量更可靠，价格更划算。

图 6-21　美国汽车

图 6-22　日本汽车在美国

由此可见，通过广泛的市场调研，掌握用户的需求、文化习俗，找准产品的定位、优势，对于产品的规划是非常重要的。

（2）可行性分析　根据用户需求、市场情况、技术条件、工艺分析、成本核算、环保评价等，预测产品是否符合市场需求并具有一定潜力，生产厂家的工艺与制造技术能否满足要求，产品质量能否得到保证，项目各项财务及经济评价指标是否达标，是否对国民经济和企业有利。

根据国家的相关法律法规，任何一个工程产品都要进行环保评价，这就对开发的产品具有约束作用。对于汽车产品必须评价其解决环境污染的方案是否满足国家有关标准要求，是否提出了有效解决环境污染问题的方法与措施。例如，开发的产品是否选择了新能源汽车，或者采用先进的技术降低汽车尾气的排放，包括汽车的轻量化等措施。然而这些措施都会导致汽车产品成本的增加，因此，还要进行产品的经济性分析、市场前景分析等。再有就是汽车企业的技术和工艺能力水平能否满足产品制造的要求，如是否具有所采用的新的轻质材料的加工技术和设备等。还有就是所要开发的产品能否促进人们生活水平的提升，有利于国民经济与企业的发展等。只有通过了可行性分析与评价，确定了产品的类型及相关的设计要求、产品的性能指标，才能进入产品后续的开发与设计环节。

2. 外形设计——考虑文化、创新

确定了汽车的基本需求、基本车型、性能指标要求以后，开始进行初步设计。初步设计的第一步就要设计汽车的外形。人们对汽车的第一印象就是它的外观，如果外观不符合人们的审美，就不会受到青睐。汽车造型是否符合其市场定位，会影响它的销量。图6-23所示为设计者采用手绘的方法进行汽车外形的初步设计。

a)   b)

图6-23　汽车外形设计

a）手绘图样　b）手绘图

汽车的外形设计主要是根据汽车用户的定位，考虑其所在地域、人群的汽车文化、习俗等。在21世纪初，汽车开始走入中国普通市民的家庭，受中国文化的影响，当时的中国人更青睐于三厢车型，所以，汽车企业就将国外传统的两厢车改为专门供给中国用户的三厢车。例如，图6-24所示的德国大众POLO两厢车与上海大众生产的POLO三厢车。

而现阶段，随着国家实力的增强，国民对汽车认知程度越来越高，城市越野车、旅行车、猎装车等不同外形的车辆遍布城市的大街小巷，其中城市越野车因其乘坐空间、底盘高度和不同路况通过性的优势尤其受到中国民众的喜爱。

a)   b)

图 6-24　POLO 汽车

a) 两厢车　b) 三厢车

汽车的外形设计要体现一定的创意，既要考虑地域与用户的文化与习俗，又要考虑美学和特色，同时还要考虑整体汽车的文化与品牌设计语言，提升人们的审美水平。例如一些概念车，包括先进技术应用的概念车，也包括汽车外形的概念车，都是为了探索更具创意和美学的汽车外观设计。图 6-25 所示为几款概念车的外形。

图 6-25　概念车

3. 初步造型设计——考虑健康与文化、体现创新

初步造型设计又称总体布置设计，是将汽车各个总成及其所装载的人员或货物安排在恰当的位置，以保证各总成在运转过程中相互协调，乘员乘坐舒适或货物装卸方便。乘员乘坐的舒适性有利于人体的健康与驾驶者的安全。同时，还要考虑汽车使用过程的维修，产品报废时的拆卸方便等。根据这些要求，确定汽车的重要结构尺寸。

在这个阶段，需要绘制汽车的总布置设计图，设计出发动机、变速器、底盘、悬架、驾驶室和行李箱等的具体位置以及边界尺寸，也包括验证零部件的运动是否产生干涉等。经过汽车总布置设计，就可以确定汽车的主要尺寸和基本形状了。图 6-26 所示为车身规格标注示意图，图 6-27 所示为某型号汽车总布置示意图。

根据总体布置与汽车的主要尺寸和基本形状，可以制作汽车造型效果图，在此基础上进行相关细节的设计，包括汽车外饰、内饰的设计。设计中要考虑汽车产品的定位，用户群体的文化，如是商用车还是大众的代步工具，主要服务于成功的中年人士还是青年人。设计要有一定的创意，包括形状、材料、色彩及分块等。根据设计草图通过计算机制作出汽车的三维效果图。图 6-28 所示为汽车内外饰造型创意草图及经过计算机渲染的效果图。

图 6-26 车身规格标注示意图

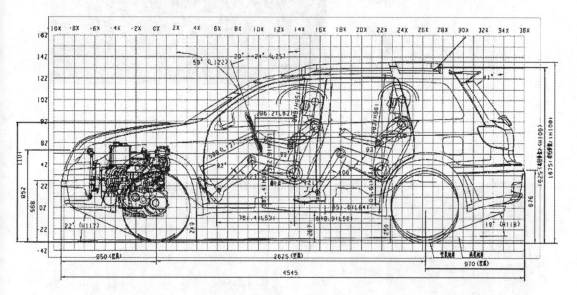

图 6-27 汽车总布置示意图

4. 制作模型——确定细节

在车身设计流程中，实物油泥模型制作是必须经历的一个环节，一般要做 1∶5 和 1∶1 两种不同比例的油泥模型。图 6-29 所示为制作的汽车油泥模型。

按比例制作油泥模型的作用是将汽车效果图立体化，是为了体现和修正效果图中未能表现出或尚未明确的部位，是进一步明确车型概念的重要环节。实体模型可以使产品的特征更真实化、鲜明化。在模型制作过程中可同时进行设计目标、结构、生产性方面的分析研究。该环节对确定最终外观造型是十分重要的，也可以确定外覆盖件的分段关系，对确定间隙尺寸，分析装配关系和难度有重要意义。

在汽车设计过程中，虽然计算机辅助设计应用已经非常广泛，但油泥模型因为它的高效和表现的真实性而仍被广泛应用。当今，几乎对所有世界知名汽车公司而言，制作油泥模型是设计过程中非常重要的一个环节。油泥模型经审定后，可以用三坐标测量仪将车身外表面

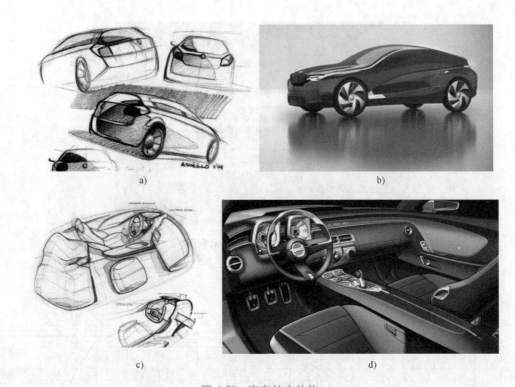

图 6-28　汽车的内外饰

a) 外饰创意草图　b) 外饰创意渲染图　c) 内饰创意草图　d) 内饰创意渲染图

图 6-29　汽车油泥模型

a) 1:5 的汽车油泥模型　b) 1:1 的汽车油泥模型

尺寸参数记录下来，作为绘制车身图样的依据。

5. 详细总成/零部件设计——执行标准，考虑健康、环境、安全

油泥模型评审通过后就要进行详细设计了，各个设计工程师（包括车身、底盘、内外饰、电器的设计工程师）应协同完成相应的设计，如车身工程师就该把车身内部结构做好，内外饰工程师也一样。

（1）确定汽车结构　汽车造型审定后，开始进行汽车结构设计。汽车结构设计是确定汽车整车、部件（总成）和零件的结构。

在汽车结构设计中，设计师需要考虑由哪些部件组合成整车，又由哪些零件组合成部件。零件是构成产品最基本的单元，零件设计是产品设计的根基。在进行零件设计时，首先要考虑这个零件在整个部件中的作用和要求；其次，要考虑为了满足这个要求，零件应选用什么材料和设计成什么形状；最后，要考虑零件如何与部件中其他零件相互配合和安装。

首先是材料选择。按照零部件所使用的材料，可分为金属材料和非金属材料两大类。金属材料是汽车上所使用的最重要的材料，占全车重量的大部分。金属材料又可分为钢铁（黑色金属）材料和有色金属材料两大类。汽车所采用的非金属材料种类繁多。在进行零部件设计时，应根据使用性能要求及材料性能，选择合适的材料。

其次是零部件形状设计。有的零件形状比较特别，既不是常见的平面或圆柱体，也不是简单的双曲面或抛物面，而是造型师根据审美要求而塑造的。在确定零件的形状时，还需要考虑零件的制造方法与工艺，如零件应采用哪种机械加工方法、零件在机床上怎样装夹定位、刀具怎样加工、半成品怎样传送等。

在汽车整体结构设计中最重要的是汽车布局设计，要确定各个零部件的安装位置及装配关系。汽车布局设计既要考虑零部件安装与车身造型和车身尺寸的匹配，更要考虑零部件的位置安排、重量分布，这些都会影响汽车的动力性能和操控性能，进而影响汽车的安全性能。汽车布局需要考虑的元素包括发动机、传动系统、座舱、行李箱、排气系统、悬架、油箱、备胎等，其中，发动机、传动系统和座舱是决定汽车布局的三要素，按这"三要素"可将布局方式分为前置前驱（见图 6-30a）、前置后驱、中置后驱（见图 6-30b）及后置后驱四大类型。确定布局类型后，其他部件可采用"见缝插针"的原则进行设计。

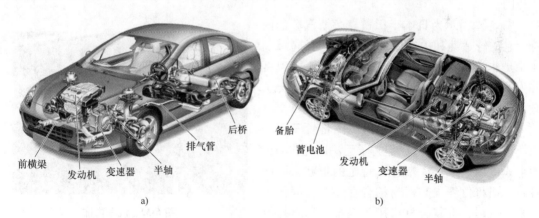

前横梁　发动机　变速器　半轴　后桥　排气管

备胎　蓄电池　发动机　变速器　半轴

a)　　　　　　　　　　b)

图 6-30　汽车布局
a）前置前驱　b）中置后驱

在进行汽车结构设计时，对于材料的选择、结构设计、车身强度与刚度、零部件的耐用度，都要细心选用、精心安排与设计，要保证汽车的各项使用性能，汽车性能之间的主要差别就在这些看不见的地方。图 6-31 所示为桑塔纳 2000GSi 整体安装示意图。

（2）内饰设计　内饰主要包括转向盘、仪表系统、座椅、安全带、安全气囊、地毯、汽车顶棚、门内及立柱的护板、车内照明系统、声学系统、空气循环系统、行李箱内装件系

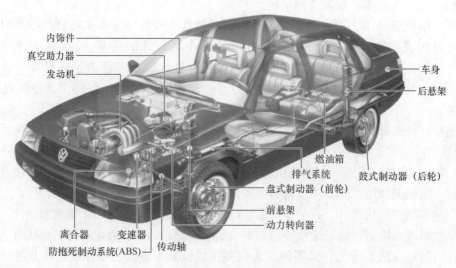

内饰件
真空助力器
发动机

车身
后悬架

燃油箱
排气系统
盘式制动器（前轮）
鼓式制动器（后轮）

前悬架
动力转向器

离合器　变速器
防抱死制动系统(ABS)　传动轴

图 6-31　桑塔纳 2000GSi 整体安装示意图

统等。在汽车内饰的详细设计中，不仅要考虑美观、个性，更重要的是要充分体现乘坐舒适性，应用人机工程学来设计座椅及每个操作部件。车内各种操作的方式方法要符合人们的心理和生理特点，符合人们的正常使用习惯。在内饰材料的选择中，要考虑材料对汽车车内环境、乘员健康的影响。有些车型座椅不舒适，各种按键操作不方便，就是没有很好地应用人机工程学进行设计。另外要结合用户人群的定位，做好内饰色彩的搭配，让乘员坐在车内心情良好，舒适安逸，但不要影响驾驶员的视线，不能影响安全驾驶，因为汽车的安全性是第一位的。

图 6-32 所示为日本丰田雷克萨斯汽车的内饰，它的舒适性和内饰用料的质感上在同级别车中是非常出色的，它得益于优秀的座椅包裹和人体工程学的应用，坐在车上的乘客都会感觉到润物无声的那种舒适。

福特汽车公司的研发团队试图将竹子用于汽车内饰（见图 6-33），但竹子无法以纯粹的天然形式被模制成形，塑造出特定的形状，因此福特公司将竹纤维与塑料结合在一起，制作出了复合材料，将复合材料用于内饰，具有环境友好的特性。福特汽车公司的技术人员表示，

图 6-32　汽车内饰

通过拉伸、冲击等性能测试，发现与其他合成或者天然纤维相比，竹子表现出了优异的综合性能，即便是在超过 100℃ 的高温条件下，复合材料仍然可以保持良好的功能性。

设计师必须把所设计的汽车结构用工程语言表达出来。机械图样是设计师与企业中的工艺师、技工和其他人员交流的"工程语言"。我国颁布了多项机械制图的国家标准，规定了绘制机械产品图样的方法，需要用图样把产品的立体形状和内部结构详细而清晰地表达出来，并且写出技术要求。目前汽车设计的工程化都是采用计算机辅助设计，绘制的电子图样

数据一般可达 4~5GB。图 6-34 所示为应用计算机绘图软件绘制的汽车结构图。

图 6-33 应用竹子复合材料作为汽车内饰

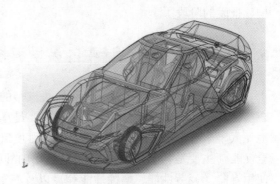

图 6-34 汽车结构图

在设计时，设计师必须无条件地执行国家制定的有关法规和标准。对于出口的产品，还必须执行外国的标准，如 ISO（国际标准化组织）、SAE（美国汽车工程师协会）、JIS（日本工业标准）、EEC（欧洲经济共同体）、ECE（欧洲经济委员会）等标准。图样绘制完成后，需要将部件和零件按照规则进行编号，组成整车的物料清单，即 BOM（Bill of Material）。

6. 样车试验——达到设计要求，满足需要

汽车设计完成后，一般先制作一辆"骡子车"，所谓"骡子车"是指在汽车产品开发初期，为了考察汽车底盘性能，用现有相近类型汽车的白车身进行改装，然后装上设计的底盘、动力总成以考察底盘性能。不同的车身和底盘杂交到一块儿，就是所谓的"骡子车"。通过"骡子车"验证试验，底盘性能满足设计要求以后，就开始试制一辆样车，然后再制造十几辆甚至几十辆试验车，以便进行实际车辆行驶的道路试验。根据试验中暴露的问题进行调整、修改，甚至重新设计。

样车试验包括动力性、燃油经济性、制动性、行驶平顺性、操纵稳定性、可靠性与耐久性等测试，还有各种环境适应性试验，如高寒和高温测试、涉水测试、噪声测试等。当然，撞击测试和翻滚测试等安全性测试也是必不可少的。这些试验都有相关的标准规定，需要按照标准进行试验测试。图 6-35 所示为汽车的碰撞试验，用于检测汽车碰撞的安全性。图 6-36 所示为汽车的高寒试验，包括冷起动、冷起动下的驾驶性能、高寒环境下整车可靠性等试验项目。

图 6-35 汽车碰撞试验

图 6-36 汽车高寒试验

样车试验通过后，就可以进入正式产品的投产了，后面就进入了批量生产、使用、维护、报废的阶段了。

6.2.2 车身结构设计中的多学科技术融合

本书第 2 章曾经介绍过，为了解决汽车的环境污染、能源消耗等问题，各个汽车企业都在实施汽车轻量化工程，汽车轻量化主要是车身结构的轻量化。汽车车身的轻量化不是简单地让汽车车身重量下降，是在满足车身刚度（影响汽车振动频率、乘坐的舒适性）、被动安全性能（主要是各个方向的撞击）、汽车内外噪声与舒适性（汽车行驶气流的影响）、汽车使用寿命（疲劳性能、耐蚀性能等）以及汽车回收与再生等要求下，进行车身轻量化。

由于汽车使用的大众化，汽车的环境、能源、安全问题越来越受到人们的关注，各类法规政策不断地出台或者更加严格，再加上汽车市场竞争日趋激烈，必然导致车身设计功能的提升。为了满足这些功能要求，在汽车轻量化设计时，必须提高车身附件（如侧门、座椅、安全带等部件）的强度和提高车身结构的刚度及吸能性，从而提高被动安全性，并通过新技术的应用，满足汽车使用寿命要求。因此，汽车轻量化工程的实施，就是通过优化设计，采用先进的高强度轻量化材料，并通过先进的材料加工与成形技术来满足轻量化材料在汽车中的应用。由此可见，汽车轻量化就是通过车身几何形状的优化设计，再加上轻量化材料的合理使用以及先进成形工艺等方面的集成来达到目的，是各种新技术的融合与集成。

1. 车身结构的优化设计

汽车结构的设计随着科技的发展而发展，在 1965 年以前，车身设计准则是无限寿命设计，其支撑技术主要是结构力学、传统材料、安全系数；后来是有限寿命设计，其支撑技术主要是传统材料、结构动力学、计算机技术、载荷分析、强度特性等；到 1990 年以后进入汽车轻量化设计阶段，其支撑技术主要是新材料、多体动力学、高速计算机、电子技术、虚拟技术、结构强度等。

图 6-37 所示为承载式车身结构图，给出了车身主要结构名称。图 6-38 所示为车身结构件的分类，可以分为缓冲吸能结构件，主要用于吸收撞击事故发生时的撞击能量；高强度乘员舱结构件，主要用于撞击事故发生时对乘员的保护。

图 6-37 承载式车身结构

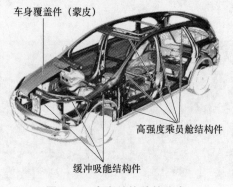

图 6-38 车身结构件的分类

汽车的车身设计近年来提升非常明显，美国曾经做过一次跨越 50 年的汽车碰撞测试对比，可以看到汽车安全性能在半个世纪中得到的提升，测试的汽车是两台雪佛兰汽车，分别诞生于 1959 年和 2009 年。1959 年的雪佛兰汽车在碰撞后车头陷入了驾驶室，A 柱严重扭曲，车门严重变形，根本无法打开，厚厚的发动机舱盖没有任何形变，驾驶者必定凶多吉少（见图 6-39a）。而 2009 年的雪佛兰汽车虽然车头损失惨重，发动机已经下沉，但驾驶室完好无损，A 柱保持完好，车门可以顺利打开，发动机舱盖弯折，在这样的碰撞中，驾驶者生还希望很大（见图 6-39b）。

「汽车车身结构的优化设计」

图 6-39 雪佛兰汽车对比撞击试验

a）1959 年的雪佛兰汽车 b）2009 年的雪佛兰汽车

汽车结构轻量化的设计技术有很多种，目前应用最多的方法之一是有限元分析方法。车身设计工程师们应用数学、力学等方面的知识分析汽车结构，构建汽车结构的数学模型，利用计算机有限元分析软件，能有效地模拟汽车车架在受力情况下的反应，这为汽车车架构造的设计提供了很大的便利和帮助。以往需要耗费大量时间和财力才能获得的数据，如今只需要几个小时就能获得精确的数据，大大缩短了汽车产品研发的周期。

利用计算机进行有限元数值计算分析及模拟，可以有效地了解汽车行驶、发生各类碰撞时的载荷传递方式，图 6-40 所示为汽车正面、后面撞击冲力的分散示意图。图 6-41 所示的是汽车侧面碰撞的有限元数值模拟。根据有限元数值模拟结果，可以给出合理的车身结构参数以及高强度材料或者高吸能材料应该应用的部位。

图 6-40 汽车撞击载荷传递

a）正面撞击冲力分散示意图 b）后面撞击冲力分散示意图

图 6-42 所示为日本本田奥德赛汽车采用有限元数值分析技术进行车身结构设计的实例。本田奥德赛汽车使用本田的安全车身设计技术，进行了车身架构设计，汽车车身的红色部分采用高强度的钢板，黄色部分强度略低，绿色箭头表明了在汽车发生碰撞时撞击力的传递方向。汽车 A、B 柱和车底均采用高强度的钢板冲压制造，将形变控制在最低的水平。实际的本田奥德赛汽车在碰撞测试中也获得不俗的成绩。

「图 6-41」

图 6-41 汽车侧面碰撞的有限元数值模拟

「图 6-42」

图 6-42 本田奥德赛汽车车身结构设计

2. 车身结构的材料选择

在车身的轻量化材料中，目前主要有热成形高强度钢材料、铝合金材料、塑料复合材料以及镁合金材料四种。其中，广泛应用的结构材料为热成形高强度钢，这类材料是既可实现轻量化又能保证安全的性价比高、符合目前维修习惯的汽车制造基本材料。铝合金材料是汽车轻量化的主导材料之一，不同类型的铝合金可用于汽车不同的部位，铝合金材料是汽车轻量化中最具有发展前景的材料。塑料复合材料是有效轻量化、用量迅速增加的轻量化材料。镁合金是轻量化效果最显著，但是性价比有待提升的材料。

热成形高强度钢材料、铝合金材料、塑料复合材料以及镁合金材料之所以被用于汽车车身的轻量化设计中，除了它们的力学性能能够满足要求外，更主要的是它们具有的环保性能、可回收再利用性能等。金属材料的回收率相对比较高，德国奔驰汽车公司的金属材料回收率已经达到了 95%。车用塑料及其复合材料主要有两类，即热塑性树脂材料与热固性树脂材料，大部分热塑性树脂材料都可回收再利用，而热固性树脂材料比较难回收利用，只能尽量回收或粉碎后作为填料使用。这在汽车轻量化设计时需要加以考虑。

下面以奥迪汽车车身轻量化设计的发展来看材料在汽车轻量化的应用变化。作为在乘用车上应用轻量化铝合金材料的先驱之一，奥迪的 ASF 车身结构可以追溯到 20 世纪 80 年代。所谓 ASF 技术是 Audi Space Frame 技术的简称，其意义为"奥迪空间框架结构车身技术"。该技术遵循了仿生学原理，从自然界动物身上汲取灵感。通过优化车架结构，在关键部位应用超高强度材质、非承重部位应用轻量化材质，来实现整车轻量化。基于 ASF 技术，1987 年推出了铝合金车身架构的奥迪 A8 汽车原型车。1993 年在法兰克福车展上，奥迪推出了名为 ASF 的概念车，这也是 ASF 首次发布。1994 年推出了量产化的第一代奥迪 A8（D2）汽车，该车是首款应用 ASF 车身架构的车型，车身仅有 249kg。奥迪 A8（D3）在 D2 车型上进行了改进，车身质量进一步降低到 215kg。其车身架构同样完全由铝合金材质构成，包括铝板材、铝型材及铝铸件，如图 6-43 所示。因此更多的人习惯称之为"全铝车身"。

a)   b)

图 6-43　奥迪 A8（D3）汽车

a）汽车外形　b）汽车车体用材

从 A8（D4）车型开始，奥迪对于 ASF 结构的碰撞安全性能进行了进一步优化，以适应德国出台的有关车辆碰撞安全性能的新法规，使车辆的安全性更好。优化后的车身材料就不再是单一铝合金材料了，ASF 也不再是狭义上的"全铝车身"了，车身除铝合金材料外，还采用了 8% 的高强度钢，主要集中在车辆 B 柱结构上，用以保证乘员舱的结构强度，当发生侧面碰撞时对乘员也能起到保护作用。由于采用了部分高强度钢，车身质量增长到了 231kg，但是奥迪 A8（D4）的车身刚度提升了

「图 6-43b」

24%，碰撞安全性能得到了明显提升。由此可见，汽车的轻量化需要在保证乘员安全的约束下进行，而非越轻越好。图 6-44 所示为奥迪 A8（D4）汽车车身结构使用材料的情况。A8（D4）的 ASF 结构内采用的高强度钢是热成形高强度钢。

在奥迪 A8（D5）的车身结构中，采用了比 D4 车型更多的热成形高强度钢，以及少部分镁合金材料和碳纤维材料，铝合金的应用只占 58%。因此在绝对质量方面，车身结构达到了 282kg，超过 D4 车型 51kg，这在强调轻量化的今天应该算是个不小的数字了。尽管新加入的镁合金和碳纤维材料可以在保证强度的同时做到更轻，但因为用量占比很小，因此并不能抵消钢材增加的那部分质量。尽管如此，奥迪在同级别车型的轻量化方面依然占有一定的优势。图 6-45 所示为奥迪 A8（D5）汽车车身结构使用材料的情况。

铸造铝
挤压铝
铝板材
热成形钢

「图 6-44」

图 6-44　奥迪 A8（D4）汽车车身结构使用材料

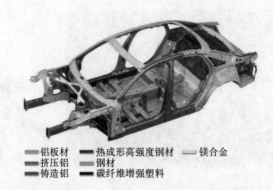

铝板材　　热成形高强度钢材　镁合金
挤压铝　　钢材
铸造铝　　碳纤维增强塑料

「图 6-45」

图 6-45　奥迪 A8（D5）汽车车身结构使用材料

　　奥迪 A8（D5）的车身架构增重的主要原因是使用了大量热成形高强度钢材，这些钢材的加入使新车可以满足未来更加严格的碰撞安全标准要求。此外，得益于新材料和新技术的应用，在车身整体的刚性方面新车型也有一定的提升。从图 6-46 所示的汽车车身结构中能够看到的深色结构所采用的材料就是热成形高强度钢，在奥迪 A8（D4）车型上，这种材料仅仅应用在 B 柱的位置上，而在奥迪 A8（D5）车型上，将它的应用范围扩大到了 A 柱、门槛梁以及前围底梁，这样就打造出一个强度更高的乘员舱结构。

　　图 6-46b 显示的是汽车车体的 B 柱，从图中可以明显看到 B 柱上、下分为深色和浅色，深色部分强度更高一些。整个 B 柱不是由两个不同强度级别的金属板焊接在一起的，而是由整块钢板通过分区热处理而成的，其制作方法是，将钢材加热到 900℃ 以上的高温，然后迅速放入水冷压模中快速成形及冷却。由于 B 柱上、下部分冷却速率和冷却时长不同，所以其强度不同。该方法实际上是采用了局部淬火工艺，在一块钢材上获得了不同的强度，以分别满足 B 柱上部保持强度和下部能够溃缩吸能的需求。

　　汽车车身的前围底梁材料选择了热成形钢，当汽车前部发生撞击时，它可以有效抵御前排乘员小腿处车身结构的入侵伤害。前围底梁的工件厚度是随着不同部位的需求而变化的，最薄部位的厚度为 1.3mm，最厚部位的厚度为 1.8mm，采用激光焊接技术将不同厚度的工件焊接成一体。这样，既解决了安全性问题，也使结构实现了轻量化。图 6-47 所示为奥迪 A8（D5）的前围底梁结构。

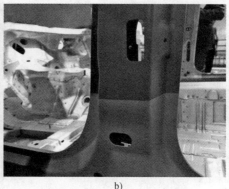

图 6-46

图 6-46 奥迪 A8（D5）汽车
a）车身框架 b）B 柱

图 6-48 所示为奥迪 A8（D5）的后纵梁结构。车辆的后纵梁采用的是铸造铝合金材料，可以看到后纵梁表面有比较复杂的肋条式结构，这也是奥迪 A8（D5）车型首次采用的结构。奥迪的设计人员将这样的结构称为仿生学结构，整个部件内部肋条的设计灵感来源于鸟类的翅膀。因为生物在不断进化过程中最终只会保留最为必要的生理结构，所以这些肋条就如同翅膀中的骨骼一般，精确地实现功能上的需求。这样的结构既可以保证强度与刚度，也使结构实现了轻量化。

图 6-47 奥迪 A8（D5）的前围底梁结构

图 6-48 奥迪 A8（D5）的后纵梁结构

图 6-49 所示的是奥迪 A8（D5）的前扭力梁部件。前扭力梁是汽车机舱的关键连接部件，采用了铸造镁合金替代原来的铝合金材料，不仅刚度性能更出色，且材料密度比铝制部件降低了 33%，质量减小了 28%。

如图 6-50 所示，奥迪 A8（D5）的后排座椅背板采用了碳纤维复合材料，部件减重效果达到了 50%，这也是奥迪 A8 车型首次在该结构中采用碳纤维复合材料。

综上所述，奥迪 A8（D5）的 ASF 车身在材料的应用方面是很广泛的，相比以前车型，又引入了镁合金材料和碳纤维复合材料。可以看出，奥迪产品的设计工程师们对新型材料保持着比较开放的态度，而新材料的合理应用不仅有利于安全约束条件下的车身结构设计，而且也将促进先进材料加工成形技术在汽车制造中的应用与发展。

图 6-49　奥迪 A8（D5）的前扭力梁部件

图 6-50　奥迪 A8（D5）的后排座椅背板

6.2.3　车身制造工艺设计中的多学科技术融合

在汽车设计中，不仅要进行汽车外观、车体、零部件的设计，还要进行制造工艺的设计。而且在设计中，必须要综合考虑材料、零部件的形状和加工工艺，因为再好的设计，只有能够加工、制造出来，才能真正成为产品。在汽车轻量化设计中，结构优化设计、材料选择、材料加工制造工艺设计三位一体，必须综合考虑，才能完成汽车轻量化的设计。

冲压、焊接、涂装、总装被称为汽车制造的四大工艺。特别是汽车的车身主要是由板材加工制造成形的，其工艺主要是冲压、焊接。因此，在车身设计中，需要同时进行冲压、焊接工艺的设计。而且在车身结构设计与材料选择时，必须要考虑相应的材料成形与制造工艺。

由于汽车轻量化结构的优化以及新材料的应用，使得传统材料的成形工艺往往不能满足要求，这样就促使一些新的材料成形和制造工艺应用到汽车车身的成形与制造中。同时，在设计中还要考虑产品的制造成本和效率、工艺的成熟度与可靠性以及对产品质量的影响、企业现有的技术与设备水平、项目的资金投入等，需要综合考虑，权衡利弊，选定成形与制造工艺。

例如，在奥迪 A8（D5）车型的设计与研发过程中，得到了制造工程师的支持。由于 D5 的车身主要由铝合金（占比 58%）、热成形高强度钢（占比 40.5%）、碳纤维复合材料（占比 1%）、镁合金（占比 0.5%）等构成，因此，车身的焊装连接工艺需要考虑铝合金和镁合金轻质材料的连接、钢和铝合金的连接、金属和非金属异种材料的连接等。该车型实际采用了 14 种不同的连接工艺，不仅有电阻点焊、电弧气体保护焊、激光焊，还有针对铝合金材料的铆接工艺，以及用于不同材料的自攻螺钉连接工艺、滚边压合及局部压紧工艺等。图 6-51 所示的是车身外板与内板之间采用了滚边压合工艺进行连接，从而使 A、B 柱变得更细，既有助于驾驶人视野的拓展，又可以使车辆后排开口变大方便乘员上下车。由图 6-52 可以看到，在车身底板处，铝板之间采用了冲铆工艺连接，而铝板与钢板之间采用自攻螺钉连接。图 6-53 所示的车身腰线对于冲压工艺的要求是非常高的，因为铝合金材料的延展性不如钢材，同样的腰线采用铝合金材料成形就要困难得多。最终制造工程师帮助设计师实现了这条腰线的成形，否则，整个车身的侧面就要重新设计了。

图 6-51 车身外板与内板的滚边压合结构

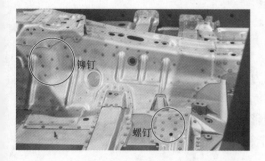

图 6-52 奥迪 A8（D5）铆钉与螺钉连接

图 6-53 奥迪 A8（D5）的车身腰线

汽车车体设计中选用的成形与制造工艺又会影响车身结构形状的设计。例如，采用电阻点焊连接成形，其结构必须是板材的搭接结构。图 6-54 所示的是电阻点焊，两个铜电极夹紧搭接结构的上下板件，通过电阻加热，两电极之间的工件熔化、冷却形成一个焊点。而采用激光或电弧焊工艺，其结构可以采用对接或角接等形式。图 6-55 所示的是激光焊接，两个被连接的工件通过激光加热，工件连接处熔化、冷却形成焊缝，实现了连接。由此可见，采用激光或电弧焊接方法，其连接结构更具有多样化的选择。

「轿车白车身
激光焊接」

a)

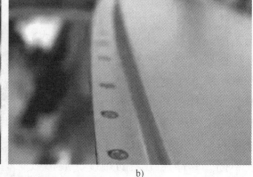

b)

图 6-54 电阻点焊

a）电阻点焊加工 b）电阻点焊焊点

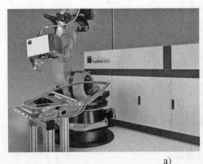
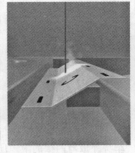
a)
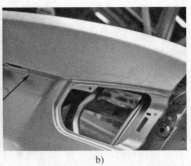
b)

图 6-55　激光焊接

a）激光焊接示意图　b）激光焊接焊缝

1. 冲压工艺设计

冲压是车身制造的重要工序，利用大吨位的压力机将金属板冲压成各种形状的车身钣金件（见图 6-56）。车身制造中的冲压工艺自动化程度高，车身的制造精度在很大程度上取决于冲压及其总成的精度，冲压的质量问题也会直接影响后续工序。车身金属件绝大多数为冲压件，包括图 6-57 所示的车门、发动机舱盖、行李箱盖、车顶、底板等车身覆盖件及车身框架等车身结构件。

图 6-56　汽车冲压线及冲压车身框架

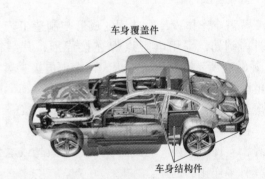

图 6-57　车身覆盖件与结构件示意图

板材、模具、冲压设备被称为是冲压工艺的三要素。冲压设备（图 6-58）主要是指压力机，压力机的速度决定了生产率；模具（见图 6-59）和板材材料影响着冲压件的质量。不同厂家、不同类型的汽车使用的金属板材材质、强度、塑性是不同的，各种金属板材使用的比例也不同，其冲压工艺的难度、成形效率、成本也是不同的。

在汽车车身设计中，针对车身的框架、覆盖件的材料和形状，冲压工艺、

图 6-58　冲压设备

模具等也要进行相应的设计。在设计中要应用多学科技术，从而保证设计产品在技术上、经济上的可行性。

图 6-59 模具

以汽车车身 B 柱冲压加工为例，采用数值模拟方法对其冲压过程进行模拟。B 柱分为内板、外板，其材料是热成形高强度钢。外板采用金属热成形加工工艺。首先，钢板经过剪裁成设计的形状，经加热板件达到 900℃ 以上的高温，然后迅速放入水冷压模中快速成形及模内冷却。图 6-60 所示的是实际金属热成形加工初始和成形后的图片。在成形工艺过程设计中采用了计算机模拟仿真技术，进行了热成形过程的模拟仿真。图 6-61a 所示的是模拟仿真的水冷模，可以看到它由低温和高温两部分组成，在热成形过程中，高温部分冷却到 550℃，而低温部分冷却到 20℃（见图 6-61b）。图 6-61c ~ 图 6-61e 所示为加热钢板在模具上热成形过程的模拟，分别是上料、加载热成形、冷却过程的模拟。图 6-61f 所示为经过热成形得到的 B 柱外板。从图 6-61e 和图 6-61f 中可以明显看到热成形的 B 柱外板上下颜色不同，分别为深色和浅色，深色部分硬度与强度高，可达到 500HV 和 1500MPa；而浅色部分硬度与强度低，仅为 200HV 和 650MPa。这是由于 B 柱外板上下部分终冷温度和冷却时长不同，所以其强度不同。通过模拟仿真确定了 B 柱外板的热成形工艺和模具设计。

「汽车 B 柱成形
加工自动化」

a)

b)

图 6-60 B 柱外板热成形前后

a）热成形初始加热板　b）热成形 B 柱外板

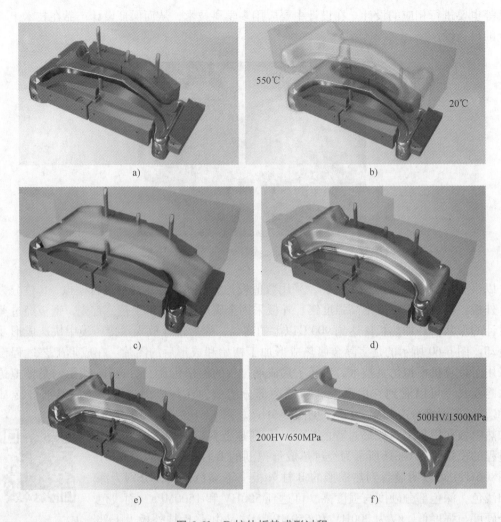

550℃

20℃

a)   b)

c)   d)

500HV/1500MPa

200HV/650MPa

e)   f)

图 6-61　B 柱外板热成形过程

a) 热成形模具　b) 热成形冷却温度　c) 上料　d) 加载热成形　e) 冷却　f) 成形的 B 柱外板

　　可见, 在 B 柱外板的热成形工艺设计中, 采用了计算机模拟仿真技术、新材料技术、材料热处理技术, 并与热成形技术相结合, 最终完成了 B 柱外板热成形工艺及模具的设计。

　　同样, 在 B 柱内板的成形工艺方案设计中, 也是采用了计算机模拟仿真技术。图 6-62 所示的是模拟的 B 柱内板结构; 图 6-63 所示的是模拟的左右侧 B 柱内板工艺过程 (模具设计的工艺安排), 包括落料、拉深、冲剪+侧剪+冲孔、冲剪+侧剪+冲孔+侧冲孔、整形+翻边等。

「汽车 B 柱外板热成形」

2. 焊接工艺设计

　　车身焊装工序是指将冲压成形的车身板件焊接在一起, 组成一个整体的车身。一个完整的车身, 大约是由几十个冲压件焊接而成的。不同的金属板材材质不同, 其焊接难易程度不同, 所选用的焊接方法也不同。汽车车身常用的焊接方法有电阻点焊、CO_2 气体保护电弧焊、激光焊等, 应用最多的是电阻点焊。整车焊点一般不会低于 3000 个, 菲亚特菲翔整车焊点达到了 5000 个；凯迪拉克 ATS-L 焊点多达 6000 多个。

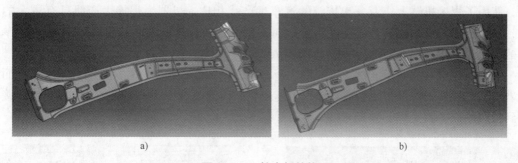

图 6-62 B 柱内板结构

a) 左侧 B 柱内板　b) 右侧 B 柱内板

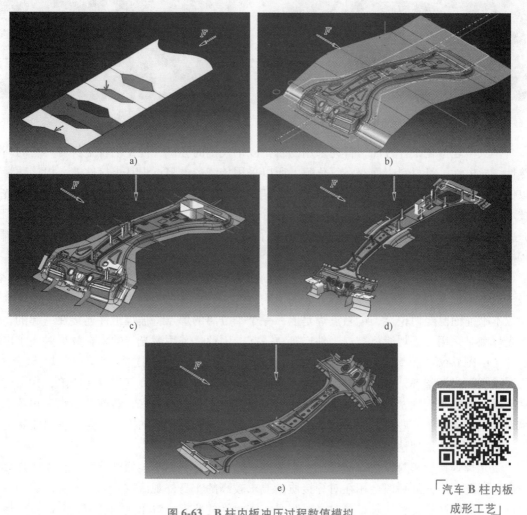

图 6-63 B 柱内板冲压过程数值模拟

a) 落料　b) 拉深　c) 冲剪+侧剪+冲孔　d) 冲剪+侧剪+冲孔+侧冲孔　e) 整形+翻边

「汽车 B 柱内板
成形工艺」

最先采用流水线生产模式的是汽车制造业，早在 19 世纪初美国福特汽车就采用了汽车流水线生产。现在汽车的焊接生产线已经实现了自动化,应用了现代化生产模式与技术手段,使用了焊接机器人作业。与传统的汽车生产线相比,机器人焊接生产线具有更大的柔性,只要通过软件编程调整就可以用于不同类型汽车的焊接成形制造。图 6-64 所示为单车体的机器人焊接,图 6-65 所示为车体机器人焊接生产线。

汽车车体材料从普通钢材发展到铝合金材料、高强度钢材料,甚至是镁合金材料,而且随着汽车的发展,对汽车安全性的要求也越来越高。因此,一些新的焊接方法在车体焊接中得到了应用,如激光焊、激光与电弧复合焊接等。

图 6-64　单车体的机器人焊接

图 6-65　车体机器人焊接生产线

在汽车轻量化设计方面,首先采用的就是以铝代钢的尝试,但是铝合金材料具有的高导热性、导电性,且材料表面存在氧化膜,所以采用传统的电阻点焊其焊接性差,焊接质量难以保证。1999 年,奥迪公司推出了奥迪 A2 车型,在这款车型上,奥迪公司首次采用了激光焊技术,解决了铝合金材料的焊接难题,对于日后全铝车身技术大规模应用起到了推进作用。目前先进的激光焊技术在汽车车身制造中已经得到了广泛的应用,而且不仅仅应用在铝合金材料的焊接。

无论采用电阻点焊还是激光焊,除了不同材料以外,还要考虑其焊接质量、生产效率、经济成本,以及对于安全、环境等方面的影响。

本书前面已经讨论过,电阻点焊是依靠一个个分离的焊点将被焊工件连接在一起的,而激光焊则是采用一条焊缝将被焊工件连接在一起,因此,采用激光焊的密封效果要优于电阻点焊。由图 6-66、图 6-67 可以看到,采用激光焊与电阻点焊分别进行汽车顶盖焊接,激光焊焊缝窄而光滑整齐,密封性好,整体有质感;而采用电阻点焊,其焊点有凹陷,为了密封和美观,往往需要加密封装饰条进行遮挡。但是,也不是所有加密封装饰条的汽车顶盖都是采用的电阻点焊,有些汽车所采用的结构需要在激光焊焊接后,用密封装饰条增加其美观性,如上海大众斯柯达昊锐、东风英菲尼迪 Q50L 车型等。

激光焊焊接后车身钣金材料形成一个整体,贴合良好,焊缝表面光顺一体,整体焊接质量高。因此,激光焊一般会用在对焊接质量要求较高的车身外观区域,如车顶盖区域和背门区域,其焊接区域比较狭长,同时又对车身有密封性的要求;汽车侧围区域,其焊接区域不但狭长而且形状复杂;门洞区域,其焊接区域狭长且要求平整。这些区域焊接空间大,适于采用机器人的激光焊,特别是在选用铝合金材料作为车身材料时,常用激光焊替代电阻点焊。图 6-68、图 6-69 所示分别是采用激光焊焊接的汽车背门区域和门洞区域。

 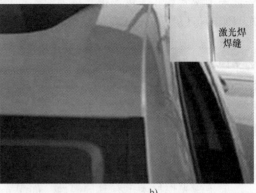

图 6-66　汽车顶盖激光焊焊接

a）激光焊焊接　b）激光焊焊缝

 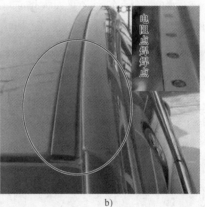

图 6-67　汽车顶盖电阻点焊焊接

a）电阻点焊焊接　b）电阻点焊焊缝

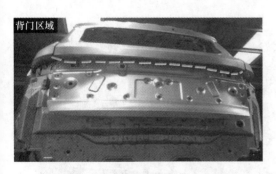 

207

图 6-68　汽车背门区域激光焊位置　　　　图 6-69　汽车门洞区域激光焊位置

　　采用激光焊使分离的工件形成了一个整体，可以大大提高结构的刚度，所以也就提高了汽车的安全性。最先采用激光焊的是德系汽车，除了是要解决铝合金焊接的问题之外，激光焊可形成连续焊缝，能够提高汽车的刚度和安全性，这也是采用该焊接新技术的主要原因之一。采用激光焊几乎可以把车体所有不同厚度、牌号、种类和等级的金属材料连接在一起，车身刚度可以提升30%以上，从而提高了车身的安全性。

激光焊速度快、效率高，激光焊的焊接速度可以达到 $5 \sim 6m/min$，电阻点焊的焊接速度为平均3s焊1个焊点。以汽车顶盖为例，顶盖需要电阻点焊的焊点约100个，需要耗时5min左右完成焊接，而采用激光焊需要焊接4m，耗时仅需要0.8min。

德国人最早把激光焊技术运用于汽车，目前德国的奥迪、速腾、高尔夫及帕萨特等车型的车顶均采用了激光焊技术，通用、丰田、福特、宝马、奔驰等公司也陆续采用了激光焊技术。目前国内激光焊在汽车产业的应用率大概在20%~25%，而欧美发达国家的普及率已经达到了60%以上。

但是激光焊技术也有其局限性，如激光焊设备昂贵，初期投资及维护成本比传统电阻点焊、电弧焊高；激光的能量转换率现在还比较低（通常为5%~30%），耗能大；激光对人的眼睛会有伤害作用，特别是在焊接铝合金等材料时，由于材料对光有反射作用，有可能会造成激光对人眼的伤害，所以在激光焊时，往往需要专门的焊接操作间，焊接工作人员在操作间外进行激光焊操作，这就大大增加了焊接的成本以及操作的不便。图 6-70 所示为亚洲最大的激光焊房，图 6-71 所示为车门框的激光焊。

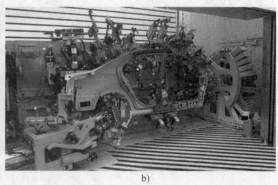

a) b)

图 6-70 亚洲最大的激光焊房

a）激光焊房外景 b）车身侧围激光焊准备

a) b)

图 6-71 车门框的激光焊

a）车门框的激光焊准备 b）车门框的激光焊监控

除了激光焊技术外，激光与电弧复合焊接、机电协同数字控制的冷金属过渡电弧焊接等焊接新技术也在汽车领域得到了广泛的应用。

随着燃油经济性、汽车环保要求的提高，大量新材料在汽车轻量化中得到应用，使异种材料连接技术在汽车焊装工艺中的比例逐渐提高，这样就促使了先进的材料胶接技术、机械连接技术，以及摩擦塞铆焊、搅拌摩擦盲铆、激光胶接、胶铆复合连接等新的连接技术在多种材料混合的车身设计中应用越来越多。

3. 压铸工艺设计

美国特斯拉（Tesla）电动汽车及能源公司在汽车制造中，选择了先进的压铸工艺。在特斯拉费利蒙市（Fremont）工厂采用全球最大的压铸机，可以让车身后部一体成形。包括防撞梁在内，采用先进的压铸工艺后，可以将特斯拉 Model 3 型汽车的后下部车身，由原来的 70 个零件变成 Model Y 型汽车的 2 个零件（见图 6-72）。更少的零件将有助于车身组装，并减少潜在的故障点。图 6-73 所示为压铸设备。

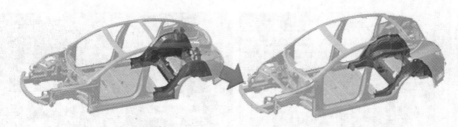

Model 3型70个零件   Model Y型2个零件

图 6-72　采用压铸工艺减少零件示意图

图 6-73　压铸工艺设备

特斯拉采用先进的压铸工艺，可以在特斯拉 Model Y 车型的车身使用铝铸件设计，而不是冲压钢和铝部件。采用压铸工艺可以大大减少零部件数量，从而大大降低成本。

特斯拉采用的先进压铸工艺是对目前常用压铸工艺进行了改革创新。目前，常用的压铸工艺存在如下问题：一般来说，在汽车车架生产和压铸过程中，车架不同部件的压铸需要使用不同的压铸机，单个压铸机用于压铸单个车架组件；然后，工人或机器人系统会将每台压铸机压铸出来的组件组装或固定在一起（如通过焊接），形成一个车架。由于铸造设备和金属模具成本很高，所以采用压铸工艺制造车架需要很高的成本。

特斯拉采用的先进压铸工艺，是基于一个新的压铸系统，该系统能够让几个凸压模具在一个中心会合。根据企业所申请的专利表明：根据目前车架配置的多向压铸机包括一个具有车辆覆盖件的模具，以及几个可以相对于覆盖件模具平移的凸压模具。此类凸压模具会分别移动至铸造机中央的铸造区，负责不同部件的铸造，可在一台机器上完成绝大多数的车架铸造工作。该压铸系统能够减少生产时间、运营成本、生产成本、占地面积、工具成本以及设备数量。

由于 Model Y 车型的车身后底板采用了新的压铸工艺，大大减少了零部件数量，精简了车身底板的焊接工艺，降低了车身底板的重量，提升了产品的一致性。图 6-74 所示为特斯拉 Model Y 车型的车身后底板使用铝铸件加工的情况。

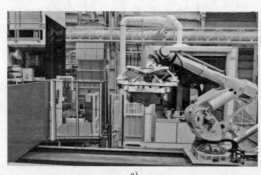

a)   b)

图 6-74　特斯拉 Model Y 车型的车身加工

a）压铸工艺成形的车身后底板　b）车身底板焊接

新的压铸设备、新的压铸工艺，在特斯拉 Model Y 身上能否成熟地运用，或许还需要些时间来进一步验证。但是，可以看到的是，先进制造设备与制造工艺将会推动汽车设计、制造的发展。

综上所述，在汽车车体制造成形工艺设计中融合了新材料、计算机数值模拟、机器人加工、材料热处理、冲压成形、焊接与连接新工艺等多学科的先进技术。在车体制造工艺设计中，不仅要考虑车体的结构、材料，还要考虑成形质量、生产效率、加工成本、安全等因素，不仅要考虑加工成形新技术的应用，还要考虑新技术的局限性。

习题与思考题

1. 什么是工程设计？

2. 工程设计有哪些含义？

3. 工程设计中，采用相关基本理论与知识、技术主要解决设计中的哪些问题？

4. 工程设计中除了考虑技术要解决的问题外，还需要考虑哪些非技术因素？为什么要考虑这些非技术因素？

5. 通过工程设计实例，说明如何采用技术解决非技术因素对工程设计的约束问题。

6. 通过实际工程设计案例理解工程设计的一般流程。

7. 全生命周期设计与传统的工程设计有什么不同？

8. 结合工程设计实例，说明如何进行全生命周期设计与管理。

9. 大数据、物联网、人工智能在全生命周期设计与管理的作用有哪些？

10. 结合汽车产品设计过程，说明每一个阶段如何考虑技术问题与非技术因素的约束，说明非技术因素对工程设计的影响。

11. 结合汽车加工工艺设计实例，说明多学科技术的作用。

12. 设计过程中如何体现创新意识？

13. 结合汽车设计过程，说明多学科背景设计团队是如何开展设计合作的。

14. 结合激光焊在汽车生产中的应用，说明新技术所具有的局限性。

第 **7** 章 | 工程项目管理

导　读

工程活动集成了技术、社会、安全、健康、环境、经济等多种复杂因素，需要对工程活动的各种资源进行合理的配置，需要对工程的各项工作进行计划、协调和控制，需要从事工程活动的团队负责人和成员共同的努力，需要控制工程成本、控制工程进度、控制工程质量等，以确保实现工程目标。因此，必须对工程实施全方位、全过程的管理。而工程往往是以项目的形式出现的，所以，对于工程实施的管理称为工程项目管理。

本章主要介绍工程项目管理的概念，并结合汽车行业的案例，介绍工程项目管理的基本内容。

7.1　项目管理的概念

项目管理是对项目的管理，要理解项目管理的概念，首先应该理解项目的概念。

7.1.1　项目的概念

「工程项目管理」

项目是人们通过努力，将人力的、材料的和财务的资源组织起来，在给定费用和时间的约束规范内，完成一项独立的、一次性的工作任务，以期达到由数量和质量指标所限定的目标。

所谓的工程项目是以工程设计、工程建设为载体的项目，其工作任务就是工程任务。工程项目的目的就是要达到工程设计的目标，获得创造性的、具有实际应用价值的物化成果。

一个组织（大到一个国有企业，小到一个两三人的公司都可以称之为一个组织）所做的工作基本可以分为两类：项目和运营。

项目和运营有许多共同之处，例如，都是由人来做的工作，都受限于有限的资源，都要被规划、执行和监控，都要为组织的经营和战略目标来服务。

但是，项目和运营也有很大的区别：

1）项目是临时的，而运营是持续不断的。做项目就要实现其目标并结束项目，而运营则是为了持续经营下去。

2）项目是要创造独特的可交付成果，而运营是要产出同样的结果。项目追求独特性，运营追求一致性。

3）项目可交付成果的开发过程是渐进的、逐渐明晰的，而运营则是在标准化的生产或者服务流程之下开展的。

在组织中，有些工作必须当项目来做，比如规模大、复杂程度高、跨专业跨部门、需要在特定时间内完成的工作；而有些工作通常不当项目来做，例如，汽车生产组织中，生产汽车零件等追求高度一致性的工作。还有些工作既可以当项目也可以不当项目来做，如果组织看中该项工作的临时性、独特性和渐进明晰性，那就把它们当项目来做；否则就当运营来做。例如，出版图书是出版社的持续运营活动；但是，也可以把每本书的出版看成是一个小的项目。

7.1.2 项目的特点

项目的特点主要有以下几点：

1. 项目的普遍性

项目是为组织的经营需要和战略目标服务的。在现实的组织中，项目几乎无处不在。例如，组织机构变革、激励机制改革、企业一个产品的短期攻关目标、工厂的建设、新产品的规划和投产、产品推广、上市活动、现场的改进、流程的优化、办公室装修等不胜枚举。

2. 项目的临时性

项目有明确的开始时间和结束时间，也就是说是临时性的，不会无限期地延续下去。临时性与项目的工期长短没有任何关系，经历一个月的项目是临时的，经历几年甚至几十年的项目也是临时的。

3. 项目的独特性

独特性，也叫"一次性"，只做一次的事情肯定是独特的。世界上没有两个完全相同的项目。只要是项目，都多多少少在某些方面与之前的项目有所区别。项目的独特性会导致项目的许多风险，也在很大程度上决定了项目工作的挑战性。

4. 项目的成果导向性

项目所创造的产品、服务或者成果，可以统称为可交付成果。在项目管理中，特别强调以可交付成果为导向。做项目就是要做出符合要求的可交付成果，来满足项目发起人和其他重要相关方的需求。

5. 项目的渐进明晰性

项目的特点应该是随着时间的推移、情况的明朗和信息的增加而逐渐明晰化的。做项目往往不可能一开始就制订非常明晰的计划，而只能是先制订粗略的控制性计划，然后随着信息的明朗再逐渐细化出详细的实施计划。

7.1.3 项目管理的基本概念

项目是为了创造独特的产品、服务或者成果而进行的临时性工作。项目管理就是将知识、技能、工具与技术应用于工程项目活动，以满足项目的要求。

从管理学的角度来讲，项目管理是运用科学的理念、程序和方法，采用先进的管理技术和现代化管理手段，对项目建设进行策划、组织、协调和控制的系列活动。

1. 项目管理基本概念的内涵

项目管理从字面理解，就是"对项目进行管理"。其内涵一是项目管理属于管理的范畴；二是项目管理的对象是项目。

按照项目管理的定义来理解，就是指为了达到项目目标，项目负责人和项目组运用科学的理论和方法，对项目进行全过程、全方位的策划、组织、协调和控制的总称。

任何一个工程项目都会有具体的制约因素，这些因素间的关系是任何一个因素发生变化，都会影响至少一个其他因素。例如，缩短工程项目的工期，往往需要提高预算，以增加额外的资源，如人力资源或设备资源，从而在较短时间内完成同样的工作量，实现缩短工期；如果无法提高预算，则只能缩小工程范围或内容，或者降低工程质量。

因此，为了达到工程项目的目的，项目团队必须能够正确分析项目的状况以及平衡项目的各项要求。对于可能发生的项目变更，项目管理计划需要在整个项目周期中反复修正、渐进明晰。渐进明晰是指随着项目的相关信息越来越详细和项目估算越来越准确，而持续改进和细化计划。

2. 项目管理的基本内容

项目管理一般按照项目实施过程进行管理，项目的实施过程一般分为启动、计划（设计、规划）、实施、收尾、维护等五个阶段。项目管理的内容包括项目整体、时间、成本、采购、质量、人力资源、沟通、风险管理等。

（1）项目整体管理 为了实现项目目标，对项目的各项工作开展综合性和全局性的协调管理，其核心就是在多个互相冲突的目标和方案之间做出权衡，平衡项目各方的利益关系，尽量满足项目利害关系者的要求。

（2）项目时间管理 为了确保项目最终按时完成所进行的一系列管理过程。它包括具体工程活动界定、工程活动排序、时间估计、进程安排及时间节点、时间的控制等。时间管理是项目管理的重要内容，好的项目时间管理可以大幅提高项目效率。

（3）项目成本管理 为了保证工程项目的实际成本、费用不超过工程成本预算的管理过程。它包括资源配置、项目成本预算、实际费用控制等。

（4）项目采购管理 为了从项目实施组织以外获得所需资源或服务所采取的一系列管理措施。它包括采购计划、采购与征购、资源的选择以及合同的管理等工作。

（5）项目质量管理 为了确保项目能够满足项目设计规定的质量要求所实施的一系列管理过程。它包括项目质量规划、项目过程质量监控、项目质量保证机制的建立等。

（6）项目人力资源管理 为了保证与项目有关人员的能力和积极性都得到有效的发挥和利用的一系列管理措施。它包括组织的规划、团队的建设、人员的选聘等。

（7）项目沟通管理 为了确保项目的有效运行，建立人、思想和信息联系的一系列措施，从而保证项目信息及时、准确地提取、收集、传播、存储以及最终进行处理。它包括沟通规划、信息传输和进度报告等。

（8）项目风险管理 需要识别、分析不确定的因素，并针对这些因素可能引起的问题采取相应的措施，将不确定因素对工程的不利影响降低到最低程度。

3. 项目管理的组织形式

项目管理是需要人来做的，需要有专门的组织机构来完成，也就是项目管理组织。

项目管理组织是指为了完成某个特定的项目任务而由不同部门、不同专业的人员所组成的一个特别的工作组织，通过计划、组织、领导、控制、协调等，对项目的各种资源进行合理配置，以保证项目目标的达成。

项目管理有多种组织形式，主要有以下几种：

（1）职能式组织管理　按照职能部门进行项目管理。一般的企业都有相应的职能部门，如计划、采购、生产、营销、财务、人事等。采用职能式组织管理就是将项目放在与企业某一个与项目有最密切关系的职能部门中进行管理，可以由该部门的负责人或员工兼任项目经理，项目管理团队成员主要由该部门员工组成，必要时，其他职能部门可以提供协助。这种项目管理组织形式适合规模小、专业领域单一、可以在一个职能部门内部完成的项目，而不适合规模大、跨专业、跨部门的项目。

（2）项目式组织管理　该种管理形式是将项目从企业职能部门的组织结构中分离出来，作为一个独立的部门，具有专门的项目管理人员团队。项目式组织管理是按照项目来划归所有的资源，并建立以项目经理为首的管理团队和管理单元。项目经理具有较大的独立性和对项目的绝对权力，对项目总体负责。这种管理模式适合一些相对独立、跨专业、跨部门，而且有一定规模的项目。项目式的组织是基于某个项目而组建的，目标明确且统一指挥，有利于项目进度、成本、质量等方面的控制与协调。但是随着项目的结束，该项目管理团队也随之解体，具有不稳定性。

（3）矩阵式组织管理　为了最大限度地发挥项目式和职能式组织的优势，避免其弱点而产生的一种项目管理组织形式。也就是为了完成某个项目，将与该项目有关的各个职能部门有关的人员临时抽调出来，在项目经理的领导下从事项目管理工作。团队成员既要完成项目管理工作，同时又要与原职能部门保持组织与业务上的联系，甚至还要承担原职能部门的一部分工作。该种项目管理组织形式是将职能分工与组织合作结合起来，从项目的全局出发，便于资源共享，促进组织职能与专业协作，有利于项目的实施。同时将常设部门与非常设项目部门结合起来，与变化的环境相协调，在实施项目管理过程中，有助于专业知识与职权相结合。该组织形式的缺点是组织结构复杂，项目管理与各职能部门关系多头，协调有一定困难，项目经理权力和责任不相称，如果缺乏有力的支持与合作，项目管理工作难以顺利开展。

在项目管理中一个很重要的角色是项目经理。项目经理就是项目的负责人，也称为项目的领导者和项目管理者。其主要负责项目的组织、计划和实施的全过程，以保证项目目标的成功实现。

项目经理作为项目的领导者与管理者，主要具有的职责包括：组建、建设和管理项目团队；领导编制项目工作计划，指导项目按计划执行；负责与客户的沟通；负责对项目实施的全过程、全面管理，组织制定项目部的各项管理制度；监督项目执行，并进行纠偏和调整；对项目风险进行预测与管控；负责对项目的人力、材料、设备、资金、技术、信息等进行优化配置与动态调整；制定财务制度，建立成本控制体系，加强项目成本管理，做好经济分析与核算；组织项目收尾，把项目产品、服务或成果移交给客户等。

项目经理的权力包括：项目团队的组建权、项目实施的控制管理权、项目财务的决策权，以及项目实施过程中的技术决策权等。

由此可见，项目经理的管理技能是非常重要的，项目经理不仅要对整个项目和总体环境有一个全面的了解，而且必须要有一定的专业知识、财务知识和法律知识，同时还必须要有一定的团队领导能力、协调能力、交流能力、管理能力、工程实践经历和经验，以及整体意识等。

4. 项目管理的实施要点

实施项目管理，主要应做好以下几项工作：

（1）确定项目目标　做项目就是要在规定的范围、进度、成本和质量要求之下完成项目可交付成果。项目的范围、进度、成本和质量，是用于定义项目目标的四个必不可少的维度，缺一不可。这四个维度可以归纳为"效率"和"效果"两个维度。进度和成本是关于项目效率的，即以正确的方式做事，用尽可能低的代价；而范围和质量则保证项目成果能够发挥既定的功能，是关于项目效果的，即做正确的事，获得想要的结果。

（2）明确项目目标各个维度的优先顺序　项目的范围、进度、成本和质量这四个维度紧密相连，既相互依存又相互矛盾。改变其中某一个维度会引起至少一个其他维度的变化。要优化某一个维度，通常只能以损害另外一个维度为代价。

关于各个维度的优先顺序，需要注意：

1）笼统地讲，各个维度没有优先顺序。

2）在具体的项目上，必须排列各维度的优先顺序，以便必要时以牺牲排序靠后的维度来保全排序靠前的维度。

3）在某一个具体项目上，它们的优先顺序通常由高级管理层而不是项目经理决定。项目经理需要在项目规划和执行过程中贯彻高级管理层所决定的优先顺序。

4）不同的项目相关方可能对哪个维度更重要有不同的意见，从而增加了管理项目的难度。

（3）掌握项目管理的实现过程　管理一个项目，需要应用合适的项目管理过程，通常的项目管理过程如下：

1）与项目的主要相关方进行沟通，识别他们的项目需求。

2）分析相关方的项目需求，了解项目需求之间的一致性、协调性和矛盾性。

3）权衡相互竞争（矛盾）的项目需求，寻求最佳平衡点。

4）建立具体、明确且现实可行的项目目标。

5）把项目目标转化为具体的实施计划，组建项目团队并推进项目实施。对项目进展情况进行动态监督与控制，及时纠正偏差，保证项目顺利实施。

6）对项目阶段或整个项目进行正式收尾，结束阶段或者整个项目。

5. 项目管理的实施过程

下面以汽车焊装生产线项目为例，具体说明项目管理的实施过程（相关数据仅为举例，非真实数据）。

（1）识别需求　与项目的主要相关方进行沟通，识别需求，也就是明确需求与约束条件。

1）公司管理层要求：投产时间 2011 年 1 月，日产达到每小时 30 辆，产地××地等。

2）财务控制部门：项目预算××亿人民币。

3）环保管理部门：电能消耗低于××kW·h/车，高温水消耗低于××m³/车，压缩空气消耗低于××m³/车，二氧化碳消耗量低于××m³/车，冷却水消耗低于××m³/车，车间排放符合环保法规，废水排放低于××m³/车等。

4）安全管理部门：车间噪声低于××dB，车间内空气内颗粒物含量优于法律法规要求，危险化学品存放和处理符合规定，危险废弃物处理优于政府法规要求，安全施工管理规定等。

5）劳动生产率管理部门：人员投入小于××人/班次等。

6）生产车间：维修库房面积××m²，维修备件的数量要求，重点设备操作人员培训××h，设备开动率××%，维修便捷性要求，返修工位数量要求，重点设备操作便捷性要求，人机工程要求等。

7）基础设施建设部门：地面承重××t/m²，冷却水温度区间××~××℃，高温水温度区间××~××℃，生产线高度不能高于××m，防火通道符合法规要求等。

8）物流部门：物流通道宽度××m，通道物流量上限值××车/min，物流面积××m²等。

9）产品开发部门：满足图样技术要求，试验车辆需求计划（数量和时间）等。

10）质保部门：质量评审场地要求（位置、面积及投入使用时间点），试验车辆需求计划（数量和交付时间），工艺过程评审计划，产品材料、强度、尺寸及表面质量要求，批量监控要求等。

11）企业及技术标准要求：机械设计标准，机械加工标准，电气设计标准，电气安装标准，软件设计标准。

以上要求仅仅是主要部门提出的一些主要要求，在实际项目中，随时可能从相关方得到相关的需求。需求会是多种多样的，甚至某一条生产线上的操作人员都有自己个性化的需求。这些需求都是项目需求，都需要在项目中进行考虑。

（2）寻求平衡点 分析相关方需求，了解需求之间的一致性、协调性和矛盾性，权衡相互竞争的项目需求，寻找最佳平衡点。

所有的相关方都希望自己的需求得到100%的满足，但是，在实际项目实施过程中，是不可能满足所有需求的。需求之间会有矛盾，甚至是不可调和的矛盾。通常情况下，能够满足所有方需求的项目肯定不会是一个好项目（它意味着预算出了大问题——太过宽松）。例如：

1）为了满足项目的进度要求，可能需要付出更多的投资——公司领导层的需求和财务控制部门的需求之间的矛盾。

2）为了满足高的设备开动率和良好的维修便利性，就需要购买更加昂贵的设备，需要更多的投资——生产车间与财务预算之间的矛盾。

3）工艺面积和物流面积之间的矛盾。

4）工艺面积和维修面积之间的矛盾。

5）工艺面积和质量保证所需面积之间的矛盾。

6）调试期间的产能与试验车需求之间的矛盾。

7）更高的人员效率与更低的投资预算之间的矛盾。

8）噪声水平与设备价格之间的矛盾。

9）设备排放水平与设备价格之间的矛盾。

10）物流运输的便利性与人机工程之间的矛盾。

11）备件需求和有限预算之间的矛盾。

因此，作为项目经理必须平衡这些需求，分清这些需求的重要程度排序，在这些需求之间做出平衡。

这些需求排序的一个重要原则就是要明白项目的目的，需要站在企业组织的高度去看你所负责的这个项目，这个项目为什么存在？它会给组织带来什么样的效益？与这个效益强相关的需求就是优先级高的需求，而相关度不高的需求就是可以适当放弃的需求。例如：

1）企业组织需要这个产品以最快的速度上市（可能因为这个市场是一个利润非常高的蓝海市场），在这种情况下就可以适当进行多的投入来保证进度，甚至可以牺牲某些质量从而保证进度。

2）如果项目的资金状况比较紧张，那么降低投入是第一需求，在此情况下进度可以适当放弃。

3）如果项目是一个样板工程，为给客户展示体现企业能力的项目，那么质量是第一位的（有的时候进度也很重要），所以就可以适当地多投入。

因此，项目经理必须真正地站在企业组织的高度考虑问题，不能站在某一个部门或者科室考虑问题，只有这样才能够为项目做出正确的决策。这种思维角度对于属于组织中的一员的人来说是非常困难的，如果项目经理是某一个部门的一个成员，很难做到不为自己部门着想。正因如此，舍小我为大我的精神是项目经理应具备的重要素质。

（3）建立目标　建立明确、具体且现实可行的项目目标。在项目需求的优先级和重要程度定义下来之后，要把项目的具体目标定义下来，这个过程在实际的项目中可能会非常复杂，很多情况下要进行多轮的研讨，会有很多专家的参与，并且很多企业都有非常严谨的决策流程，需要到企业领导层会议去批准相应的目标和方案。

仍然以汽车焊装生产线项目为例，简要介绍一下一个汽车生产线项目目标的讨论过程。

首先通过一定的审批和汇报流程，由企业高层确定下来优先级最高的重点目标，这些目标是该项目的基本目标，是必须实现的，这个作为其他目标讨论的基础。例如，某条生产线的目标如下：项目投产时间、小时产量、工作天数标准、车间生产模式（工作班次定义等）、每天工作时间、设备开动率、自动化率、加工深度、产品工艺的基本要求、主要技术标准等。

在此基础上，组织一个有各个相关方参加的研讨会，研讨会的时长根据项目复杂程度的不同而不同，本案例中这个研讨会持续了一个月。研讨完成之后，形成了详细而具体的项目目标，包括：

1）项目主要进度节点。其中包括节点之间具体需要完成的工作内容，与生产线相配合的相关功能模块（测量设备、外采零件的供应等）的进度计划及完成时间；完成这些节点任务所需要的前提条件（资金批准、产品设计图样提供、技术方案批准时间等）。图7-1是一个进度计划的样例（这个进度计划仅仅是一个目标，不具备具体工作的指导性，在项目实施的过程中，需要定义出每个阶段各个层次的详细可执行的进度计划）。

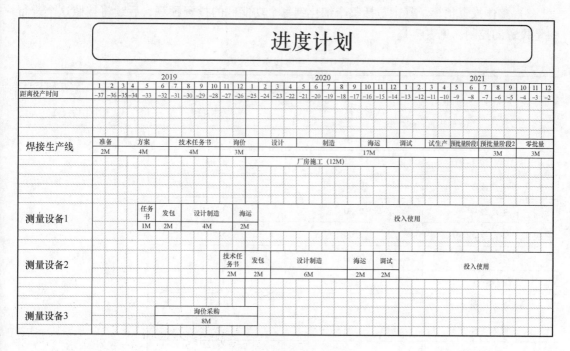

图 7-1　进度计划的样例

2）车间的平面布局图。其中包括车间的总体面积，每个功能区（工艺区域、测量区域、物流区域、物流通道、消防通道、公用动力房等）的面积、物流走向、物流量定义、输送系统的走向等。图 7-2 是某个生产车间的平面布局示意图。

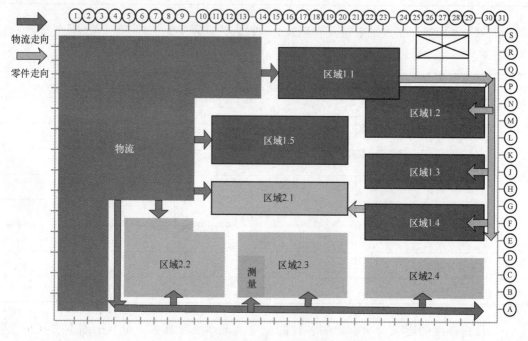

图 7-2　某个生产车间的平面布局示意图

3）整体投资预算。其中包括整个细化到每个功能区的投资预算，后续将按照这个进行每笔投资的控制，见表7-1。

表 7-1　整体投资预算表

生产线	×××项目		（单位：百万人民币）
生产线	产品投资	产品结构投资	土建结构投资
生产线 1	6.76	3.00	
生产线 2	7.64	2.80	
生产线 3	9.00	6.00	
生产线 4	6.50	3.20	
生产线 5	7.00	3.50	
生产线 6	2.00	0.50	17.00
机械化		4.50	
质量检测			
规划支持			
备件库			
通信装置		1.70	
总计	38.90	25.20	
加工设备	64.1		
总投资	81.1		

4）每个区域操作工人的数量及管理人员的投入，见表7-2。

表 7-2　区域操作工人的数量及管理人员的投入

生产线	×××车型人员投入	
生产线	操作人员	管理人员
生产线 1	10	2
生产线 2	8	1
生产线 3	30	4
生产线 4	50	12
生产线 5	20	2
生产线 6	2	1
总计	120	22

5）厂房高度的定义，所需要的各种能源（高温水、冷却水、电、压缩空气）的限额要求。

6）厂房的环保指标（排放、噪声、粉尘等）。

在上述具体指标定义下来之后，需要工艺人员根据上述指标规划出各条生产线的具体工艺。

需要说明的是，具体的生产工艺规划对于整车制造企业来说是极具专业性的一项工作，不同能力的工艺人员规划出来的生产工艺在投入产出比方面会有巨大的不同。一个优秀的方案会用最小的投入达到项目目标，并且会使整个汽车生产生命周期的运营成本最低。因此，生产工艺过程的设计需要有非常有经验和有专业能力（往往需要掌握多个专业领域的知识）的人来做。例如，丰田汽车公司在汽车领域有极强的竞争力，其工艺设计能力是其核心能力的最重要组成部分。

（4）**具体实施**　把项目目标转化为具体的实施计划，并组建团队具体实施。下面以进度计划为例说明一下这个过程。项目的进度计划往往会分成多个层次的进度计划，每个进度计划所面对的对象是不同的。

1）对于企业管理层来讲，只需要关注项目的主要进度节点。一项工作任务通常以月或者几个月为单位，如厂房的完工时间、设备进场安装时间、第一台测试车下线时间等。

2）对于企业组织级的项目管理人员，需要关注的是每一项工作的具体落实计划，关注的时间通常以周或者几周为单位。其主要关注的是每一项工作的进展情况，例如，某一项工作进展的状态如何？这项工作的进展是否遇到了什么困难？这个困难对于整个项目是否有影响？如果出现了偏差，则需要及时采取措施，以保证局部的问题不影响整个项目的进展。

3）具体的工作人员则需要制订细化到天的工作计划（对于某些关系到整体项目的重点任务，有可能需要细化到小时的工作计划）。每天都需要检查任务的进展是否按照计划进行，如果存在偏差必须马上采取措施。

需要注意的是，上述各个层次的进度计划所对应的企业管理层只是针对通常情况，而在某些情况下也会有所变化。例如，对于某些决定整个项目的关键任务和关键路径来说，可能上到企业的最高管理层，下到具体的执行人员都会进行具体事宜的关注，可能会关注到小时甚至分钟。

图 7-3 是某汽车生产线项目各个层级的进度计划示例。

对于其他的项目目标，如投资目标、项目人员投入目标等也都是类似的过程。

（5）**项目进展的动态监督与控制**　对项目进展情况进行动态监督与控制，及时纠正偏差，以保证项目顺利实施。项目计划不会在没有干预、没有监控的情况下自动顺利进行。项目实施中总会出现这样或那样的计划外事件，从而影响到项目计划的顺利执行，这是项目执行中的常态，不是项目计划制订得不够详细，而确实是"计划没有变化快"。因此，在项目管理过程中，必须对项目进展情况进行动态的监督和控制，从而保证项目的顺利进行。

在项目的执行过程中，通常采用项目例会+专题会的形式进行项目的动态监控。项目例会如项目进度计划一样，同样存在不同的层级，如公司级项目例会、项目组级项目例会和专项领域项目例会。这些项目例会所关注的内容也有不同的层次和级别（当然，如上所述，对于某些项目重点的关键路径来说，所有层级的项目会议都会关注）。而专题会主要是推动具体问题的解决，在专题会上讨论的内容主要是专业技术问题或者某一项具体的工作内容，如某一个难以攻克的技术难点或者某一项材料的供货存在问题等。

通过这样不同层次的项目例会和专题会，对项目进行动态监控，从而保证项目的状态对所有人员来说"透明化"，具体的问题可以得到及时的干预和解决，使得整个项目得以顺利进行。

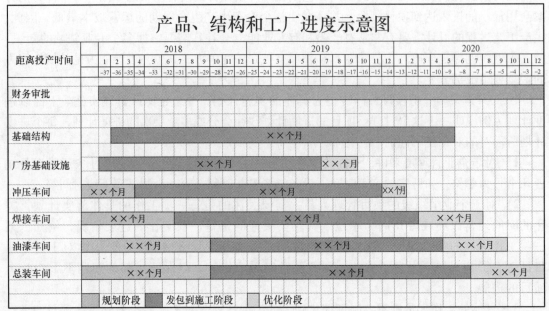

图 7-3　某汽车生产线项目各个层级的进度计划示例

a) 项目整体计划　b) 第一辆车身生产计划

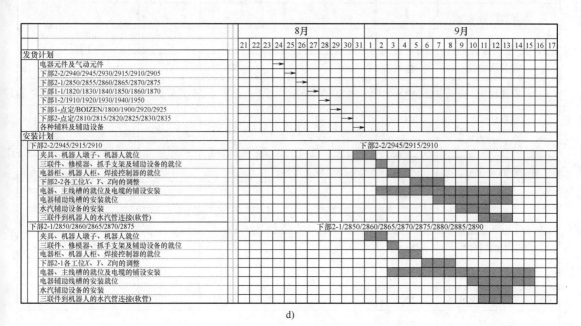

图 7-3　某汽车生产线项目各个层级的进度计划示例（续）

c）模块进度计划　d）某一条生产线具体发货和安装计划

（6）项目最后阶段或整个项目的收尾　项目的最后阶段通常是项目的正式验收。项目的验收是看项目是否达到了项目最开始设定的各种目标和项目所规定的各种标准。这个过程通常有明确的数据化的验收报告，以表明在各个方面项目是否已经达标。项目的指标包括多个方面、多个层次，有各种各样的目标和标准，例如，大的目标可以是整条生产线的每小时产能是否已经达到了标准（要有标准的验证过程和验证结果），整个项目各方面的质量是否已经达到项目目标要求，整个工厂的排放标准是否达到了项目的规定等；小的目标可以是某一个零件定位销的硬度是否达到了标准的要求，某一个零件的尺寸是否在公差范围之内等。下面给出几个例子。

图 7-4 是一个项目的质量认可报告，说明了这个项目在各个方面的质量是否已经达到要求。

质保总认可					
认可范围：×××车型					负责人：×××
认可范围	负责方	预批量生产启动状态	零批量状态	投产状态	备注
自制件认可	×××	○	○	○	
外协件认可	×××	○	○	○	
进口件认可	×××	○	○	○	
发动机认可	×××	○	○	○	
变速器认可	×××	○	○	○	
高压电池认可	×××	○	○	○	
电机认可	×××	○	○	○	
检具认可	×××	○	○	○	
功能尺寸	×××	○	○	○	
过程认可	×××	○	○	○	
气味/色差	×××	○	○	○	
车身/油漆	×××	○	○	○	
功能奥迪特	×××	○	○	○	
整车奥迪特	×××	○	○	○	
使用安全性评价	×××	○	○	○	
排放/行驶特性	×××	○	○	○	
噪声、动力性、经济性	×××	○	○	○	
质保路试	×××	○	○	○	
RTM 认可	×××	○	○	○	
质保总认可	×××	○	○	○	
颁发××车型项目质保总认可，××年××月××日通过小批量试装验证状态，验收有效后通过邮件颁发认可。					

图 7-4　项目的质量认可报告

图 7-5 是一条焊装生产线工位认可清单中的一部分（完整的认可清单应该有几百项），以说明这个工位是否已经达到了设定的目标。

×××公司	工位验收检查清单			
工段：_____			名称：_____ 工具号码：_____ 日期：_____	
1. 接合顺序		是	否	备注
1.1　是否按照接合顺序图样接合单个工件？				
1.2　每个单件在夹具里是否定位清晰？				
1.3　是否需要额外的零件导向？				
1.4　是否能保证抓持工具的自由通行性？				
1.5　从夹具取出总成是否方便？				
1.6　是否能保证放件的方便？				
………				
2. 夹紧技术		是	否	备注
2.1　夹紧点和支撑点是否按照规定来的？				
2.2　是否根据规定确定每个夹紧位置和定位位置是否可调？				
2.3　是否给出位置时手动夹爪的定位？				
2.4　是否按照规定对轮廓块进行了标识？				
2.5　旋转点和夹爪是否和板上的夹紧点垂直？				
………				

图 7-5　焊装生产线工位认可清单

图 7-6 是一个焊装夹具上的一个定位销的质量检查报告，以验证这个定位销是否满足设计、加工、热处理等要求。

6. 项目管理的知识和技能需求

项目管理实际上是把各种知识、技能、工具和技术应用于项目活动，达到项目要求的过程。因此，项目管理需要各种各样的不同领域的知识。

项目管理本身的技能包括进度管理、成本管理、质量管理和风险管理。

与项目资源有关的知识包括资源管理、沟通管理、采购管理和相关方管理。

但是，要做好项目管理，仅仅掌握上述与项目管理强相关的知识是远远不够的，要有效地管理项目，还需要掌握应用领域的知识、标准和法规；对项目环境的理解（包括项目的政治、经济、文化甚至是自然环境）；通用的管理知识（包括人力资源、组织行为、团队管理等）；人际关系技能等。

从上述要求的知识和技能可以看出，项目经理所要掌握的知识范围是非常宽泛的，并且需要极强的多领域知识整合能力。因此，项目经理需要涉猎广泛的知识和技能，要善于学习新知识，能够把新旧知识体系进行整合并运用到项目中去。

定位销设计、制造检查清单								
供应商 名称				检查人员	设计员			
					规划员			
工位		工装			专家			
序号	过程	检查项目	检查方法、检查要求			不涉及	合格	问题项
★ 1		材料	16MnCr5（国标替代 15MnCr）（1.7131），硬化 60±2 HRC，深度（0.8+0.4）mm					
2		规格	伸缩销采用 39D 20611-14，固定销采用 39D 20615-22，定位销直径					
3		固定销	取件方向与销的轴线方向一致，尽可能作用在主车身件上					
4		翻转销	从车身件下方无法定位时使用，翻转轴心必须与车身件平面同高					
5	设计	伸缩销	当取件比较困难时或工位需要多个定位时，薄板零件需要使用伸缩销，夹具采用 40 缸（63 缸需要与规划确认），注意定位销可以完全进入销套中					
6		圆销和菱形销是否使用正确？	主定位圆孔和次定位长孔用圆销，次定位圆孔用菱形销					
7		菱形销的定位方向是否正确？	以圆销为圆心，圆销和菱形销连线的垂直方向为菱形销的定位方向					
8		摆动销转动点的位置是否正确？	转动点应和工件厚度中心在一个平面上					
9		定位销实际作用面是否超过工件 3~5mm？	一般情况按照标准执行，特殊情况水平使用定位销时应适当加长到 8mm					
★ 10		定位销是否按照车系进行调整，并且调整方向足够？	必须按照车系调整，不做支撑且与车系垂直或接近垂直时两个方向调整，其他情况三个方向调整					
11		开花销定位方向是否满足要求？	开花销定位压紧方向需要根据项目标准设计；若无标准要求也需要注意开花销的定位部分的缺口朝向					
12		表面处理	棱边倒钝，表面发蓝					
13	审图	检查前审图	检查前全面审图，明确基准曲面、各加工元素间位置关系及形位公差要求、技术要求，确定检查和测量方案（这其中包括测量顺序、测量方法、所用测量工具以及明确判定标准）。材料及热处理					

图 7-6　定位销的质量检查报告

序号	过程	检 查 项 目	检查方法、检查要求	不涉及	合格	问题项
14	机加检查	外观质量	目视检查，不得有影响外观质量的磕伤、划伤、缺肉、氧化皮等外观缺陷，锐边倒钝			
15		表面粗糙度	加工面表面粗糙度符合设计要求			
★ 16		直径	外径千分尺进行测量			
17		同轴度	将基准圆同 V 形铁 V 形面可靠接触，对被测圆柱两个位置各打表一周进行测量，最大、最小值之差 ≤0.02			
★ 18		垂直度	千分尺测量 $\phi15$ 尺寸，取其 1/2 实测值，再以千分尺测量 1/2 "$\phi15$" +6 尺寸，偏差值符合公差要求			
19		各未注公差尺寸	游标卡尺、千分尺进行测量。未注公差按照国标要求			
20		外螺纹	以标准螺母或螺纹环规进行检验、判定			
★ 21		淬火硬度	以洛氏硬度计进行检验、判定			
★ 22	发蓝	发蓝质量	目视检查			

注：★为重点检查项

图 7-6　定位销的质量检查报告（续）

7.2　项目的进度管理

项目是临时性工作，项目进度管理旨在保证在规定的时间内完成项目。对于很多项目来讲，项目的进度管理在项目的四大目标（范围、进度、成本、质量）中会排在第一优先级，项目进度保证不了就意味着项目的失败，如北京奥运会开幕式的筹办、世界杯开幕式的筹办、战争中军队按时到达作战地点等。而有些项目进度的保证就意味着收益的保证，如某种新药特效药的研制（先研究出来意味着取得占领市场的先机）、某些快消品的新产品（如新款手机等）的研制和及时推向市场等。因此，进度管理往往是项目管理中最为重要的一环。当然，有些项目在时间上会有一定的容忍度，时间进度并不是在所有项目中都是第一优先级的。

项目进度管理通常通过五个过程来实现。

1. 定义活动

弄清楚必须做哪些活动才能够完成项目中的工作任务并实现项目目标。

对于大多数项目来讲，活动的定义往往是根据过往类似项目的经验来进行的。绝大多数项目都在之前有过可参考的类似项目，如一个汽车工厂的建设、一条汽车生产线的建设、一款车型的开发、一栋楼房的建设、一条高速公路的修建等。

对于没有经验可参考的项目（如都江堰水利工程建设、开国大典的准备等），则需要根据专家的知识和经验来进行项目活动的定义。这样的项目往往风险很大，需要在项目资源（人力资源、财务、物资、时间等）预留上进行适当考虑。

2. 排列活动顺序

弄清楚活动之间的逻辑关系，并用适当的软件工具来表达这些活动之间的逻辑关系和工作流程关系。

这里面非常重要的工作是找到项目的关键路径，即在项目所有的工作流中需要时间最长的工作路径。关键路径决定了项目的最短工期，关键路径上的活动一旦拖期就会造成整个项目的拖期。因此，在活动排序的过程中重点要关注关键路径，找出关键路径所关系到的所有活动。这些活动是后续项目管理中需要项目经理重点关注的活动。

关于项目的关键路径需要注意的是：项目的关键路径至少有一条，但是，可能不止一条；项目的关键路径可能会发生变化，即原来的非关键路径在某些条件下可能会变成关键路径，而原来的关键路径在某些条件下可能会变成非关键路径。

3. 估算活动的持续时间

根据活动的任务量、难度和属性以及可用资源等，估算完成每项活动究竟需要多长的工作时间（工期）。

活动持续时间的评估通常也是根据过往类似项目的经验来评估的。找到项目的前提条件、项目环境、项目的投入资源相类似的项目，进而评估项目所需的时长。

在实际项目中，根据经验评估出来的时间进度往往不能达到领导层的期望，在这种情况下就要评估如何优化项目进度。

优化项目进度的方式有很多，通常情况下可以通过如下方式来优化项目进度：

1）可以通过增加活动之间的时间提前量或者减少活动之间的时间滞后量来缩短工期。需要注意的是，无论是增加提前量还是减少滞后量都有可能导致风险的增加。所以，压缩工期的时候必须考虑项目风险，把风险控制在可以接受的范围之内。

2）采取赶工或者快速跟进措施。赶工是指在保持活动的工作范围不变的情况下，在单位时间内投入更多的资源，如安排加班或者增加额外资源，以加快工作进度。赶工只需要针对关键路径上的活动。增加的资源可以来自非关键路径上的活动，也可以来自项目外部。赶工通常会导致项目成本的增加，但是会减少一些间接成本，有的时候会由于工期的缩短而大大增加了项目的整体收益（如疫苗研制项目，工期压缩的收益巨大）。因此，最为理想的赶工是总工期压缩，总收益增加。

快速跟进是指把关键路径上本应按先后顺序进行的工作调整为并行进行或者部分并行进行（如项目中的交叉施工）。快速跟进只能针对软逻辑关系的活动，可能会导致返工风险。

赶工和快速跟进中应该选择哪一个？这取决于具体情况。如果项目风险较低，活动之间主要是软逻辑关系，则快速跟进比较理想。如果赶工只涉及项目内部资源的调剂且不会增加项目的总成本，则赶工比较理想。

4. 制订进度计划

分析并综合前述三个过程的成果，同时考虑对进度安排的各种制约因素，编制项目的进度计划。

需要注意的是，制约因素有可能会对上述三个过程的结果产生影响，例如：由于技术条件的限制（或者专利的限制）导致某一项活动必须采取另外一种解决方案，从而使定义的活动产生变化；由于资源的紧张（如资金短缺）而必须采用低成本方案，从而使活动以及活动所需要的时间产生变化；资源的限制导致了关键路径的变化，使活动之间的逻辑关系发生变化等。

因此，在制订进度计划的过程中，需要把进度计划本身和前面三个过程进行综合考虑，综合调整和平衡，进而得出合理的进度计划。

5. 控制进度

与项目进度计划对照，监督项目进度执行情况，能够及时发现偏差，预测偏差对未来的影响，采取措施消除偏差。在无法完全消除的情况下，及时调整整个项目计划。

在实际项目运行中，比起项目进度计划的制订，项目进度计划的控制要复杂得多。项目经理和整个项目团队需要花费大量的时间和人员投入来进行进度计划的控制。

项目经理和项目组首选需要设定规则、利用相应的工具，并制定相应的标准，使得整个项目的进度状态透明；对比项目计划和项目的实际状态，识别项目与计划的偏差，并预测后续可能出现的偏差；对偏差以及可能出现的偏差进行分析，分析其对项目的影响，进而决定是否采取措施以及采取什么样的措施来消除偏差，或者消除偏差对项目的影响。有的时候措施本身就是一个小的项目。出现偏差的时候，首先要设法在项目内部调剂资源加以解决，其次通过上述的赶工或者快速跟进来解决。当需要借助项目之外的资源来解决问题时，通常必须通过向更高层次的管理层汇报寻求支持来解决问题。如果上升到公司的最高管理层仍然无法解决问题，则需要重新调整进度计划，重新定义项目目标。

7.3　项目的成本管理

项目的成本管理和项目的进度管理有很多做法是相通的，包括使用的方法、步骤以及技巧等。有所区别的是，在项目成本管理中需要掌握一些财务的基本知识，这些基本知识包括现值、净现值、投资回收期、投资回报率、内部报酬率和效益成本率等，这些是在项目的成本管理中很可能会用到的一些财务知识。除此之外，作为项目经理或者项目管理人员，还应该了解如下财务概念：固定成本、可变成本、直接成本、间接成本、机会成本、沉没成本、收益递减规律、边际分析、折旧、直线折旧法、加速折旧法、价值分析或价值工程等。这些概念都是财务领域的专业知识，有专业的书籍对此进行介绍，在此不再赘述，感兴趣的同学可以进行专业的学习。

项目的成本管理必须同时考虑两个方面：一是项目的每项工作需要多少成本；二是整个项目生命周期中的每个时段（根据项目性质的不同，这个时段的长短会有区别，如季度、月、周等）需要的成本。这两个方面对于项目来说都是必要的，缺一不可。同时，这两个方面计算出来的项目总成本应该是相等的，也必须是相等的。项目成本管理需要同时从这两个方面入手，既要满足各总量的需要，又要满足各个时段的需要。

按照工作内容进行的成本管理是依据工作分解结构进行的，而按照时段进行的成本管理是按照项目的进度计划以现金流量表的形式进行的。在项目执行过程中，需要依靠现金流入来维持一个现金库，用于满足现金流的需要。

1. 编制项目预算

编制项目预算应该采取自下而上的方法。首先是算出每个最小的工作单元所需要的成本（包括应急储备等），然后汇总出来工作任务成本，由各个工作任务的成本汇总成项目的总成本。在总成本汇总出来之后，会算出来整个项目的经济性，根据经济性计算结果的具体情况，再调整和优化项目的成本构成，然后重复上述估算过程。通常一个项目的预算制定过程会经过几个循环的调整，最后才能够确定一个项目的整体预算。

项目的成本评估是一个逐渐细化逐渐明确的过程，项目之初的成本数据比较粗，准确度低，随着项目的推进，成本的估算会越来越精确，成本的控制也越来越精确。所以，为了保证项目的实施过程顺利，在项目之初都会进行一些风险的预留（应急储备），以保证项目不超支，进而保证项目支出在预算之内。

需要强调的是，项目的成本评估应该由最熟悉相应活动或者工作单元的人来估算。只有这样才能够保证项目成本估算的尽量准确。

在项目成本估算过程中，要防范两个风险：

1）在某种情况下，为了项目能够顺利通过企业管理部门或者其他审批部门的批准，项目的领导甚至企业的管理层可能会对项目做出不切实际的成本要求。这会导致项目虽然批下来了，但是由于成本问题而无法推进，或者增加预算导致项目超支。

2）由于每个具体的人员都有自己的部门利益和岗位利益，因此，也有可能相应人员对项目做出不够客观的估算（如风险预留过大），进而导致整个项目的成本估算失真。在这种情况下，项目的成本估计过高，有可能会使企业或者组织失去一个营利性非常好的项目。

为了防范上述两个风险可以采取如下措施：

1）可以考虑建立项目成本管理的数据库系统。对于绝大多数项目来说，项目工作是由一个个项目的成本单元构成的。虽然每个项目都不一样，但是，如果把项目工作分解到最基础的成本单元，通常情况下成本单元是一致的。可以依据这些基本的成本单元建立起项目的成本数据库系统，通过这个数据库系统进行成本的评估可以大大提高项目成本估算的准确性，防止项目成本估算过高或者过低。

2）建立项目成本评估的"多眼"原则。也就是建立一套管理机制，对项目的每个成本单元进行多个方向的评估评价（如让与项目绩效考核无关的第三方进行评价），避免由于某一个人或者几个人因为经验或者立场问题而导致的评估结果失真。

图 7-7 所示为一个汽车焊装线价格数据库的一部分，这里仅列出了一部分，一个完整的价格数据库会包含大概两三千个成本单元，一旦详细的工艺方案出来之后，可以根据这个数据库推算出整个生产线的预算。图 7-7 仅供理解参考。

2. 控制成本

控制成本过程旨在把实际成本支出和预算之间进行比较，发现、记录并分析成本偏差，对未来的成本支出做出预测，保证项目的成本支出在预算之内。

整个成本控制的过程和方法与进度控制很相似，可以参考进度控制部分，在此不再赘述。

机械投资						
工装设备	设计	模拟	制造	外协件	供应商处安装调试	发包方安装调试
系列 1						
设备 1	7			3543		131
设备 2	595			10954		1048
设备 3	335			1464		786
系列 2						
支架	74			1325		131
系列 3						
设备 1	22					
设备 2	201					
设备 3	484					
设备 4	82					
设备 5	4836		22543	2440	452	6553
设备 6	201		2140	306		
系列 4						
设备 1						
设备 2						
设备 3						
设备 4						
设备 5						
设备 6						
设备 7						
设备 8						
设备 9						
设备 10						
设备 11						
设备 12						
设备 13						
设备 14						

图 7-7　汽车焊装线价格数据库

7.4　项目的质量管理

关于质量的定义有两种说法。第一种说法是：质量是产品、服务或者产品满足用户明示和潜在需求的全部特征和功能的总和。如果这些特性和功能能够很好地满足用户的需求，那么质量就好，反之则不好。这个定义很全面，但是不太可操作。第二种说法是：质量是指达到技术要求和适合用户使用。这个定义不全面，但是可操作。在项目的质量管理中，通常根据第二个定义，即项目工作要提交符合技术要求的、具备实际用途的项目产品。

项目的质量管理旨在保证项目达到既定的质量要求，保证项目产品能够发挥既定的功能，从而满足项目相关方的特定需求。它包括：制定质量目标，定义质量职责，制定和执行质量政策，实施质量管理活动和质量控制活动等。

质量管理不仅是一系列技术的应用，更重要的是，人们必须具备一系列特定的理念。例如，质量管理中常见的零缺陷管理、六西格玛管理和过程改进等，固然有一定的技术含量，但更重要的是建立和坚守相应的理念。因此，质量管理，不仅是技术问题，更是理念（价值观）问题。

项目的质量管理从管理的内容上讲，有两部分内容：一部分是项目所交付的结果（产品或服务）的质量；另一部分是项目管理本身的管理质量。而通常所说的项目的质量管理是指前者。本节内容所讲述的是围绕项目所交付的结果（产品或服务）的质量展开的，对另一部分内容（项目管理本身的管理质量）有兴趣的同学，可以参考相关的书籍进行学习。

7.4.1　建立质量文化

要想做好项目的质量管理，重中之重是在组织中建立和维护优秀的质量文化，使每个人在每个环节都能自觉地确保工作过程的质量和工作成果的质量。只有在这样的文化氛围中，才能够有效地开展质量规划、质量保证和质量控制工作。

项目的质量文化是依附于组织的质量文化的，如果一个组织没有一个好的质量文化，那么由这个组织的成员组成的项目团队不可能有好的质量文化。而组织的质量文化又是组织整体文化的一部分，组织整体文化的建立和维护过程，就是组织质量文化的建立和维护过程。因此，下面主要介绍如何建立和维护组织文化（作为组织文化一部分的质量文化也是在这样的过程中建立的，是随着这个过程形成的）。

人人都知道文化对于一个企业组织甚至一个国家来讲十分重要，它是一个企业组织甚至一个国家能否成功的深层次决定因素。但是，说到文化，很多人会觉得虚无缥缈，感觉抓不到摸不着。因此，说到组织文化的打造，很多管理者觉得无从下手，甚至会有一些错误的理解。例如，认为加强宣传就是打造文化，每天都在企业的电视等媒体上讲"我们要打造高质量的产品""我们要打造团结的团队""要打造学习型组织"等，但是最后的结果往往是宣传的文化和价值观与企业实际运行中所体现出来的文化和价值观两层皮。

那么到底什么是组织文化呢？只有先弄懂这个问题才能够明白如何打造组织文化。组织文化有很多种定义，其中大家比较认同的定义是：组织文化是指组织在生产经营实践中逐步形成的、为整体团队所认同并遵守的价值观、经营理念和企业精神，以及在此基础上形成的行为规范的总称。**这里面有三个关键特点：**

1）在生产经营实践中逐步形成的（不是宣传出来的，是实践出来的）。

2）团队成员认同并自觉遵守。

3）行为规范的总称（不是虚无缥缈的，是实际行为的汇总）。

从上述组织文化的特点来看，组织文化就是员工行为的汇总。要打造组织文化，就是要引导和规范员工的思想和行为。能够影响员工思想和行为的人和事就是打造组织文化的关键。

1. 组织的第一负责人尤其是创始人对组织的文化起决定性作用

对于这一点中国古代就有很精辟的论述：《大学》中说"一家仁，一国兴仁；一家让，一国兴让；一人贪戾，一国作乱。其机如此。此谓一言偾事，一人定国。尧、舜帅天下以仁，而民从之；桀、纣帅天下以暴，而民从之。其所令反其所好，而民不从。"《礼记》中说"上有所好，下必甚焉。"这些所讲的都是一个组织的第一负责人（一把手）对于组织的思想和行为的影响。在中国的历史上有很多一个人影响一个国家的例子，例如，以秦皇汉武为代表的诸多开国皇帝，以及很多朝代的中兴之主，都是这样的例子。在现在的商业社会中，我们也可以在很多公司的身上看到这种鲜明的特征。例如，乔布斯的完美主义性格以及对创新的热衷，对苹果公司有着决定性的影响。乔布斯对产品质感和简洁的极致追求，决定了苹果公司的产品特征，无论功能如何，其产品在质感和产品设计简洁性方面都是行业翘楚。同样，乔布斯对于创新的追求也不断地推进着苹果公司的创新。丰田喜一郎对于丰田汽车的影响也是如此，他提出的精益生产方式到现在仍然深深地影响着丰田。

中国企业的优秀代表华为公司也一样。华为公司有着深深的任正非思想的烙印。例如，任正非以奋斗者为本的思想，未雨绸缪的指导思想，把中国军队的一些思想和理念用于公司管理，都深深地影响着公司的运营。是这些思想理念和管理理念，使得华为公司在面对巨大挑战和不确定性的时候仍然能够继续前行。

上述类似的组织第一责任人对组织影响的例子不胜枚举。这些都说明了一个事实，即要想让组织形成优秀的文化，组织的第一负责人必须以身作则，以上垂下，首先做好自己。

2. 组织必须制定一套有效的机制

组织必须制定一套有效的机制保证符合组织文化的行为得到鼓励，不符合组织文化的行为得到遏制。

这件事情说起来简单做起来难。企业组织的高级管理层最主要的工作是把方向、做决策和带队伍，而所有这些工作的决策都是根据下属的汇报做出的，这些汇报的信息都经过了多个层级的过滤和筛选，大多数都与实际情况存在偏差，有的时候偏差会非常大。从这个意义上讲，最高领导层如果没有特殊的管理方法是很难得到企业运行的真实情况的。

因此，作为领导层要鼓励某些行为或者遏制某些行为，首先要设计一套体系或者通过一定的管理方法使自己能够了解到真实的情况，企业管理者能够做到这一点是非常重要的。在获取真实信息的基础上要给出明确的奖惩措施，要让整个组织知道什么行为是被鼓励的，什么行为是组织不提倡的。通过不断地强化这种奖惩措施，逐渐让组织中的每个人的行为方式和思考问题的方式趋向于一种价值观，从而逐渐形成文化。

3. 树立典型

要树立典型员工，并加强宣传。榜样的力量是无穷的，因此，树立典型的符合组织文化的榜样对组织文化建设来说非常重要。这项工作绝大多数组织都会做，但做这项工作要关注两点。一是，不能把榜样和优秀相混淆，要树立的是组织文化方面的榜样，而不是其他方面的榜样。能力突出的员工并不一定在践行公司文化方面是榜样。很多组织在选择榜样的时候会混淆这一点，总是会选择能力突出或者业绩出色的员工作为榜样，但是这么做并不利于建设组织文化，因为能力突出的员工有可能是通过不符合组织倡导的方式（而这种方式不一定具备可复制性）取得了出色的业绩。因此，树立榜样的目的必须明确，原则必须清晰。二是，在宣传榜样的时候，要对榜样进行适度包装，对其行为的精神内核进行提炼和升华，但是，要记住，过犹不及。很多组织喜欢把榜样打造成"完人"。这种做法欠妥，会让员工觉得榜样离他们太远，遥不可及。这种情况下榜样不会对员工的行为产生影响，从而使组织树立榜样的目的无法实现。尤其是有的组织甚至通过造假让榜样看上去"很完美"，这就更不可取了，这样的组织行为不会对员工的行为产生影响，甚至造假本身就会产生与组织文化相背离的行为（比如，整个组织形成造假文化）。

以上是从正向的角度说明了如何打造组织文化，而在打造组织文化时还应注意避免以下几种做法：

1）行为和宣传脱节，也就是"言行不一"。这里尤其指的是领导层的言行不一。领导层的言行不一对组织文化的破坏是毁灭性的，当领导层自己都在破坏自己所倡导的文化的时候，还能期望员工会遵守吗？

2）奖惩的随意性。很多领导层对员工的奖惩会受到自己的喜好或者某一段时间心情的影响，这样的奖惩非常有可能产生一种现象，即不同的奖惩案例所倡导的价值观不同。这种现象会导致员工不清楚组织所倡导的到底是什么，对组织文化有巨大的破坏力。因此，组织应该有奖惩的评价原则，当领导层想要做出奖惩措施的时候，要看是否符合评价原则，只有符合原则的奖惩才能够执行。

3）组织的具体规定与企业文化相冲突。这种看似不太会存在或者不应该广泛存在的现象，在大多数组织尤其是比较大的组织中却是广泛存在的。例如，很多组织提倡员工进行创新，但同时又规定了如果员工的行为给公司造成了大的损失应该给予处罚。这两种看上去并不矛盾，但是，在实际工作中经常会产生矛盾。只要是创新就会有很多不确定性，是创新就很可能失败，并且失败的可能性会远远大于成功的可能性，失败就会给组织造成损失，给组织造成损失就很有可能会受到处罚。因此，为了避免受到处罚，只能选择不创新，最后的结果就是整个组织失去创新文化。要避免上述情况的发生，组织在制定规则和规定时，一定要十分小心，要增加一个步骤，就是审核制度和规定是否有可能与组织文化产生冲突，通过类似的方式保证组织文化不受到破坏。

通过上面的这些措施使组织逐渐形成优秀的组织文化，作为组织文化中重要模块的质量文化也会自然而然地形成。在形成质量文化之后，其他的诸如定义质量管理框架、定义质量管理活动、控制质量等就比较容易了，这些都有成熟的工具和案例可以参考。下面对其进行简单介绍。

7.4.2 定义质量管理框架

定义质量管理框架旨在确定项目的质量标准，并决定如何通过质量管理活动和质量控制活动来达到这些标准。其主要内容有：

1）定义项目的质量政策。这一部分是质量的宏观描述，如"打造质量标杆""达到同级最优秀""质量国内一流"等。

2）定义项目的质量目标。这个目标是具象的目标，可测量的目标，包括项目的质量总体要求以及具体要求等，如项目必须符合某些行业标准等。

3）定义质量工作中的角色和责任。定义谁应该对哪些项目质量目标的达成承担什么责任等。

4）定义质量管理程序、活动和工具。

5）定义工作过程和成果的质量评审。定义哪些工作过程和成果必须接受质量评审，如何进行质量评审，评审结果如何利用等。

7.4.3 定义质量管理活动

这部分是把定义的质量目标、活动和工具的内容细化成可执行的质量管理活动，并加以执行。其主要工作如下：

1）分解质量目标和标准。把整体质量目标进行分解，以便于后续的具体量化。

2）编制将用于质量控制的质量测试与评估文件。就是把质量标准和质量测量指标转化成质量评测工具，如质量检查表、质量核对单等。

3）定义质量管理活动。确保上述具体的测量指标和评测工具能够在项目的相应阶段得到执行。

7.4.4 控制质量

控制质量是质量管理活动、质量工具、测量人员等质量管理具体动作的执行过程。出现不符合的情况要进行相应的纠偏或者补救，过程简述如下：

1）根据所定义的质量管理活动和质量检测标准进行质量检测，并记录检测结果。

2）检查已经批准的变更需求是否实施到位，并记录检查结果。

3）对于不符合要求的过程和交付结果提出纠偏和补救措施，措施实施后再进行检测，直到达到要求。

7.5 项目顺利运行的保障机制

前面几节介绍了控制项目各个主要指标的方式以及主要事项。项目在实际运行过程中，控制这些指标的活动是相互交叉、同时进行甚至是相互影响的，那么如何能够保证项目的各种信息能够得到有效的沟通，各种活动能够相互配合呢？这就需要设计整个项目运行的保障机制，包括项目组织机构设置、项目会议的设置、项目汇报机制设计以及问题的升级机制等。

7.5.1 项目的组织机构

项目的组织机构或者叫作组织形式，与组织的发展阶段、组织的规模以及组织的性质有很大的关系。通常有如下这些形式的组织机构：

（1）**原始型组织机构** 一个老板带领一小群员工。没有层级划分，没有职能部门，也没有明确的分工，书面的规章制度都很少，有事情大家商量着办。这种情况在规模较小的公司里或者处于创业初期的公司里比较多。

（2）**职能型项目组织机构** 按照职能划分部门，如生产部、销售部等。有严格的层级，有较多的书面规章制度。决策权按照层级和部门职责集中在相应的层级中或部门领导手中。

（3）**事业部型** 按照地区、业务线、客户类型等设立不同的事业部。每个事业部内部按需设定组织机构，如职能型。各事业部有可能会设置同一个职能部门。公司总部对各事业部的集中管控程度很低，各事业部有很大的自主权。

（4）**项目型** 根据需要设立众多临时项目部，基本没有其他职能部门。整个组织都实行项目化管理。例如，咨询公司可采取这种组织机构。

（5）**矩阵型**（包括弱矩阵型、强矩阵型和混合矩阵型） 既按照职能划分出一些永久的职能部门，又根据需要组建一些临时的项目部（从永久部门抽调员工）。这种形式的组织机构是职能型和项目型的结合。

（6）**虚拟型** 绝大多数成员通过互联网远程办公，而不是面对面办公。

（7）**混合型** 在不同的时间针对不同的工作灵活采用上述某种或者某几种最实用的组织机构，即组织机构非一成不变。

在绝大多数有一定规模的相对稳定的组织中，大多数采用矩阵型组织机构来管理项目，因为这种组织机构能够同时兼顾职能型组织和项目型组织的优点。矩阵型组织机构通常如图 7-8 所示。

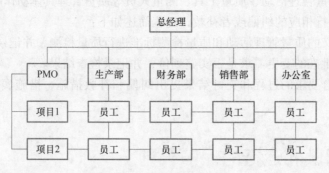

图 7-8 矩阵型组织机构

图 7-8 中的 PMO（Project Management Office）指的是项目管理部，主要负责对各个项目进行支持、监控和管理，协助项目经理实现项目目标。由图 7-8 可以看出，**矩阵型组织机构**

主要有两个特点：一是项目的人力资源是从各个职能部门借来的，有可能这个员工对于这个项目来讲仅仅是兼职；二是每个员工都有两个领导，一个是自己的职能经理，一个是项目经理。上述两个特点决定了项目经理对于项目没有全部的管理权力。项目经理控制着项目，但是，不一定控制资源。许多资源是由职能经理控制的。

矩阵型组织机构可以根据项目经理和职能经理对资源控制权力的大小划分为弱矩阵型、强矩阵型和混合矩阵型。弱矩阵型组织机构的特点是权力主要集中在职能经理手里，项目经理的主要职责是协调、信息沟通和问题升级；强矩阵型组织机构则相反，资源的决策权集中在项目经理手中；混合矩阵型组织机构则是把资源的决策权按照一定的规则分别赋予职能经理和项目经理。

不同的权力分配方式会对项目的执行效果带来决定性的影响。

弱矩阵型组织机构：由于权力主要集中在职能经理手里，因此，项目组成员受到职能经理的影响比较大，做工作的主要出发点会站在职能部门的角度去考虑问题。这样做的优点是，如果公司同时有很多项目，那么项目之间的一致性会比较好，例如，都执行同样的技术标准（生产线之间、零件之间的标准一致，互换性很强，成本比较低），都执行同样的财务原则（有利于项目之间的横向对比，寻找项目横向的优化潜力等），都执行同样的市场策略（市场策略之间可以相互配合，得到更好的市场推广效果等）。但是，其弱点也是比较明显的，由于各个项目成员都站在职能部门的角度考虑问题，在项目上，项目组成员之间的立场必然存在矛盾，成员之间的配合就会出现问题。由于项目经理缺少足够的权力，当两个部门存在立场偏差的时候，项目经理不能直接协调决策，只能通过沟通甚至问题升级来解决问题，最后导致项目的效率大幅降低。这种项目组织机构适用于对于产品一致性要求很高的组织。比如大型的制造企业，这种企业对于产品的一致性要求极高，那么相应的技术部门或者生产部门必须对项目具有决策权，这样才能够保证产品与产品之间的一致性，不同产品之间不至于产生大的偏差，避免可能由此引起的灾难性经营后果。

强矩阵型组织机构：项目经理拥有资源的决策权力，因此，几乎所有与项目相关的事宜都可以在第一时间得到决策，可以在最大限度上保证项目的效率。项目的责任划分也比较明确，如产品的市场表现责任、项目的经济性责任、用户满意度责任等，通常就是由项目经理来承担。但是，其缺点也是非常明显的，项目经理的个人特质和喜好决定了项目的结果，项目与项目之间的实施质量偏差巨大，公司产品之间会有明显的区别，进而造成市场风险。以服务型业务为主的组织通常适用于这种组织机构。由于客户的需求多样化，客户对于需求反馈时间要求很高，项目的效率就是第一位的。一种典型的需要这种组织机构形式的是军队，战区司令需要有对所有资源（军队、军需物资等）的绝对决策权和调用权，而陆军司令、空军司令、海军司令等属于支持角色。

混合矩阵型组织机构：强矩阵型和弱矩阵型组织机构的优缺点都十分明显，因此，很多公司为了兼顾两种矩阵型的优点，尝试采用混合矩阵型，即把权力在项目经理和职能经理之间按照一定的规则进行分配。例如，对于员工的评价权各占50%，项目结果同时作为项目经理和职能经理的绩效考核，项目经理决定项目的资金，而职能经理决策项目的技术标准等。但是，在实践的过程中，或多或少都会存在问题。例如，员工评价权的分配可能使员工无所适从，评价很可能会偏离员工的实际能力，从而导致员工的积极性受到影响，进而影响项目的执行甚至组织绩效；失去技术决策权的资金审批权可能会形同虚设，因为很多时候技术的要求会直接决定价格，进而决定了项目的预算。上述原因导致这种混合矩阵型组织机构在大多数组织中会失败，最后导致形式上是混合矩阵型，而实际上是强矩阵型或者弱矩阵型。

那么什么样的混合矩阵型组织机构会成功呢？通过对成功实施了混合矩阵型的组织的观察，可以发现成功的混合矩阵型组织机构有如下特点：

1）矩阵权限的设置与组织所承担工作的特点有十分密切的关系。也就是说，混合矩阵需要根据组织所承担的任务的特点进行量身定制，即使在同一个组织中不同的工作都需要不同的混合矩阵，例如，在一个汽车生产企业中，生产部门、车型项目部门、工程项目部门、产品开发部门都需要有不同的混合矩阵设计。这就意味着，设计混合矩阵的人必须是业务专家同时兼具管理思维，通常情况下在一个组织中这样的人才少之又少，公司的高层管理者必须要能够发现这样的人才，并能够让他们承担起组织设计的任务。在实际工作中，很少有组织能够做到这一点，这也是为什么混合矩阵型组织机构很少成功的原因。

2）混合矩阵型是针对具体业务的，不是针对整个组织的。也就是说，只有某些具体的业务适合这么做。做得好的组织是先把业务进行分类，然后逐项研究哪些业务这么做是适合的，哪些是不适合的，最后只针对适合的业务进行这样的管理设计。

3）混合矩阵型的实施方式是渐进式的，不能一刀切。也就是说，在确定适合的业务之后也不能全部推进，而是一项一项业务逐项推进，边推进边评估实施效果，成功的持续推进，不成功的马上撤回，在保证组织整体运行稳定的情况下逐步推进混合矩阵型组织，进而保证成功率。

从项目的组织机构来看，混合矩阵型组织将会是未来发展的方向，可以兼顾组织的质量和效率。图 7-9 所示为一个汽车焊装生产线的组织机构。

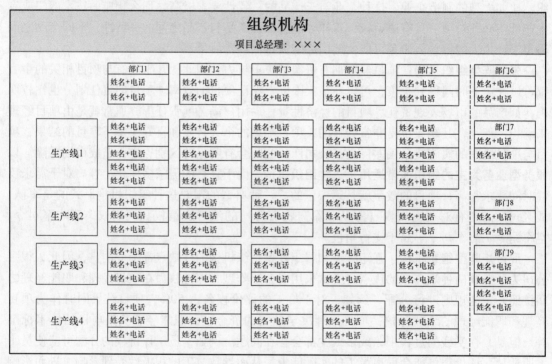

图 7-9 汽车焊装生产线的组织机构

7.5.2　项目会议

组织一旦到了一定的规模，组织的有效沟通将会成为组织的重要课题，甚至是最重要的课题，对于项目管理来讲更是如此。是否能够保证项目信息在项目成员之间保持同步，使项目成员都能够对项目有相同的理解，将直接决定项目的成败。在项目中实现这一点的最重要途径就是项目会议，合理的项目会议设计能够做到用尽量少的项目时间资源实现顺畅的项目信息沟通。在项目会议设计中，要做到如下几点：

1. 针对不同级别的议题或者问题设置不同的会议，特定的会议讨论特定的议题

不同级别的议题或者问题需要不同级别的团队来解决，因此，必须把项目中可能需要讨论的议题或者问题进行分类，并针对此设置不同的会议，例如，工作层面随时沟通的会议、部门级项目经理（或者叫项目主管、项目负责人等）会议、公司级项目经理会议、公司领导层级项目会议等。这么做的原因是节省项目相关人员的时间资源，同时能够有效地推动项目问题的解决。例如，公司的最高领导层不可能每天都有时间参加项目会议，甚至一些大型公司的领导层每个月才能够参加一次项目会。同时，项目中确实有一些重大问题需要公司的最高领导层进行决策。在这种情况下必须尽量降低这种级别会议的频次，同时挑选出真正需要领导层决策的议题和问题来开展项目会议。如果不对议题进行严格的限制，那么就会浪费管理层的时间资源，同时，也达不到想要的项目推动效果。从另一个角度来说，要把尽量多的问题放在最基础的工作层面来解决，给最基础的工作团队足够的决策权限（前提是不损害项目），以保证他们解决他们应该解决的问题。最基础的工作团队解决尽量多的问题，能够使整个组织的效率达到最优化。

2. 针对不同级别会议安排合理的频次和顺序

会议的频次要合理安排，目的是既保证项目的信息沟通和交流能够顺畅地进行，保证项目的问题能够得到有效的决策和推进，同时也保证不浪费大家的时间。

会议的次序也很重要，通常应遵循工作小组会议—专业负责人级项目会议—项目经理会议—公司级项目会议的原则。这样的安排有利于项目重点问题的升级，有利于有效利用不同级别的管理层来推动项目的进行。

项目实践表明，把项目的频次和次序都安排合理并不容易，尤其是会议的频次经常会出现过频或者不够的情况。因此，一个组织应该经常审视自己的项目会议的执行情况，进行项目会议执行现状分析，根据分析结果对项目的安排进行调整。

3. 明确会议规则（会前要沟通，会上有决策，会后有跟踪）

明确会议规则这一点比较容易理解，对于如何主持有效的会议也有专门的书籍进行介绍，这里就不详细介绍了。

下面以一个白车身生产线项目的项目会议设置为例，具体介绍一个项目中例会的安排。

例会总体安排见表 7-3。表 7-3 说明了周一到周五要开的会议以及会议的内容。每个会议都有明确的会议目的、时间地点、组织者、参加人、讨论内容等。表 7-3 中"奥迪特"（Audit）的含义是"车身质量问题的主观评价"，主要包括表面波浪、间隙平度、匹配质量等，由专业的评价人员进行评价，并给出问题清单。奥迪特会议的目的是要解决评价出来的有关质量问题。

表 7-3　例会总体安排表

时间	星期一	星期二	星期三	星期四	星期五
8：30~9：00					
9：00~10：00			车身每日早例会		
10：00~11：30	冲压零件展示日（每月一次）				车身状态例会
11：30~13：00					
13：00~15：00		零件质量促进会	尺寸问题推进会	奥迪特问题推进会	
15：00~16：00					
16：00~17：00					

图 7-10 所示为车身项目每日早例会情况，图 7-11 所示为每周五车身项目状态例会情况，图 7-12 所示为每周二零件质量促进会情况，图 7-13 所示为每周三尺寸问题推进会情况，图 7-14 所示为每周四表面质量问题推进会情况，图 7-15 所示为每月一次的冲压零件展示日情况。

车身项目每日早例会

目的：焊接装备和调试状态，生产计划完成情况，零件库存状态，质量优化信息通报，测量及奖品计划，项目信息

时间：每天早上9:00~10:00

地点：焊装车间会议室

组织者：车身项目组

与会者：
焊装规划　　　　项目负责人及各线规划员
焊装车间　　　　车型负责人及工段长
冲压规划　　　　模具项目负责人或质量负责人
预批量中心　　　焊装负责人
油漆规划　　　　项目负责人或生产协调人
质保　　　　　　测量、破检、奥迪特及生产质保负责人
供应商　　　　　供应商
物流　　　　　　特殊仓库零件负责人
外购件负责部门　项目负责人
项目管理办公室　可选
以及根据相关议题临时邀请人员

议题：

1.车身质量概况（仅每周一）　　　质保
2.零件库存状态（自制件+外协件，仅每周二、周五）　　　冲压规划、物流
3.生产交车情况　　　焊接规划/车间
4.纪要落实情况　　　车身项目组
5.质量信息　　　预批量/质保
6.测量及讲评计划　　　预批量/质保
7.相关信息通报　　　车身项目组
8.其他　　　所有人

图 7-10　车身项目每日早例会

7.5.3　项目的汇报体系和问题升级体系

实践表明，项目推进的顺利与否通常取决于关键人和关键事，特别是关键问题的及时解决直接决定了项目的成败。例如，项目的资金超过预算需要追加预算；关键岗位的人员不胜

车身项目状态例会

目的：使车身范围内项目状态清晰透明

时间：每周五10:00~11:30

地点：安监中心

组织者：车身项目组

与会者：

规划	车身项目组
焊装规划	项目负责人
焊装车间	车型负责人
冲压规划	模具项目负责人
冲压车间	车型负责人
预批量	焊装负责人
油漆规划	项目负责人
质保	项目协调人
物流	项目协调人
外购件管理部门	项目负责人
项目管理办公室	可选

以及根据相关议题临时邀请人员

议题：

1.冲压状态	冲压规划
2.焊装状态	焊装规划
3.质保状态	质保
4.涂装状态	涂装规划
5.零件到货状态	物流
6.预批量状态	预批量
7.外购件状态	质量管理小组
8.相关信息通报	车身项目组

图 7-11　车身项目状态例会

零件质量促进会

目的：推进零件表面重点缺陷的优化

时间：每周二13:00~15:00

地点：冲压车间单件展示间

组织者：车身项目组

与会者：

冲压规划	模具项目负责人
冲压车间	车型负责人
冲压质保	单件奥迪特负责人
供应商	供应商
焊装规划	质量协调人
焊装车间	质量协调人
预批量	焊装项目负责人

以及根据相关议题临时邀请人员

议题：

对每个展示零件逐一进行如下内容的核查：
1.上次会议定义的单件问题的措施执行状态
2.零件缺陷优先级定义
3.缺陷优化措施及完成时间

图 7-12　零件质量促进会

尺寸问题推进会

目的：推动车身范围重点尺寸问题的解决	议题： 1.车身问题 2.四门问题 3.前后盖问题
时间：每周三13:00~15:00	
地点：焊装车间会议室	运行形式： 预批量负责人介绍问题，相关部门负责人及供应商介绍措施，经过讨论，确定措施及实施进度，并跟踪措施实施情况
组织者：车身项目组	

与会者：
预批量　　　　　焊装项目负责人及各区域负责人
焊装规划　　　　项目负责人和质量协调人
焊装车间　　　　质量协调人
冲压规划　　　　模具项目负责人或质量负责人
质保　　　　　　测量、破检负责人
供应商　　　　　问题零件供应商
外购件管理部门　项目负责人
项目管理办公室　可选

以及根据相关议题临时邀请人员

分析手段：

破检、测量、外精测样架

综合上述所有的分析手段，聚焦到具体问题，针对具体问题给出问题解决措施

图 7-13　尺寸问题推进会

表面质量问题推进会

目的：推动车身范围内重点表面及匹配问题的解决	议题： 1.车身问题 2.四门问题 3.前后盖问题 4.过油漆后由焊装引起的重点问题
时间：每周四13:00~15:00	
地点：焊装车间表面诊断间	
组织者：车身项目组	运行形式： 质保负责人介绍问题，相关部门负责人及供应商介绍措施，经过讨论，确定措施及实施进度，并跟踪措施实施情况

与会者：
预批量　　　　　焊装项目负责人
焊装规划　　　　项目负责人和质量协调人
焊装车间　　　　质量协调人
冲压规划　　　　模具项目负责人
质保　　　　　　奥迪特负责人
供应商　　　　　焊装线和冲压模具供应商
外购件管理部门　需要时通知参与
项目管理办公室　可选

以及根据相关议题临时邀请人员

分析手段：

单做奥迪特、总成奥迪特、车身奥迪特、黑件及黑车

综合上述所有的分析手段，聚焦到具体问题，针对具体问题给出问题解决措施

图 7-14　表面质量问题推进会

任需要换人；遇到关键技术问题需要寻求其他项目专家支持，甚至行业专家支持等。这些关键问题的解决通常不是项目工作层面能够推动的，需要得到各级领导层的支持，因为只有领导层掌握足够的足以解决问题的资源。因此，设计项目的汇报体系和问题升级体系十分重

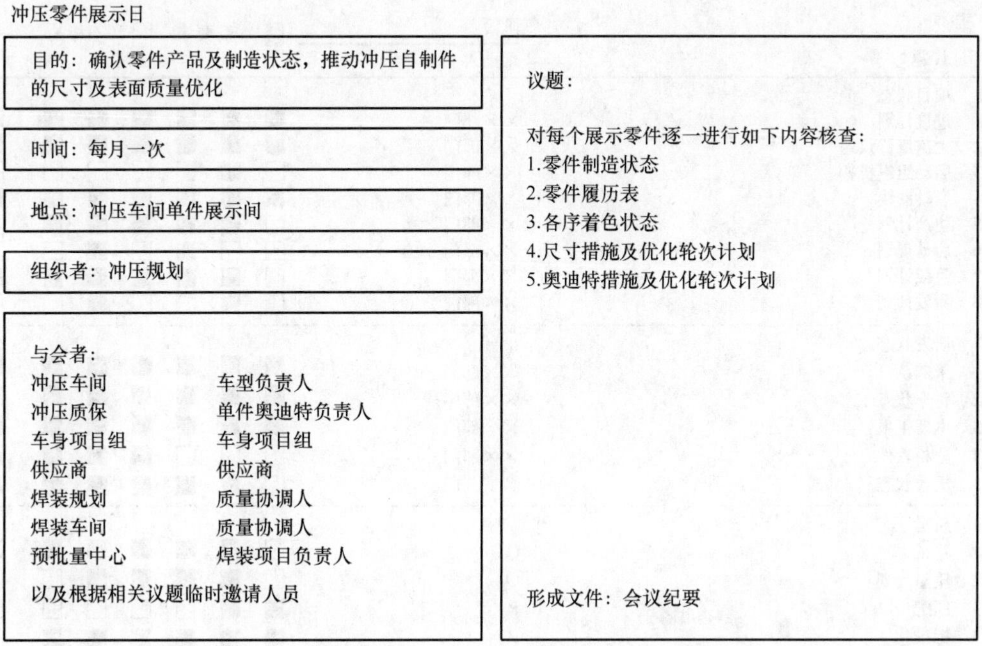

冲压零件展示日

目的：确认零件产品及制造状态，推动冲压自制件的尺寸及表面质量优化	议题：
时间：每月一次	对每个展示零件逐一进行如下内容核查： 1. 零件制造状态 2. 零件履历表 3. 各序着色状态 4. 尺寸措施及优化轮次计划 5. 奥迪特措施及优化轮次计划
地点：冲压车间单件展示间	
组织者：冲压规划	
与会者： 冲压车间　　　　　车型负责人 冲压质保　　　　　单件奥迪特负责人 车身项目组　　　　车身项目组 供应商　　　　　　供应商 焊装规划　　　　　质量协调人 焊装车间　　　　　质量协调人 预批量中心　　　　焊装项目负责人 以及根据相关议题临时邀请人员	形成文件：会议纪要

图 7-15　冲压零件展示日

要，只有汇报体系有效、问题升级体系畅通，才能保证项目的顺利进行。

设计项目的汇报体系和问题升级体系需要注意如下几点：

1）定义项目不同阶段不同的汇报内容。随着项目的推进，项目的关注点（项目重点）会随之发生变化。

图 7-16 所示为一个汽车项目定义的汇报体系，图的左边竖列列出了这个汽车项目所有的可能涉及的状态，包括项目整体状态（进度状态、启动状态以及预批量状态，上次会议重点问题回顾，组织机构等）、产品开发状态（图样开发状态、零件的认可状态等）、质量状态（路试状态、整车状态、软件状态等）、零件准备状态（自制零件、外购零件等）、工厂状态（各车间设备准备状态等）等。图右边的竖列代表了项目的不同阶段，黑色实体方框代表需要进行汇报。这张表格完整地展现了哪一项工作内容需要在项目的哪个阶段进行汇报。

2）对汇报的格式要进行定义，并要求所有项目成员使用，对于大的组织来讲甚至要求整个组织都使用同样的格式。这样做的目的是让所有的人（上到组织的领导层，下到项目中的每一位员工）都对汇报的内容有同样的理解，提升汇报的效率，提升项目的效率，进而提升整个组织的效率。

图 7-17 所示为一个车型项目的功能尺寸报告样例，仅供参考。

这些报告没有好坏对错之分，只要是能够清晰展示需要汇报的内容就行，不同的组织会有完全不同的标准格式要求。

3）定义问题升级的规则。什么样的问题需要升级？升级到哪个层面？等等。注意，在能解决的情况下尽量不升级，尽量在比较低的层面把问题解决掉，因为这意味着组织资源的节省和组织效率的提高。

议题	阶段 汇报人	1	2	3	4	5	6	7
1　项目状态								
1.1　进度计划	××部门	■	■	■	■	■	■	■
1.2　上次遗留议题	××部门	■	■	■	■	■	■	■
1.3　启动组织机构	××部门	□	■	■	■	■	■	□
1.4　启动曲线	××部门	□	■	■	■	■	■	□
1.5　生产计划	××部门	□	■	■	■	■	■	□
1.6　启动规划	××部门	□	□	■	□	■	□	□
1.7　阶段计划	××部门	□	■	■	■	■	□	□
1.8　研发计划	××部门	□	■	■	□	□	□	□
2　研发状态								
2.1　采购认可	××部门	■	■	■	■	■	■	■
2.2　整车状态	××部门	■	■	■	■	■	■	■
2.3　电器汇报	××部门	■	■	■	■	■	■	■
2.4　分析软件	××部门	■	□	■	□	■	■	■
2.5　更改状态	××部门	■	■	■	■	■	■	■
3　质量状态								
3.1　路试	Q	□	■	■	■	■	■	■
3.2　质量规划	Q	■	■	■	■	■	□	□
3.3　匹配	P	■	■	□	■	■	□	□
3.4　标准化	P	■	■	■	■	■	□	□
3.5　可制造性	P	■	■	■	■	■	■	□

阶段　■ 需要　□ 不相关

图 7-16　汽车项目定义的汇报体系

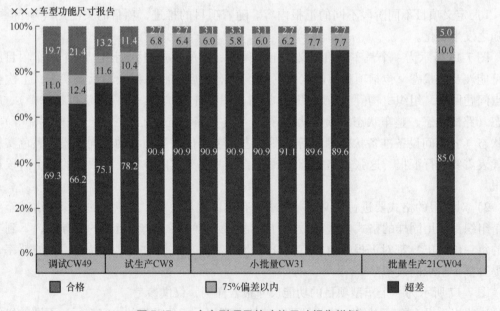

图 7-17　一个车型项目的功能尺寸报告样例

图 7-18 所示为一个项目中关于质量问题的升级机制，定义了共三个层级，每个层级谁参会、问题谁提出、问题到了什么程度进行升级等都有规定。

本章是对工程项目管理的一个简单介绍，内容仅涉及项目管理中最主要的部分和需要重

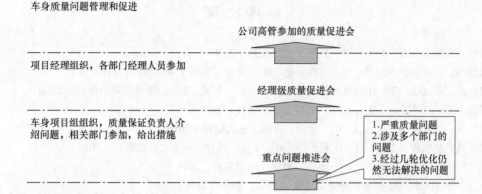

图 7-18　质量问题升级机制

点关注的点。除了这些内容之外，项目管理还有很多其他的内容，如项目的风险管理、项目的沟通管理、采购管理、相关方管理等，可以参考相关的书籍进行学习。

　　项目管理是一个专门的专业，经过多年的发展，项目管理知识体系已经相当成熟，可以找相关的专业类书籍进行系统的学习或者参加相关的培训。项目经理也有专门的认证课程（PMP 认证），可以通过考试进行相关认证。

习题与思考题

1. 什么是工程项目管理？
2. 为什么要进行项目管理？
3. 项目有哪些特点？
4. 项目管理的基本内容有哪些？
5. 项目管理的核心内容是什么？
6. 项目管理的组织形式有哪些？如何选择项目管理的组织形式？
7. 项目管理实施过程的要点有哪些？
8. 项目进度管理的主要内容和要点有哪些？
9. 项目成本管理的主要内容和要点有哪些？
10. 项目质量管理的主要内容和要点有哪些？
11. 如何确定项目管理的组织机构？
12. 如何组织项目会议？会议的作用是什么？

参 考 文 献

[1] 邵华. 工程学导论 [M]. 北京：机械工业出版社，2016.

[2] 彭熙伟，郑成华，李怡然，等. 工程导论 [M]. 北京：机械工业出版社，2019.

[3] 程发良，孙成访，等. 环境保护与可持续发展 [M]. 3 版. 北京：清华大学出版社，2014.

[4] 张波，等. 工程文化 [M]. 北京：机械工业出版社，2017.

[5] 李景芝，郭荣春. 汽车文化 [M]. 北京：机械工业出版社，2010.

[6] 李正风，丛杭青，王前，等. 工程伦理 [M]. 2 版. 北京：清华大学出版社，2016.

[7] 王学川. 现代科技伦理学 [M]. 北京：清华大学出版社，2016.

[8] 金迪. 领悟国学智慧 提升职业素养 [M]. 北京：新华出版社，2015.

[9] 哈里斯，等. 工程伦理：概念与案例：第 5 版 [M]. 丛杭青，等译. 杭州：浙江大学出版社，2018.

[10] 刘波. 乘用车车身零部件轻量化设计典型案例 [M]. 北京：机械工业出版社，2020.

[11] 王登峰. 车身参数化与轻量化设计 [M]. 北京：机械工业出版社，2019.

[12] 马鸣图，王国栋，王登峰，等. 汽车轻量化导论 [M]. 北京：化学工业出版社，2020.

[13] 肖祥银. 从零开始学项目管理 [M]. 北京：中国华侨出版社，2018.

[14] Project Management Institute. 项目管理知识体系指南（PMBOK®指南）[M]. 朱郑州，李春林，田旷怡，译. 5 版. 北京：电子工业出版社，2015.

[15] 汪小金. 汪博士解读 PMP 考试 [M]. 5 版. 北京：电子工业出版社，2018.